新编时装裁剪纸样与打板实例

Newly Compiled Examples of Fashion Pattern Cutting and Drafting

孙兆全　赵　立　编著

化学工业出版社
·北京·

内容简介

本书以作者多年在服装学院和企业一线实践为基础，结合各类现代男女服装的经典、流行样式和准确易学的裁剪制图方法，精心挑选了大量具有代表性的款式。书中涵盖服装纸样设计基本方法，如男女衬衫类、男女上衣类、连身类女式服装、男女大衣类、裙子类、男女裤子类纸样制板方法与实例等内容。读者通过阅读本书，能够由浅入深、系统全面地学习，快速提升自己的服装纸样设计与打板能力，非常实用。

全书内容通俗易懂、图文并茂，将理论与实践相结合，既可以作为服装专业的培训用书或广大服装爱好者的参考书，也可以作为高等院校的教学参考书或教材。

图书在版编目（CIP）数据

新编时装裁剪纸样与打板实例 / 孙兆全，赵立编著．
北京：化学工业出版社，2024.9. -- ISBN 978-7-122
-45946-6

Ⅰ．TS941.631

中国国家版本馆 CIP 数据核字第 2024769CM0 号

责任编辑：朱　彤
责任校对：宋　玮　　　　装帧设计：刘丽华

出版发行：化学工业出版社（北京市东城区青年湖南街 13 号　邮政编码 100011）
印　　装：北京建宏印刷有限公司
787mm×1092mm　1/16　印张 14¼　字数 391 千字　2025 年 1 月北京第 1 版第 1 次印刷

购书咨询：010-64518888　　　　售后服务：010-64518899
网　　址：http://www.cip.com.cn
凡购买本书，如有缺损质量问题，本社销售中心负责调换。

定　　价：79.00 元

前言

服装设计非常重要的一个环节就是服装结构与纸样设计。如同建筑设计，设计效果图再好，如果建筑结构有问题，房子仍然建不起来，人也不能正常居住。服装设计也是如此：有好的服装结构设计裁剪，才能制作出衣服；服装穿着在人体上才会舒适，才可以衬托出美好的身材，更何况现代服装款式的造型变化是如此之快。

笔者曾于2016年在化学工业出版社出版过《最新实用时装纸样设计与应用》一书和其他有关男装、女装教材，很多学生和读者希望再多增加一些应用实例，为男装、女装打板（即制板）及板型对照学习提供方便。因此，本书在重新编写时充分考虑了这一需求。其中，女式服装纸样设计部分，针对目前流行女装合体度高、整体造型立体感强的要求，结合国内外先进的纸样设计方法，选择了科学性强及应用体系非常成熟的文化式女装新原型（又称文化式女子新原型、新文化式女装原型），作为主要的制图手段；以女衬衫、套装、礼服、大衣、风衣、裙子、裤子等经典款式为实例，结合国家女子标准号型，采用详细的文字说明和制图步骤分解的方式进行讲授和指导，可使学习者较快地掌握女装原型纸样设计和打板方法等。此外，本书还注重全面解析文化式女子新原型制图原理的特点、优势和应用技巧，以帮助读者深入理解和掌握。

还需要说明的是，男式服装纸样设计部分同样以国家男子标准号型为依据，选择了衬衫、时装、套装、礼服、大衣、风衣、裤子等经典款式为实例，在综合国内外科学的平面设计基础上，提供给读者一套符合中国男性人体特征的制图方法。同时，在内容安排上，遵循由浅入深、循序渐进的原则，以满足读者学习服装造型技术的不同需求。

本书是笔者所在服装院校（北京服装学院）多年教学经验的总结。众所周知，学习服装制板没有捷径可循，必须在充分理解服装基本结构的基础上，通过大量的制图练习，才能更深刻地认识服装构成原理，真正掌握这门技术。希望读者能借助本书，迅速提升自己的服装纸样设计能力，找到学习各类男女服装纸样设计的正确途径，尽快进入实际制板工作。再通过与服装缝制工艺的有机结合，一定能将初步设计出的服装效果图转变成最终完美的服装作品，达到游刃有余的境界。

由于作者精力和时间所限，本书中难免会有不足之处，敬请广大读者批评、指正。

编著者

2024年4月

目录

第一章 服装纸样设计基本方法

第一节 女装结构

一、女性人体与服装结构

服装与人体密不可分，学习服装结构必须对人体有充分的认识。女性体型平滑柔和，肩窄小，胸廓体积小，盆骨阔而厚，总体呈梯形。另外，女性肌肉没有男性发达，皮下脂肪也比男性多，因而显得光滑圆润。由于生理原因，女性乳房隆起，背部稍向后倾斜，使颈部前伸，导致肩胛骨突出（如图 1-1 所示为标准女性人体的外形）。骨盆较厚使臀大肌高耸，促成后腰部凹陷，腹部前挺，显出优美的“S”形曲线。

女性人体颈部、肩部、胸部、背部、腹部和臀部的形态，如从截面观察，变化最大的是肩背部截面、胸部截面和臀部截面。这些部位横向外凸点显著，人体穿着服装时贴合于体表彰显出支撑点的作用，既是服装结构设计的关键部位，也是服装结构造型理论依据的要素位置点，对于服装造型准确、合理、美观的结构把握至关重要。

人在童年时期头大身小，下肢短、上身长，其头身的比例约为 1∶4。随着年龄增长，身体不断发育，全身的比例逐渐改变，主要是下肢占全身的比例增大：头身比增至（1∶5）～（1∶6）；成人标准体比例为（1∶7）～（1∶7.5）。另外，在我国成人男女服装号型标准中，依据胸围、腰围之间的差比数据关系确定出 Y、A、B、C 四种体型。其中，A 体型是一般标准体型。服装结构制图方法的研究都是以此为依据展开的。

1. 女装胸部构成

女性人体乳胸部是女装上衣的造型基础。为了更好地体现女性人体上部完美的体型，首要任务是加强乳胸部的塑造。现代服装结构设计需要强调控制好女性上体曲面厚度的立体状态，这是因为女性人体曲线（曲面）起伏。因此，对于胸部体积感的把握，人体胸部与服装之间空隙量的设计，是决定女装最基本型的关键。

现代女时装由于大都要保持合体度较高的样式，因此胸部的造型及服装各部位围度放松

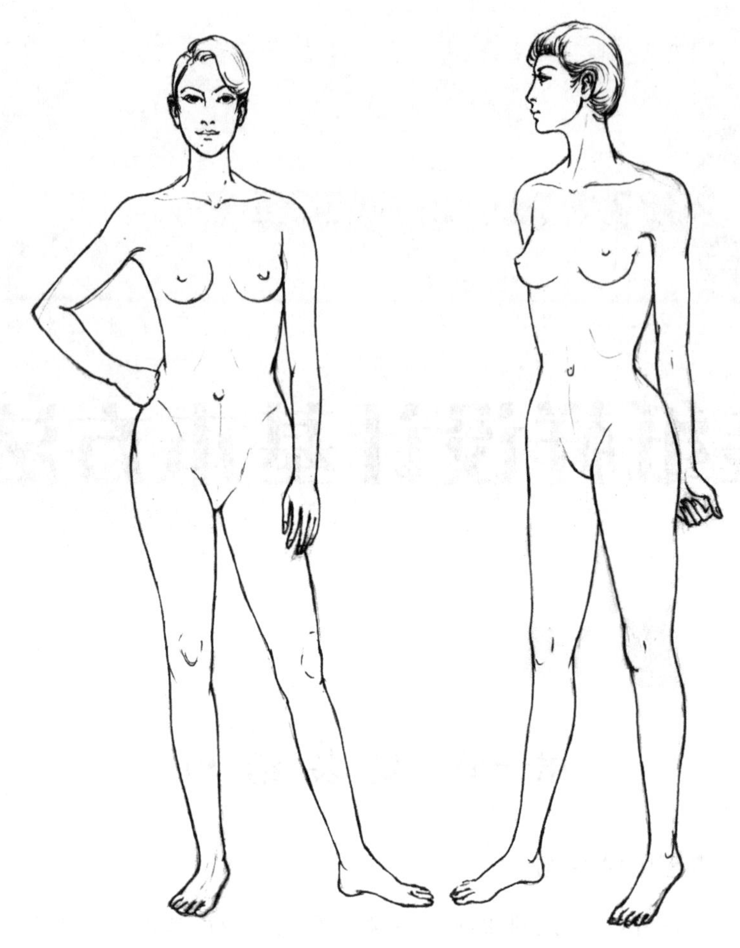

图 1-1　标准女性人体的外形

量设计至关重要，要依据特定人的形体和款式特点加以控制。例如旗袍类的礼服，造型贴体度非常高，因此胸部省量的准确度与衣片之间的前后腰节差量的关系就极其重要。依据款式造型要求，乳胸部塑造得越高，则在胸部省量加大的同时，前腰节尺寸需要加长，以保持上体的衣片结构平衡。相反，日常服装胸部空间放松量都趋向比较宽松，乳胸部塑造得不要太高，在胸部省量减少的同时，前腰节尺寸也需要相应减少，才有可能获得衣片结构平衡。这是因为服装在包裹人体时有两条线：一条是横向包裹胸部的围度线，即胸围线；还有一条则是纵向包裹的围度线，即前后腰节线。这两条线要结合具体的款式，来确定相应的理想放松量比差关系，由此才能产生一种完美的服装均衡“节奏感”。

在通常服装结构设计理论上，对于女性上体的立体塑造是通过纵向十二条分割线来实现的。根据不同款式要求，在结构设计中依据三开身或四开身的具体形式，需要将省量、省的位置、省长、省形准确分配设计到位，以便能更为理想地通过结构设计将人体修饰到最佳状态。这一总体构成效果是女装上衣结构设计的重点。

2. 女装肩背部构成

从塑造理想女性人体美的要求来看，结构设计中后背形态的完美构筑也是一个非常重要的方面。人体肩胛骨的曲面结构复杂，但起伏节奏有序，是组成西式服装形体美的一个主要方面。服装后背衣片首先视肩胛骨为体积的中心点，由此通过基础肩胛省的正确处理（一般要采取分散转省或隐藏省的工艺手段），而使后背部位产生立体、平伏、饱满的体积感。背部的凸凹曲面变化、塑型的整体性，也是评价服装款式造型是否完美的关键。尤其考虑到背部在运动机能方面的重要性，它还决定了服装总肩宽的尺度；而女装肩部的宽窄，对款式外形还起着控制整体造型的作用。

3. 女装腰腹部构成

女性人体腰部截面呈椭圆形，是服装上下装结构中的中间结合部位，外形呈双曲面状态。上身结构的曲面、曲线都要围绕腰腹部位的特点塑造。由于女装款式变化复杂，腰部曲线的形态特征是构成款型的最重要方面。这就需要依特定不同人体的体型进行综合设计。在这个部位，腰部省的合理设置是关键，其省量与胸围及臀围的差值设计有关，要进行统筹规划。这个部位的省由于牵连人体的前、后、侧的不同形体的位置，因此有意识地根据款式特点强化、优化上下体各个不同曲面立体态势则是结构设计非常重要的一个方面。

4. 女装臀、胯部构成

女性人体骨盆的形状相对男性人体宽而深，臀、胯部丰厚，下装根据这一结构特点与腰部结构相结合，主要围绕臀、胯的体、面关系塑造出不同的裤形、裙形。另外，裆部的形态特征对于裤子的外形及功能性处理非常重要，尤其从前腰开始绕前下裆底再沿臀沟凹形线，至后腰节所构成的U形的围裆状态对于不同的裤形有不同的变化。这条弯弧线中上部的横向距离为腹臀部位的厚度，下部为横裆的宽度，躯干下部的宽窄及大腿的粗细决定这两个横向距离的尺寸。弯弧线底部的曲线前高后低、前缓后弯，这是由于坐骨低于耻骨的缘故。弯弧线转折深度取决于人体腰节至大腿根的深度，同时还要结合特定的裤形来决定立裆的深浅。

二、纸样与工艺构成

1. 女装以省塑型是纸样设计的关键

省的产生是源于将二维的布料置于三维的人体上。由于人体体型凹凸起伏及各围度形体的变化，服装宽松度的大小以及适体程度要求不同，决定了布料在包裹人体时在许多部位呈现松余状态。将这些松余量以集约或分割处理称为省，所以省在服装结构设计中起着非常重要的作用：不仅具有将服装面料从平面转化为吻合人体基本立体形态的功能；同时，也是实现服装造型、款式设计以及重塑人体形态必不可少的手段之一。

省的构成包括省量、省形、省位、省长四个要素。其中，省量是服装结构为适合人体曲面、塑造人体体型轮廓所要处理掉的余量，省量的大小直接决定服装的造型轮廓与外观特征，如上衣的腰省就是胸围与腰围的差量。省量的大小，由取省部位人体的围度落差与服装具体的塑型要求而定。

省的位置是服装造型中最为活跃的因素，由省起始点、省尖点、省的边缘线等要素控制。上衣前片省尖点指向人体前胸横向力支点，即乳胸凸点，后片省尖则指向人体后背横向力支点，即肩胛骨凸点。考虑到人体的所有凸起部位最高端点均为圆润平和的形体，因而省终点通常也可以稍偏离体表的最高点一些。省的起始点则可以分布在以造型部位最高点为圆心的圆周上的广泛区域内，通常取在衣片的外周轮廓线上，如胸省的起点可在腋下侧缝线、袖窿弧线、肩缝线、领窝弧线、腰围线、前中线上等。

省的形状依据省在衣片所在的位置、部位、指向，根据造型的需要，边缘线的走向与形状应有不同的变化与调整，可以是丁字省、直线省、曲线形、弧线形、枣核形等。

省长依据所在起始点至凸点的距离而长短不等，但不论省的走向与形如何，必须确保对称的两条省的长度相等，这是工艺制作的要求。省在工艺设计中在很大程度上起着关键塑型的作用。

2. 省的转移和分解与工艺运用相结合

服装上的省或以省形成的分割线是根据人体的形态特征需要而设计的，一是使人穿着服装在适体的同时能活动自如，二是使服装具有科学的符合人体体表的结构。设计省道或分割线时，可通过对设置的省结合胸腰差、臀腰差所形成的基础省进行重新组合。该方法是在新省道与原省道有交点的前提下，可以通过纸样的剪开与移动而将省道设计于衣片的任何位置。

人体体积曲面的复杂性仅靠纸样设计还难以塑造出完美的形体，因此很大程度上还要借助服装结构纸样设计中所形成的曲面、破开线和省道边缘线，以此为工艺塑型提供出相应的技术条件。依据纸样裁剪出的衣片还要采用特定工艺手段，通过对边缘线的热塑处理（推、归、拔烫工艺）或专用服装定型机来完成塑型。高级时装还要采用精湛的覆衬、手缝、立体整烫等工艺技术处理，才能塑造出理想的形体。

总之，应将服装视为“软雕塑”，只有正确运用和采用各种服装结构设计与缝制熨烫工艺技术手段，才能使服装产生千变万化的艺术效果，从而达到造型的完美。

3. 女上装纸样设计原型

原型不是具体的服装衣片。它是在立体裁剪的基础上研究了人体的结构、人体的动态及静态特征变化规律后，借助和运用科学、简洁的数学计算方法，将立体的人体主要部位数据化，确立出各服装结构的关键部位，包括如上衣的胸围、前胸宽、后背宽、前领宽、后领宽、前领深、后领深、肩斜度（落肩）、肩胛省、胸凸省等部位，其中也包含对人体的基本修饰、矫正体型不足、美化外观造型的处理。它的立足点是按服装塑型的要求，在保持结构平衡与均衡的基础上基本体现人体的立体状态。因此，原型是在科学分析各类人体体型基础上建立的，既是人体系统工程的研究结果，也是服装结构二次成型的基础。

女装上衣纸样设计以原型为工具，可以展开各类不同款式的服装样板设计。在应用时需要设计者依据款式特点，采用灵活多变的技术手段才可能形成不同风格的造型；需要反复实践才能找到应用规律，同时还要与具体的工艺方法相结合。

采用文化式女装新原型（又称文化式女子新原型、新文化式女装原型）作为女装制图工具，即服装二次成型的结构制图方法，是国际公认的一种非常理想的科学制图方法。本书的女装部分重点采用文化式女子新原型为工具，展开对制图方法的介绍。

第二节　女装原型结构制图方法

一、文化式女装新原型衣身结构制图方法

1. 测量人体净体尺寸

测量人体净体尺寸包括胸围、腰围、背长、全臂长。

2. 绘制基础线（图1-2）

（1）以 A 点为后颈点，向下取背长作为后中线。

（2）画 WL 水平线，并且确定身宽（前后中线之间的宽度）为 $B/2+6$cm。

（3）从 A 点向下取 $B/12+13.7$cm 确定胸围水平线 BL，并且在 BL 线上取身宽 $B/2+6$cm。

（4）垂直于 WL 线画前中线。

（5）在 BL 线上，由后中线向前中心方向取背宽为 $B/8+7.4$cm，确定 C 点。

（6）经 C 点向上画背宽垂直线。

（7）经 A 点画水平线，与背宽线相交。

（8）由 A 点向下 8cm 处画一条水平线，与背宽线交于 D 点；将后中线至 D 点之间的线段 2 等分，并且向背宽线方向取 1cm 确定 E 点，作为肩省省尖点。

（9）将 C 点与 D 点之间的线段 2 等分，通过等分点向下量取 0.5cm，过此点画水平线 G 线。

（10）在前中心线上从 BL 线向上取 $B/5+8.3$cm，确定 B 点。

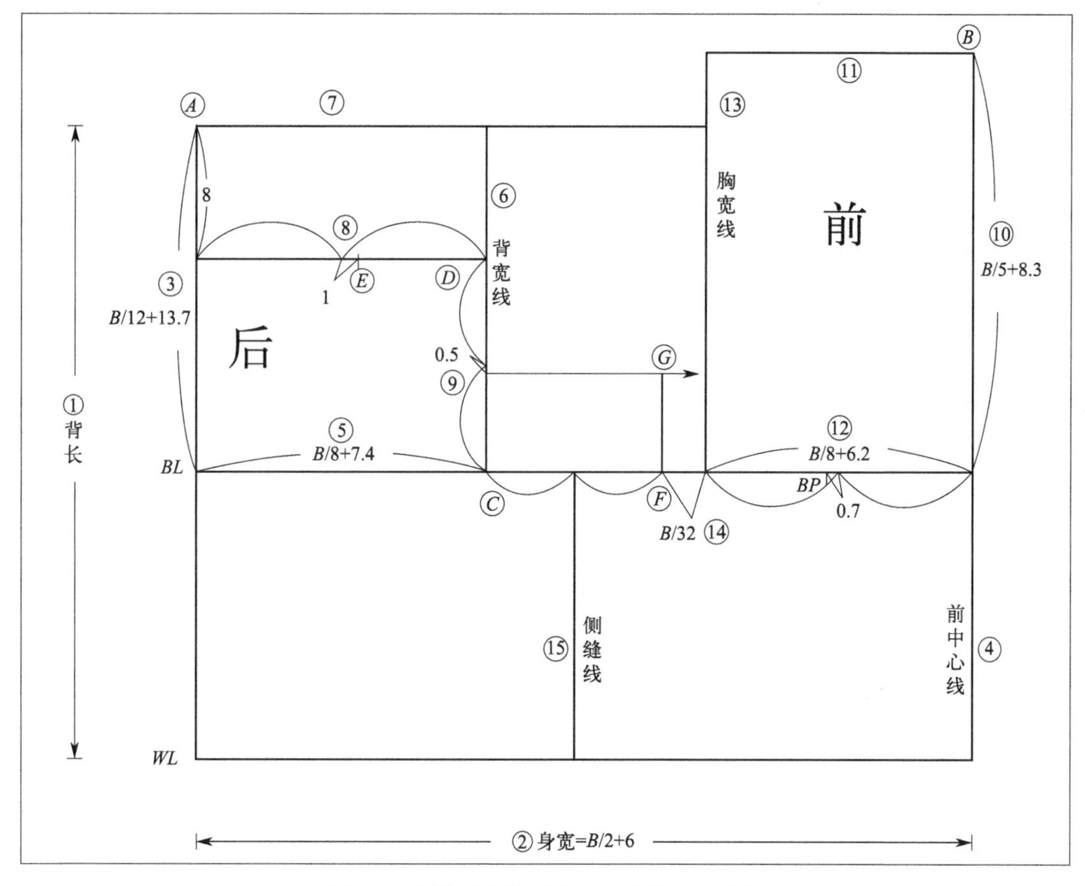

图 1-2　文化式女装新原型衣身结构基础线

(11) 通过 B 点画一条水平线。

(12) 在 BL 线上，由前中心向后中心方向取胸宽为 B/8＋6.2cm，并且由胸宽 2 等分点的位置向后中心方向取 0.7cm 作为 BP 点。

(13) 画垂直的胸宽线，形成矩形。

(14) 在 BL 线上，沿胸宽线向侧缝方向取 B/32 作为 F 点，由 F 点向上作垂直线，与 G 线相交，得到 G 点。

(15) 将 C 点与 F 点之间的线段 2 等分，过等分点向下作垂直的侧缝线。

3. 绘制轮廓线（图 1-3）

(1) 绘制前领口弧线，由 B 点沿水平线取 B/24＋3.4cm＝◎（前领口宽），得 SNP 点；由 B 点沿前中心线取◎＋0.5cm（前领口深），画领口矩形，依据对角线上的参考点，画顺前领口弧线。

(2) 绘制前肩线，以 SNP 为基准点取 22°的前肩倾斜角度，与胸宽线相交后延长 1.8cm 形成前肩宽度（△）。

(3) 绘制后领口弧线，由 A 点沿水平线取◎＋0.2cm（后领口宽），取其 1/3 作为后领口深的垂直线长度，并且确定 BNP 点，画顺后领口弧线。

(4) 绘制后肩线，以 BNP 为基准点取 18°的后肩倾斜角度，在此斜线上取△＋后肩省 (B/32－0.8cm) 作为后肩宽度。

(5) 绘制后肩省，通过 E 点，向上作垂直线与肩线相交，由交点位置向肩点方向取 1.5cm 作为省道的起始点，并且取 B/32－0.8cm 作为省道大小，连接省道线。

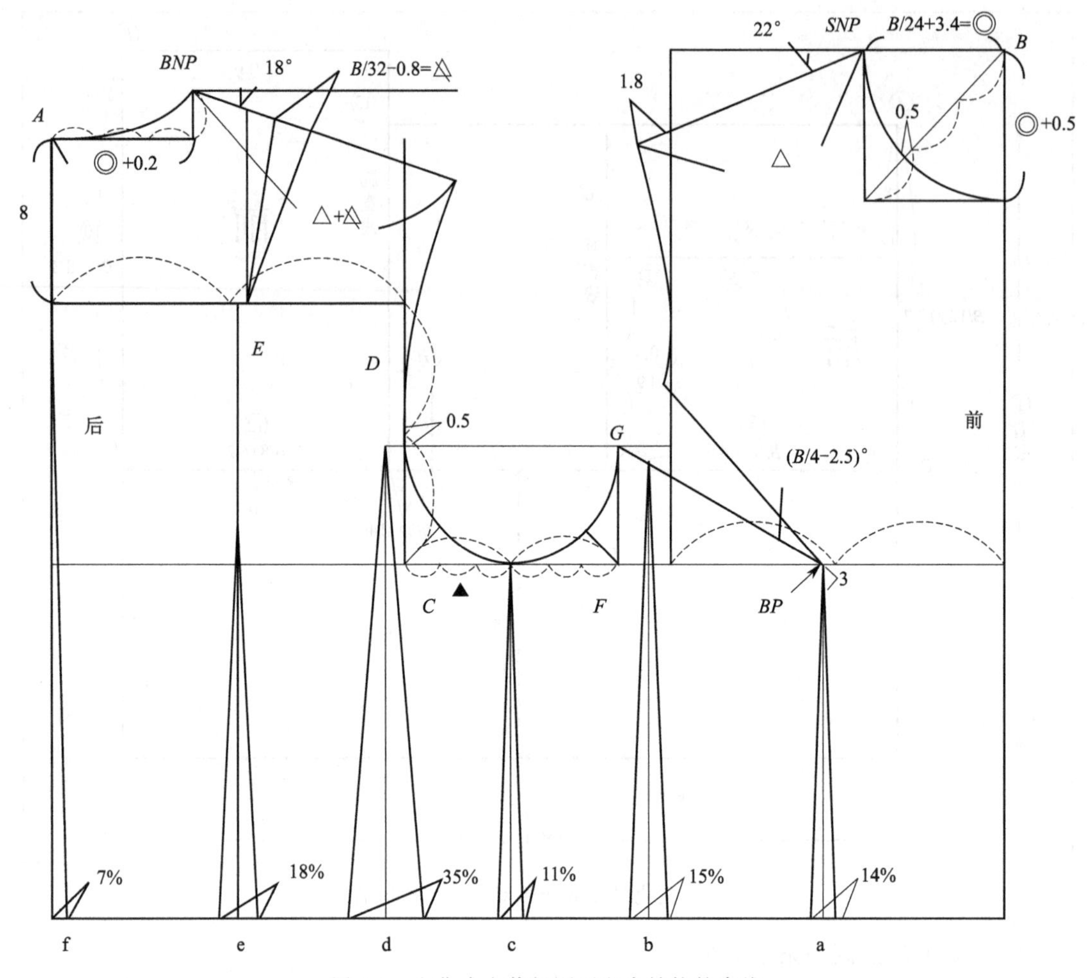

图 1-3　文化式女装新原型衣身结构轮廓线

(6) 绘制后袖窿弧线，由 C 点作 45°倾斜线，在线上取▲＋0.8cm（C 至 F 的 1/6＝▲）作为袖窿参考点，以背宽线作袖窿弧线的切线，通过肩点经过袖窿参考点画圆顺后袖窿弧线。

(7) 绘制胸省，由 F 点作 45°倾斜线，在线上取▲＋0.5cm（C 至 F 的 1/6＝▲）作为袖窿参考点，经过袖窿深点、袖窿参考点和 G 点画圆顺前袖窿弧线；以 G 点和 BP 点的连线为基准线，向上取（B/4－2.5)°夹角作为胸省量。

(8) 通过胸省省长的位置点与肩点画圆顺前袖窿弧线上半部分，注意胸省合并时，袖窿弧线应保持圆顺。

(9) 绘制腰省，省道的计算方法及放置位置如下。

$$总省量=B/2+6\text{cm}-(W/2+3\text{cm})$$

a 省：由 BP 点向下 2～3cm 作为省尖点，并且向下作 WL 线的垂直线作为省道的中心线。

b 省：由 F 点向前中心方向取 1.5cm 作垂直线与 WL 线相交，作为省道的中心线。

c 省：将侧缝线作为省道的中心线。

d 省：参考 G 线的高度，由背宽线向后中心方向取 1cm，由该点向下作垂直线交于 WL 线，作为省道的中心线。

e省：由 E 点向后中心方向取 0.5cm，通过该点作 WL 线的垂直线，作为省道的中心线。

f省：将后中心线作为省道的中心线。

二、文化式女装新原型袖子结构制图方法

文化式女装新原型纸样制作，是在衣身袖窿曲线的基础上进行的。首先将上身原型的袖窿省闭合，以此时前后肩点的高度为依据，在衣身原型的基础上绘制袖原型。

1. 袖山高的确定（图 1-4）

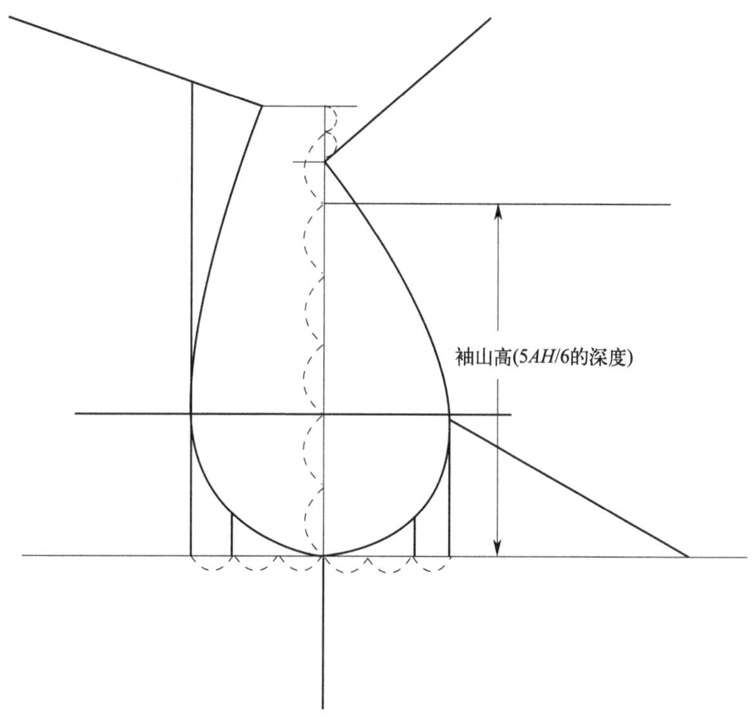

图 1-4　袖山高的确定

（1）选择绘制好的上衣原型，在前后袖窿部分进行修正。

（2）前片袖窿上的胸凸省以 BP 点为基点，将省合并使前后袖窿弧线成型圆顺。

（3）原型侧缝线垂直向上延长。

（4）通过前后肩点作平行线与侧缝线垂直延长的线相交，将其间形成的小垂线平分确立一个点。

（5）以上述确立的点至胸围线的垂直线段平分 6 等份。

（6）取其中 5/6 线段长作为袖原型的袖山高，以此确定袖山高点。

2. 原型袖子制图（图 1-5）

（1）从袖山高点向下画袖长中线。

（2）从袖山高点以前袖窿弧线（前 AH）长相交于胸围横线，以此确立前袖肥；从袖山高点以后袖窿弧线（后 $AH+1$）长相交于胸围横线，以此确立后袖肥，并且画两侧缝垂线。

（3）在前后两斜线上部参照前 $AH/4$ 线段长处，分别作辅助垂线 1.8～1.9cm 和 1.9～2cm 设辅助点。

（4）参照原型制图时的袖窿底的 2/6 处的垂线交点及辅助 G 线形成的交点上下各 1cm 设辅助点。

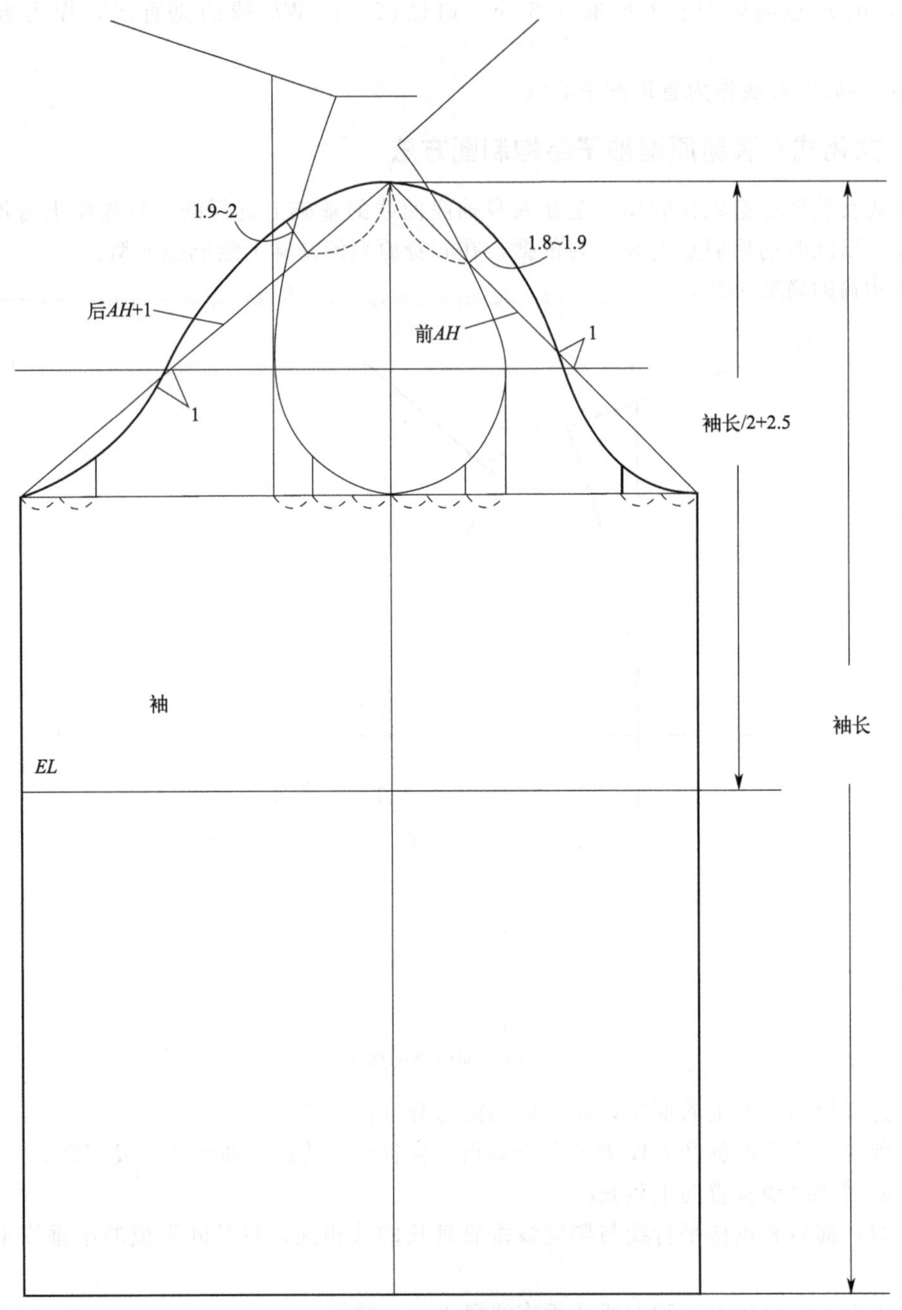

图 1-5 原型袖子制图

(5) 从袖山高点以确定的上述辅助点为基点画前后袖山弧线。

(6) 从袖山高点向下以袖长/2＋2.5 确定袖肘高度并画袖肘平行线（EL）。

第三节 男装结构

一、男女人体差异

从整体看，男性较女性高，骨骼粗壮，肌肉发达，有棱角分明的起伏，皮肤较厚，肤色较深，喉结突出等；女性骨骼相对纤细，皮肤细腻光滑，脂肪丰厚，轮廓圆润。

从人体正面观察，男性胸廓宽，肌肉发达，男女的体型差异主要体现在胸、腰、臀三部分。从人体侧面看，一般男性比女性厚实。

男性人体的体型正面呈倒梯形的状态，这是由组成男性人体骨骼、肌肉、脂肪的结构特点决定的。服装穿着于人体若想获得理想的效果，则必须充分了解这一特征，进而才可能掌握男装的结构特点。只有理解服装纸样构成基本概念，才能进行纸样设计。

尤其是男西服作为国际化的服装，其造型与特定人体、功能、着装的 TPO 原则（即时间、地点、场合）相关。另外，男西服板型与设计师的风格相关，板型是实现款式的基础。目前，服装界对板型的分类主要按照欧洲、美国、日本等不同的分类方式，或以英文字母 V、X、H 表示外部轮廓或板型。不难看出其与着装对象密切相关，因此研究板型的变化离不开特定人群的穿着要求。

为充分理解男装结构的科学性与技术美，学习男装时还要掌握男装纸样设计的理论和制板手段。

二、男装结构设计

男装结构设计必须从人体入手，以人体体型及测量出的人体数据为实际来源，或以国家服装号型标准人体数据作为依据。同时，以人体体型构成理论为基础，寻找人体各相关部位体型变化规律，以此确定出合理、准确的制图方法。

男性人体体型千差万别，不同人种、地区、年龄的人具有不同体型，即使同一人种、地区、年龄的人也会有多种体型存在。服装结构与人体的形态是密不可分的，人体形态是研究服装结构的依据。人体体型的多样性自然给服装制板带来了难题，尤其现代服装的造型变化之快，是过去任何时代都不可比的。样板制作必须满足快捷、准确、实用、多样化的要求，服装结构设计方法必然也是多样化的，才能满足服装设计的需要。

在现代男装越来越趋向国际化的今天，服装结构则更倾向于立体造型。人体不是静态的，随着时间的变化，人体在一定程度上也发生着变化。但通过对生理体型的分析，我们发现生理体型同时具有普遍的变化规律。因此，完全可以通过数据化科学计算，结合相应的款式要求而获得平面展开的结构纸样。

三、男装纸样的设计要素

服装与人体密切相关。人的客观生理条件和主观思想意识观念因素，决定了如何进行样板（或纸样）设计。客观生理条件是指人的生理结构、运动机能等方面，这是样板设计的主要考量因素。样板设计必须以此为基础；主观思想意识观念因素主要是指人的传统文化习惯、个性表现、审美趣味、流行时尚等方面，结构设计也要最大限度地满足这些要求。

男装样板的设计首要任务是为不同体型的人提供相应的基础型，样板最终要迎合消费者的个性需要，同时样板设计的理论应满足现代服装工业化成衣生产的需要。纵观国内外服装工业生产，越来越强化成衣号型标准化的特征，要求样板的制作更加细化。因此，基础样板必须适应服装商品化、工业化的需求。

四、男装纸样的设计方法

1. 平面裁剪

现代平面制板方法流派很多，可以归结为比例计算方法和原型方法。这一类方法基本原则是以人体测量数据为依据，根据款式设计的整体造型状态，参照人体变化规律找出合理的计算公式。如上衣主要以胸围的净体或成品规格为依据，推算出前胸宽、后背宽、袖窿深、落肩、领大等服装控制部位的计算公式。下装主要以臀围的净体或成品规格为依据，推算出前裤片、后裤片、臀高、立裆等服装控制部位的计算公式，再通过修正而获得准确的衣片样板。也就是将人体立体的曲面经过数据化处理，形成平面的线形、样板板块，从而满足裁剪的需要。

其原理是从人体出发，将形体的各部位立体形态采用图形学方法使其平面化，然后经过技术处理再转化到立体，完成塑型；同时，最大限度地考虑满足服装穿着的舒适性与功能性的各种要求。此种方法比较适合各类成衣化结构设计的需要。

2. 立体裁剪

现代服装立体裁剪是通过深入理解服装与人体之间的对应关系，在结构塑造时从直观的三维立体概念入手，合理地创造出人体的起伏凹凸，满足人体运动及造型空间要求。结构设计过程感性直观，按照服装款式要求准确塑型到位，以此获得衣片，使其符合人体体表的完美结构。此种方法较适合合体度较高的服装，例如高级时装、礼服类服装。

无论采用何种纸样设计裁剪方法，都要以人体与服装的关系为出发点，重要的是要找到正确和科学的结构设计切入点。

五、男性人体与服装

服装穿着于人体时为体现出美感需要将人体修饰出最佳的理想状态，这是通过服装技术美的处理实现的。服装是直接服务于人体的，而且必须适应人体的动态性，因此结构设计首先受到男性人体结构、体型，以及人体活动、运动规律及人体生理现象的制约。要获得男装结构的适体性即合体适穿的实用性要求，还要同时把握静态和动态两个方面的特性，以满足特定着装者的审美需求。

服装结构设计是以人体站立的静态姿势为基础的，首先应从静态方面处理好服装结构与人体体型结构的配合关系。和女性人体相比较，男性人体有以下特点可影响男装的结构。

男子肩宽而平，特别是肩部三角肌和背部斜方肌强健发达，所以肩膀浑厚宽阔，上肢长而粗壮，动态幅度较大。由于男性人体呈上宽下窄的倒梯扇面形体型，这一特点使男装在轮廓设计方面多为 T 型、Y 型和 H 型，以表现男性的“阳刚之美”，即为强悍、健壮的力量美。而女装的廓型变化丰富，尤以 A 型和 X 型最能体现女性“阴柔之美”的体态。

男子胸部厚实宽大，胸大肌为方形，呈弧凸状，胸乳峰不显著，而且相对稳定平缓。男性胸廓的块状结构以及体表线条硬朗、平直的特征，决定了男上装的外观平整，起伏变化较小。一般女装前身结构设计的重点是乳胸的塑造，在男装中一般则体现的是一种较为理想化的胸部状态。衣片按造型要求，也可以根据具体人体和特定款型需要适当进行修正和修饰。男式服装上衣结构线和款式线与女装也有很明显的不同，男装的结构线多为直线和曲度较小的弧线，线条简洁、概括，分割线的设计具有一定的规范化，不像在女装设计中分割的形式广泛而多变。

男性腰部相对于女性而言位置偏低且更为粗壮，是受胸、臀制约的过渡因素，前腰部凹陷不明显，胸腰差、腰臀差比女性小，因而变动幅度小，后腰节比前腰节长，后背至后腰部位曲度较大，因此在腰线以上后衣片长度比前衣片长。一般上衣收腰不宜过大。但西服在后背、腰、臀部应塑造出吸腰抱臀的形态，最大限度地表现出男性虎背熊腰的最佳体型特征。后背、腰、臀部状态如图 1-6 所示。

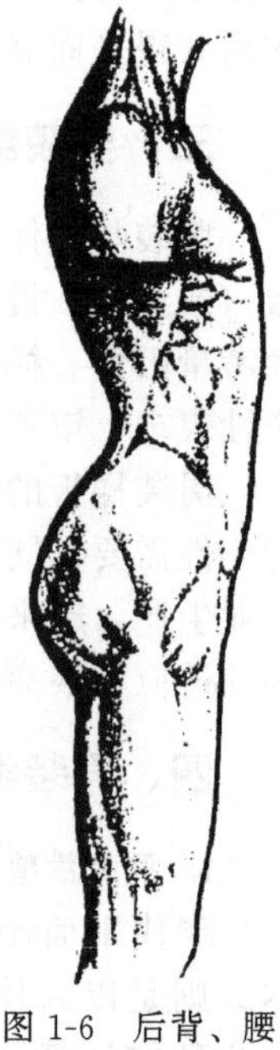

图 1-6　后背、腰、臀部状态

男性骨盆相对女性窄而短，髋窄臀厚，除受骨盆形状制约腰部设计外，还要求上衣摆围不宜过大，有时还要内收。男性通常没有宽摆、大摆的上衣设计。骨盆和大腿根部裆的状态也决定裤子的立裆比女性短。

男性颈粗而短，喉结突显，颈围大于女性。为了弥补颈部粗短的缺陷，增加脖颈长度的视觉感，封闭状态各类领子结构的共同设计要求是领子较贴近脖颈，领围不宜离开脖颈过多。领外表坡度也相对小于女装衣领，过大倒伏的领形结构较少。立领、立翻领尤其西服驳领的领位设计较低，露出脖根较多，以增加和衬托脖颈，达到增高的外观美感。男性人体体型特点如图 1-7 所示。

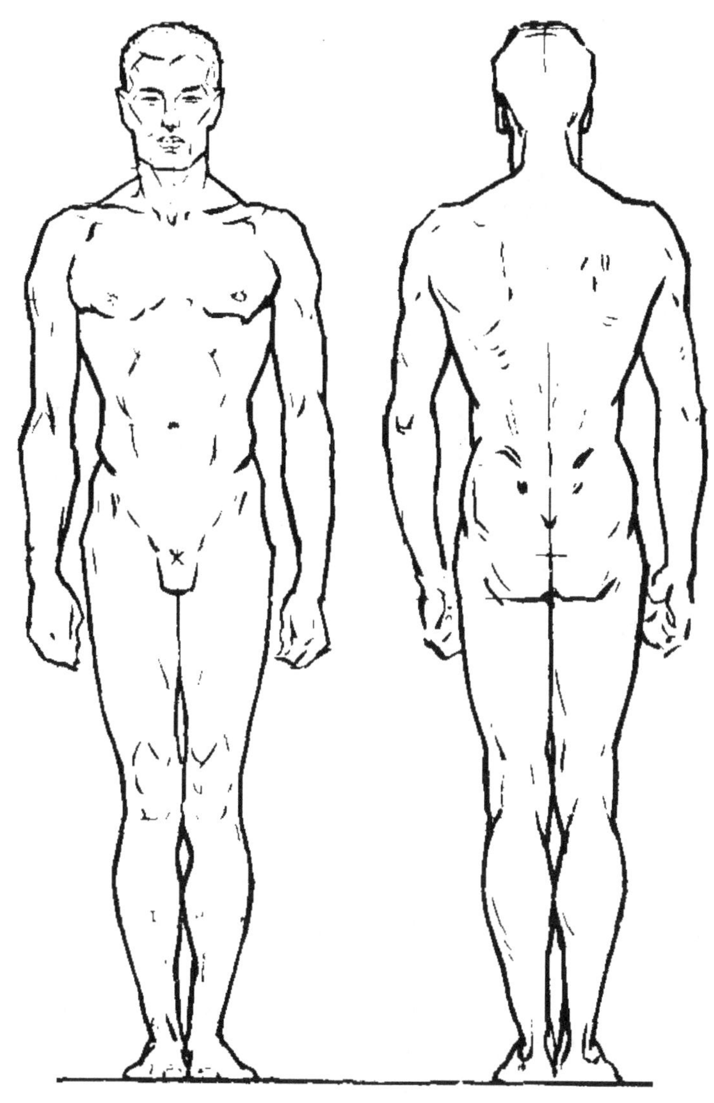

图 1-7　男性人体体型特点

第四节　原型构成

一、原型特点

原型基本体现了上体结构的立体状态，尤其肩部倾斜角度的准确度及颈侧点位置、前后领深点位置，很好地控制了衣片的纵向力平衡作用。后肩胛省塑造出人体后背体积，前袖窿的胸凸省塑造出乳胸的体积，并且准确地控制了衣片横向力平衡作用，为服装的制板成型创造了理想条件。

现代时尚流行的观念促使现代服装千变万化，故结构设计所采用的手法很多，但应该满足快捷、准确、可操作性强的特点。原型裁剪是在立体裁剪基础上结合比例裁剪而形成的平面裁剪方法。它把复杂的立体操作转化为简单的平面制图，把对立体操作技术的研究，转化成对平面计算与变化原理的研究，从而将立体裁剪中对人体体积塑造所形成的感性认识上升到理论。从研究的角度来看，原型裁剪巧妙地避开了传统比例裁剪针对款式、特定复杂人体的直接计算，采用了标准体原型，再由标准体原型过渡到实际人体及具体款式。这种研究角度的选择，为原型裁剪理论的形成带来了很大方便。这是因为标准原型与实际人体之间的差距，不像人体本身那样复杂，这种差距的量比较直观，能够凭感觉进行修正。

从原型到特定款式的制图，各部位需要再进行充分调整。例如，当成品胸围增加或减少时，作为造型基础的前胸宽、后背宽、袖窿底宽、领宽、领深等部位都要进行调整，这就需要严格按人体的变化规律确立准确的调整量。这一调整方法有些是有规律可循的。但结构设计是设计的一种延伸，在很多时候要求通过某种风格的定位，以表现结构细节上的调整与处理。这些细节的把握要靠对造型的理解和感悟，有时正是裁剪的细节才能表达出服装的“性格”。这种在样板中所创造的条件，丰富了这种“性格”的节奏和稳定性，形成了服装的风格。

由于现代服装与过去传统的中式服装结构有较大区别，西式服装结构在强调服装与人体立体状态的同时，还要通过造型、结构最大限度地装饰与修饰人体，因此对于适体程度较高的服装，西式服装结构运用肩斜建立前胸宽、后背宽、袖窿底宽、收省等立体构成的处理方法，使构成衣片的结构与人体的特征相吻合，极大地满足了服装的适体性与舒适性。中式服装的结构则通常是采用平面处理的方法。

二、服装二次成型

通过原型纸样可以非常便利地根据服装款式的变化需要，展开服装结构的再设计，即通过原型所创造的塑型基础，运用款式造型线和省道处理，最终快捷、准确地形成服装衣片。这一方法称为服装二次成型。

服装在制图前都需要确定成品尺寸，这是为了使服装适合于人体的呼吸和各部位活动机能的需要，必须在量体所得数据（净体尺寸）的基础上，根据服装品种、款式和穿着用途，加放一定的余量，即放松量（有时也简称为松量）。上衣原型为保障人体基本活动功能的要求，在胸围、腰围等部位均设定好了标准基础放松量。

对于具体一件服装来说，各部位放松量大小的确定与很多因素有关，主要有内衣的总厚度、不同地区的生活习惯和自然环境与款式特点的要求、衣料的性能和厚薄、工作性质及其活动量、个人爱好与穿着要求等，比较复杂。在结构制图时，根据这些要求结合原型进行调整则更加方便和准确。因此，原型的构成及如何正确使用和利用好原型成为现代服装技术研究和发展的趋向，重要的是应掌握好原型二次成型的应用方法与规律。本书后续将借助丰富的实例，逐步深入地对女装结构制图及其他章节内容进行详尽的介绍，以便读者更全面地理解上述内容的细节与精髓。

第一节　女衬衫纸样设计

女时装纸样制板学习可以从上衣类的女衬衫的结构入手，西式女衬衫最早是从标准男衬衫转化而来。发展至今，其款式变化呈现多元化造型特点，尤其女时装类的衬衫更是形式多样，但基础结构原理是一样的，通过对基础标准正装女衬衫纸样构成的学习则能展开各类时装衬衫制图方法的学习。通常需要掌握原型制图方法的构成规律，从而再进一步扩展至各类时装制图方法的学习。

一、正装翻领式女衬衫纸样设计

（一）正装翻领式女衬衫制板方法

正装翻领式女衬衫效果图如图 2-1 所示。

（二）成品规格

成品规格按国家号型 160/84A 确定，如表 2-1 所示。

表 2-1　正装翻领式女衬衫成品规格　　单位：cm

部位	后衣长	胸围	腰围	臀围	后腰节	总肩宽	袖长	袖口
尺寸	64	94	74	96	38	38	53.5	20

此款是与西服配套设计的正装女衬衫，是学习女衬衫的基础结构，胸腰差 20cm。在净胸围 84cm 的基础上加放 10cm，净腰围 68cm 加放 6cm，基础净臀围 90cm 加放 6cm，后下摆放量较少，袖子净臂长 50.5cm 加放 3cm，采用收袖头的一片袖结构。可选用垂感较好的薄型纯棉、化纤等各类面料。

（三）制图步骤

1. 制图方法（采用原型裁剪法）

首先按照号型 160/84A 型制作文化式女子新原型图，具体方法如前文化式女子新原型制

图 2-1 正装翻领式女衬衫效果图

图，然后依据原型制作纸样。

2. 绘制正装翻领式女衬衫前后片结构制图方法（图 2-2）

（1）将原型的前后片画好，前后腰线置于同一水平线。

（2）从原型后中心线画衣长线 64cm（后衣长）。

（3）原型胸围前后片为 $B/2+6$cm。

（4）前后宽不动以保障符合成品尺寸。

（5）依据原型领围，一般封闭状态的领形前后领宽不需要调整。

（6）保留后肩省 0.7cm，剩余省转移至后袖窿。

（7）后片根据款式在胸围线分别收掉 0.7cm 省量和 0.3cm 省量（胸围部分，即原型 $B/2+6\text{cm}-1\text{cm}$），保证成品胸围松量。

（8）制图中的衣片，其 1/2 总省量为 11cm，后片腰围部分占 60%，后中线起分别收掉 2cm、3.1cm、1.5cm 省量，前片腰围部分占 40%，侧缝收 1.5cm 省量，前中腰收 2.9cm 省量。

（9）根据臀围尺寸适量放出侧缝摆量 2cm，后下摆中线放出 1cm，保障造型所需松量。

（10）将前衣片胸凸省的 1/3 转至袖窿以保证袖窿的活动需要，剩余省量转移至侧胁缝设省塑胸。

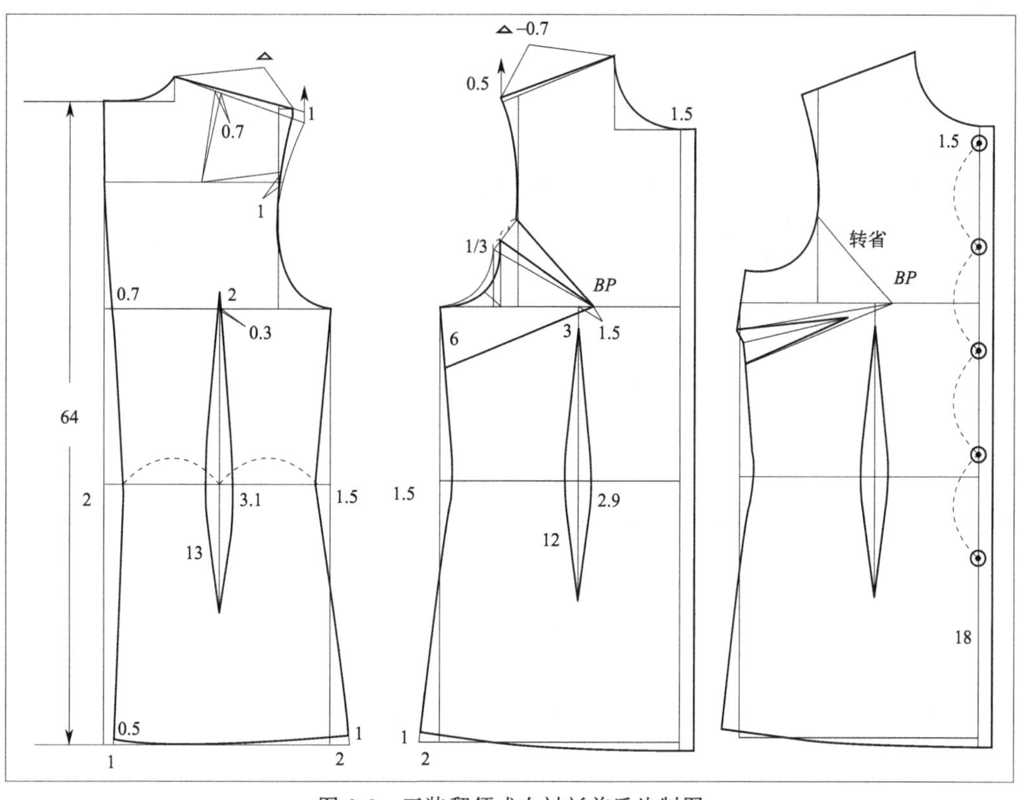

图 2-2 正装翻领式女衬衫前后片制图

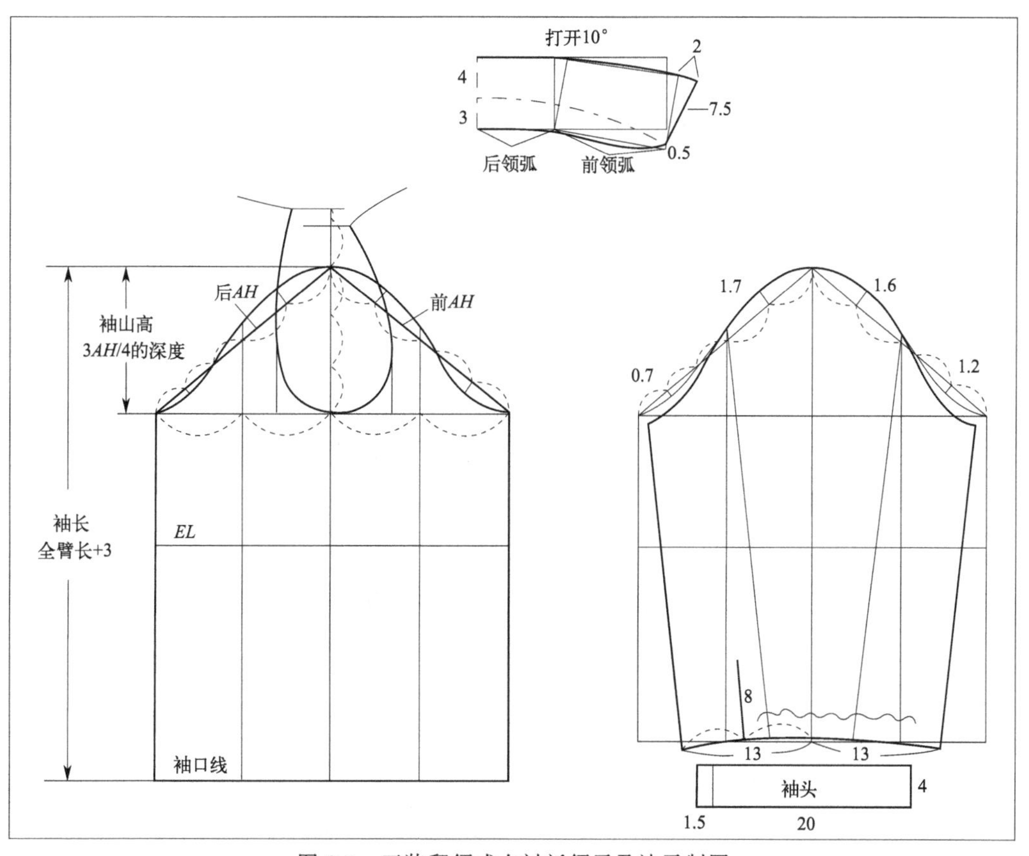

图 2-3 正装翻领式女衬衫领子及袖子制图

(11) 前肩点上移0.5cm，以保障衣片肩斜线符合人体肩棱倾斜状态，前小肩依据后小肩实际尺寸减掉0.7cm确定。

(12) 单排五枚扣，搭门宽1.5cm。

3. 袖子及领子制图（图2-3）

(1) 画袖子，袖长53.5cm，袖山高为前后肩点至胸围线平均深度的3/4；以前后AH的长交于基础袖肥线确定实际前后袖肥，在前后AH的斜线上通过辅助线画前后袖山弧线。

(2) 袖长减掉4cm袖头宽，确定袖口肥，20cm＋6cm缩褶量，通过前后袖肥的1/2分割辅助线收袖口，取得正确的袖肥和袖口关系，袖开衩8cm长。

(3) 袖头宽4cm，袖头长20cm。

(4) 画领子，总领宽7cm，底领3cm，翻领4cm，依据翻领减底领宽除以总领宽再乘以70°的计算公式，在前后领弧线的分割线展开10°取得领翘，领尖7.5cm，修正上下领口弧线，同时画好领折线。

二、中袖后开口套头女时装衬衫纸样设计

（一）中袖后开口套头女时装衬衫制板方法

中袖后开口套头女时装衬衫效果图如图2-4所示。

（二）成品规格

成品规格按国家号型160/84A确定，如表2-2所示。

图2-4　中袖后开口套头女时装衬衫效果图

表 2-2　中袖后开口套头女时装衬衫成品规格　　单位：cm

部位	后衣长	胸围	腰围	后腰节	总肩宽	袖长	袖口
尺寸	60	94	87	38	38	40	20

此款为中袖后开口有拉链的套头女时装衬衫，胸腰差 7cm，较为舒适的造型，为女士春夏设计。在净胸围 84cm 的基础上加放 10cm，净腰围 68cm 加放 19cm，臀围较松，下摆 104cm，袖子采用七分袖，无袖头的一片袖结构。可选用垂感较好的薄型纯棉、麻、真丝、化纤等各类面料。

（三）制图步骤

1. 制图方法（采用原型裁剪法）

首先按照号型 160/84A 型制作文化式女子新原型图，具体方法如前文化式女子新原型制图，然后依据原型制作纸样。

2. 绘制中袖后开口套头女时装衬衫前后片结构制图方法（图 2-5）

（1）将原型的前后片画好，前后腰线置于同一水平线。

（2）从原型后中心线画后衣长线 60cm。

（3）原型胸围前后片为 $B/2+6$cm，制图时中线胸围需去掉 1cm 以保证成品胸围松量。

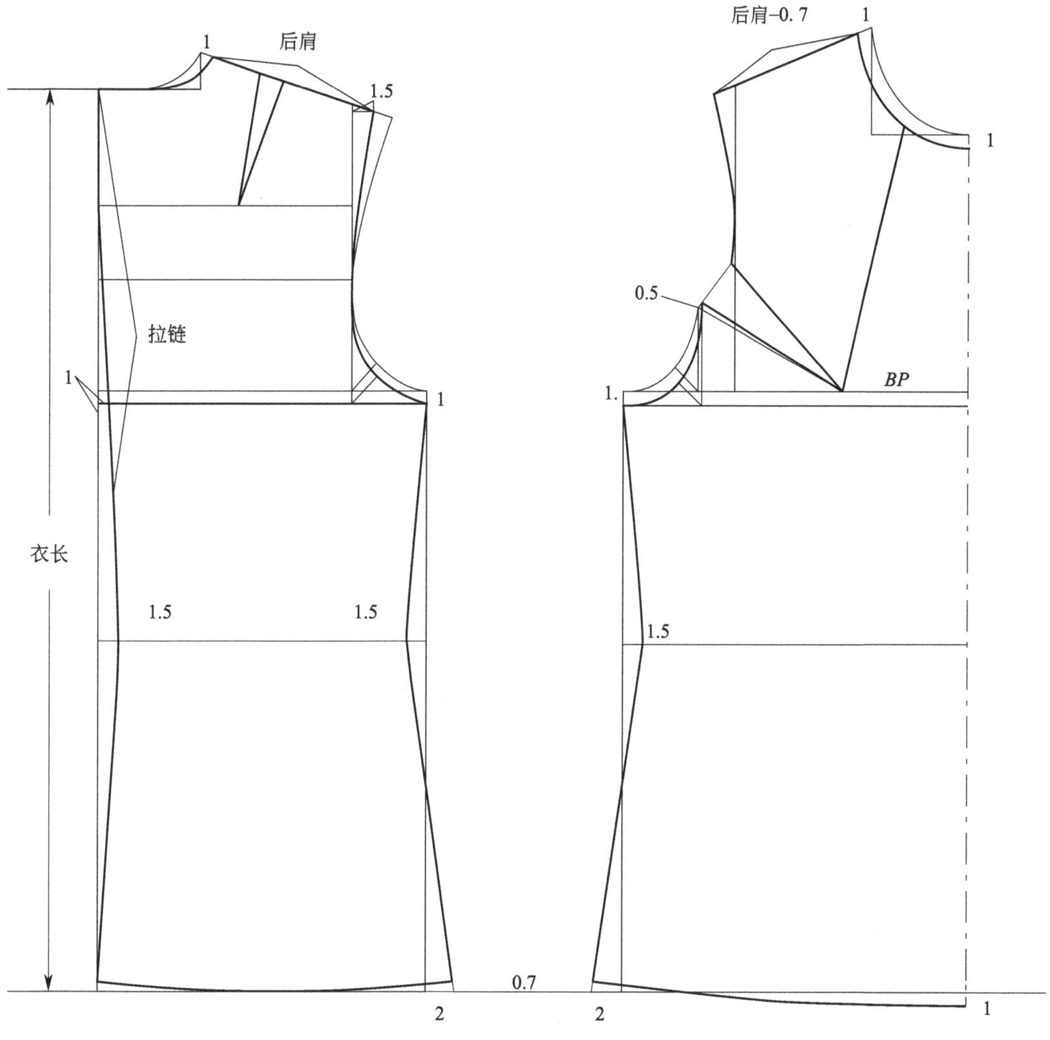

图 2-5

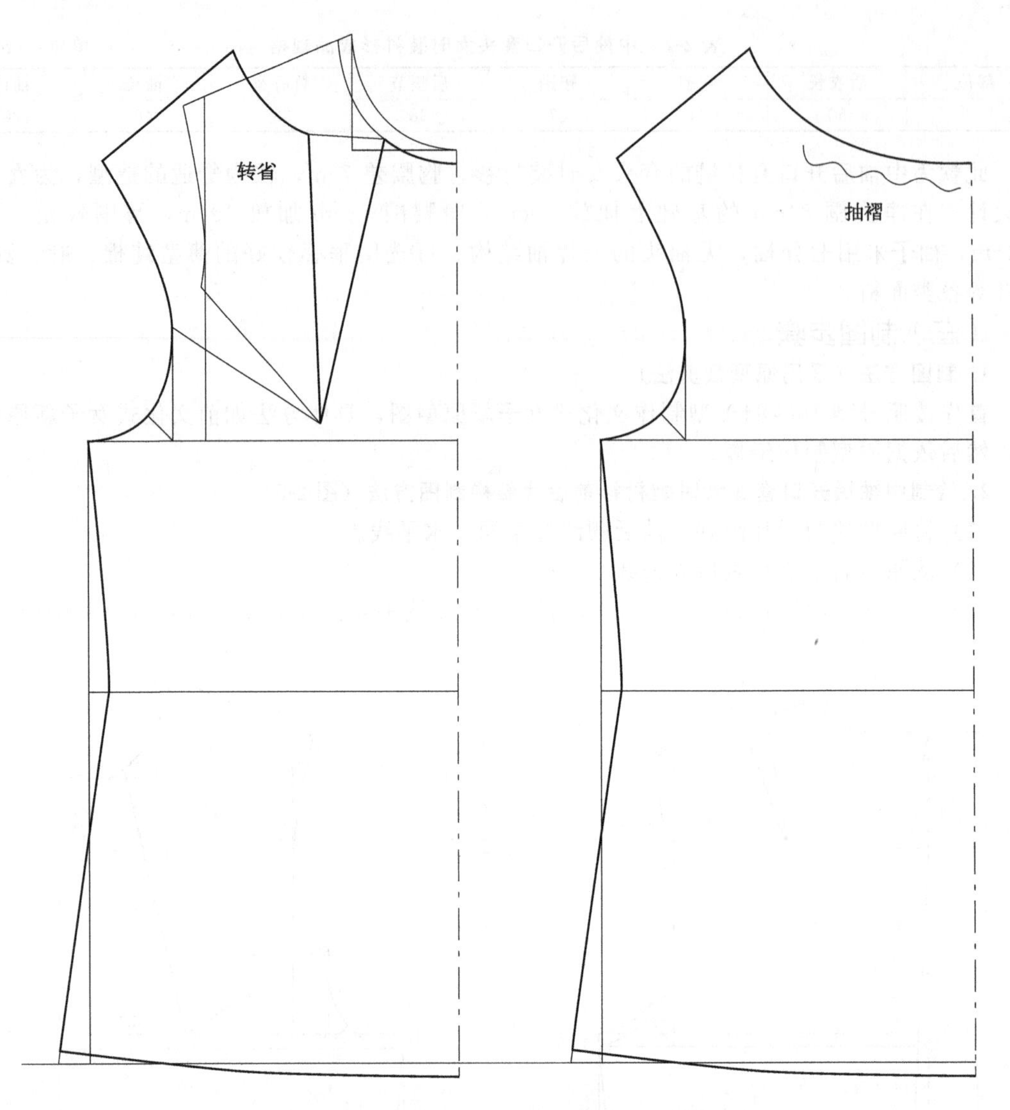

图 2-5　中袖后开口套头女时装衬衫前后片结构制图

（4）前后宽不动以保障符合成品尺寸。背宽垂线横向作垂线即冲出 1.5cm 交于后小肩斜线，以决定后肩端点及后小肩斜线长。

（5）依据原型的领宽，前后领宽各展宽 1cm。

（6）只保留后肩省 0.7cm，其余省忽略，肩斜角度不动。

（7）制图中的衣片，其 1/2 总省量为 4.5cm，后片腰围部分约占 60%，两省分别收掉 1.5cm 省量，前片腰围部分侧缝收 1.5cm 省量。

（8）根据摆围尺寸适量各放出侧缝摆量 2cm，后下摆中线放出 1.5cm，保障造型所需松量。

（9）胸围线下移 1cm 增加活动松量。

（10）将前衣片胸凸省的 0.5cm 转至袖窿以保证袖窿的活动需要，剩余省量准备转移至领口，在前领口处设一斜线连至 *BP* 点。

（11）前小肩依据后小肩尺寸减掉 0.7cm 确定。

（12）后中线上部开口设隐形拉链，长度 28cm。

（13）收胸凸省打开领斜线，将省转移至领口处，抽碎褶，或设活倒褶定于领子下口。

3. 袖子制图（图 2-6）

（1）画袖子，袖长 40cm，袖山高为前后肩点至胸围线平均深度的 3/4，以前后 AH 的长确定前后袖肥，在前后 AH 的斜线上通过辅助线画前后袖山弧线。

（2）确定袖口肥，半袖口 14cm，通过前后袖肥的 1/2 分割辅助线收袖口，取得正确的袖肥和袖口关系。

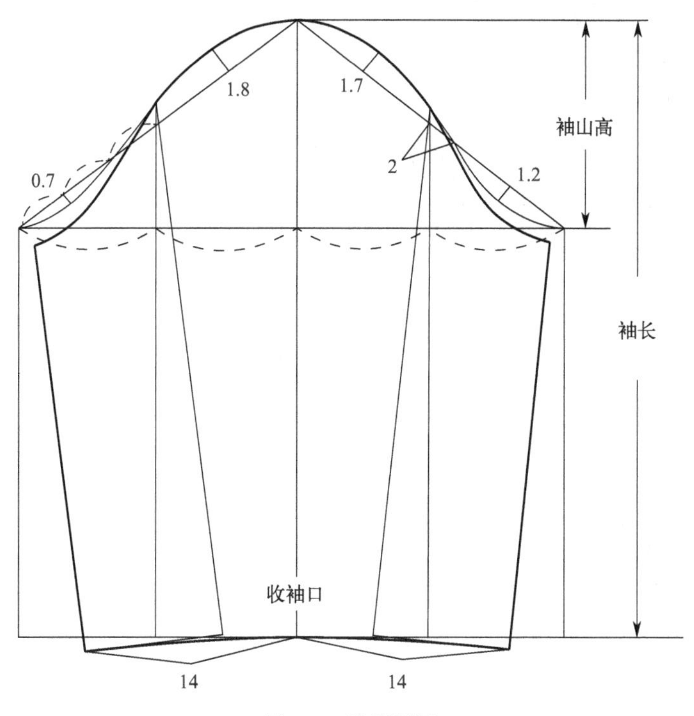

图 2-6　袖子制图

三、无领短袖女时装衬衫纸样设计

（一）无领短袖女时装衬衫制板方法

无领短袖女时装衬衫效果图如图 2-7 所示。

（二）成品规格

成品规格按国家号型 160/84A 确定，如表 2-3 所示。

表 2-3　无领短袖女时装衬衫成品规格　　单位：cm

部位	后衣长	胸围	腰围	后腰节	总肩宽	袖长	袖口
尺寸	56.5	94	80	38	38	25	30

此款为无领短袖女时装衬衫，胸腰差 14cm，较为合体舒适的造型，为女士夏季设计。在净胸围 84cm 的基础上加放 10cm，净腰围 68cm 加放 12cm，臀围较松，圆下摆，袖子采用有袖头的短袖袖型。可选用垂感较好的薄型纯棉、真丝、麻纱等各类面料。

（三）制图步骤

1. 制图方法（采用原型裁剪法）

首先按照号型 160/84A 型制作文化式女子新原型图，具体方法如前文化式女子新原型制图，然后依据原型制作纸样。

图 2-7　无领短袖女时装衬衫效果图

2. 绘制无领短袖女时装衬衫前后片结构制图方法（图 2-8）

（1）将原型的前后片画好，前后腰线置于同一水平线。

（2）从原型后中心线领深下 1.5cm 画衣长线 56.5cm。

（3）原型胸围前后片为 $B/2+6$cm，制图后中刀背在胸围处去掉 1cm 以保证成品胸围松量。

（4）前后宽不动以保障符合成品尺寸。从背宽线横向作垂线即冲出 1.5cm 交于后小肩斜线，以决定后肩端点及后小肩斜线长。

（5）依据原型前后领宽各展宽 2cm。

（6）只保留后肩省 0.5cm，其余省忽略，肩斜角度不动。

（7）制图中衣片省的分配，其 1/2 总省量为 8cm，后片腰围部分约占 60%，两省分别收掉 1.5cm 省量，刀背省 3.3cm。前片腰围部分侧缝收 1.5cm，前中腰 1.7cm 省量。

（8）根据摆围尺寸适量各放出侧缝摆量 2cm，后下摆刀背分割线各放出 1.5cm，保障造型所需松量。

（9）后腰围线刀背缝加腰带宽 3cm。

（10）将前衣片胸凸省的 1cm 转至袖窿以保证袖窿的活动需要，剩余省量作刀背至 *BP* 点附近与腰省结合画造型线。刀背下摆各放 1cm 摆量。

（11）前小肩依据后小肩实际尺寸减掉 0.5cm 确定。

（12）前领深从原型领深下移 10cm，画 V 字领。

（13）搭门宽 1.7cm，五枚扣，在下扣位 13.5cm 处画圆摆。

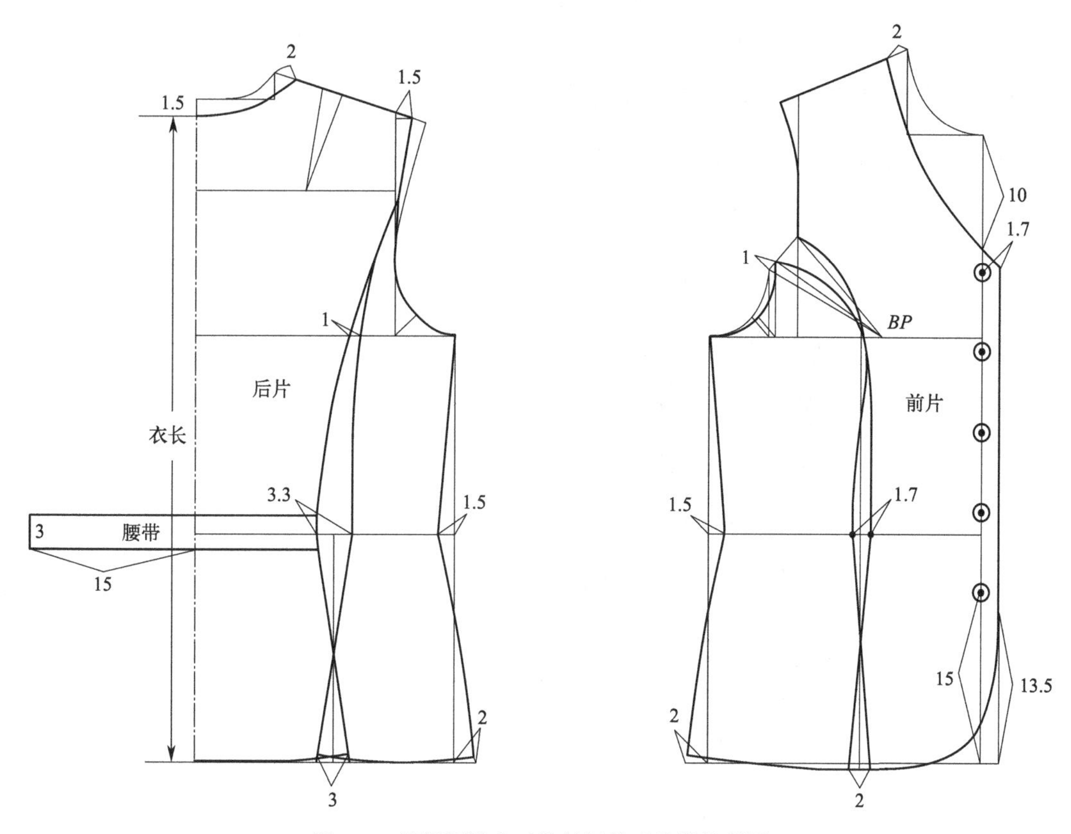

图 2-8　无领短袖女时装衬衫前后片结构制图

3. 袖子制图（图 2-9）

（1）画袖子，袖长 25cm，袖头宽 2.5cm，袖山高计算方法为 $AH/2\times0.6=13.2$cm，以

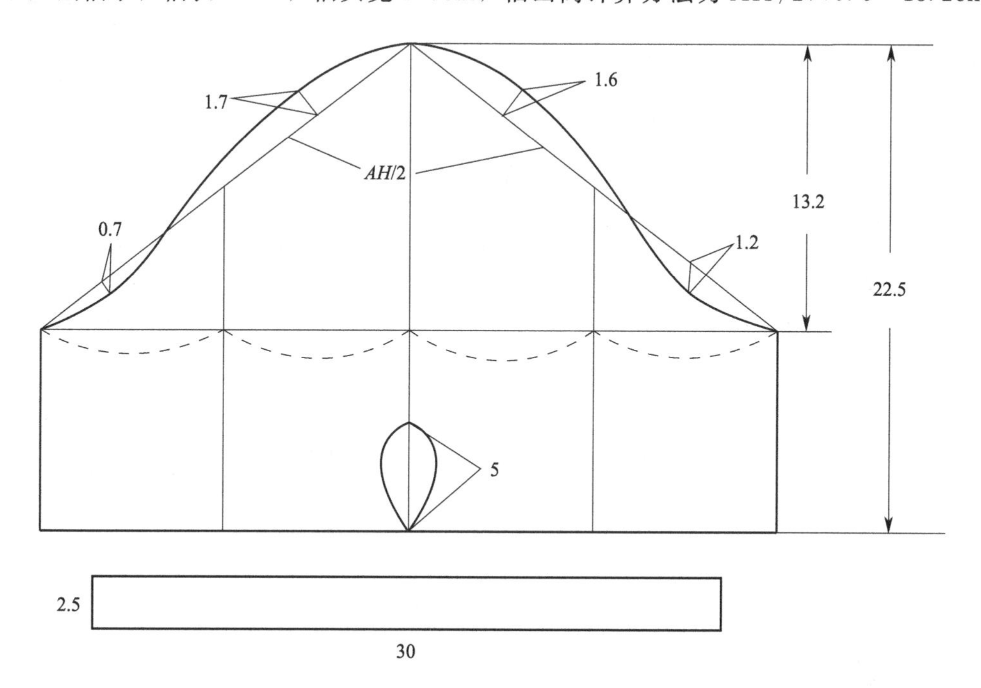

图 2-9　无领短袖女时装衬衫袖子制图

$AH/2$ 的长确定前后袖肥，在 $AH/2$ 的斜线上通过辅助线画前后袖山弧线。

（2）确定袖口肥 30cm，袖开口在中线上 5cm 处，缩褶后与袖头缝合。

四、长袖荷叶边平领女时装衬衫纸样设计

（一）长袖荷叶边平领女时装衬衫制板方法

长袖荷叶边平领女时装衬衫效果图如图 2-10 所示。

图 2-10　长袖荷叶边平领女时装衬衫效果图

（二）成品规格

成品规格按国家号型 160/84A 确定，如表 2-4 所示。

表 2-4　长袖荷叶边平领女时装衬衫成品规格　　单位：cm

部位	后衣长	胸围	腰围	后腰节	总肩宽	袖长	袖口
尺寸	64	90	72	38	37	54	22

此款为长袖荷叶边平领女时装衬衫，胸腰差 18cm，较为合体的造型，为女士春夏季设计。在净胸围的基础上加放 6cm，净腰围加放 4cm，臀围加放 10cm，袖子采用有袖头的长袖袖型。可选用垂感较好的薄型纯棉、真丝、麻纱等各类面料。

（三）制图步骤

1. 制图方法（采用原型裁剪法）

首先按照号型 160/84A 型制作文化式女子新原型图，具体方法如前文化式女子新原型制图，然后依据原型制作纸样。

2. 绘制长袖荷叶边平领女时装衬衫前后片基础结构制图方法（图 2-11）

（1）将原型的前后片画好，前后腰线置于同一水平线。

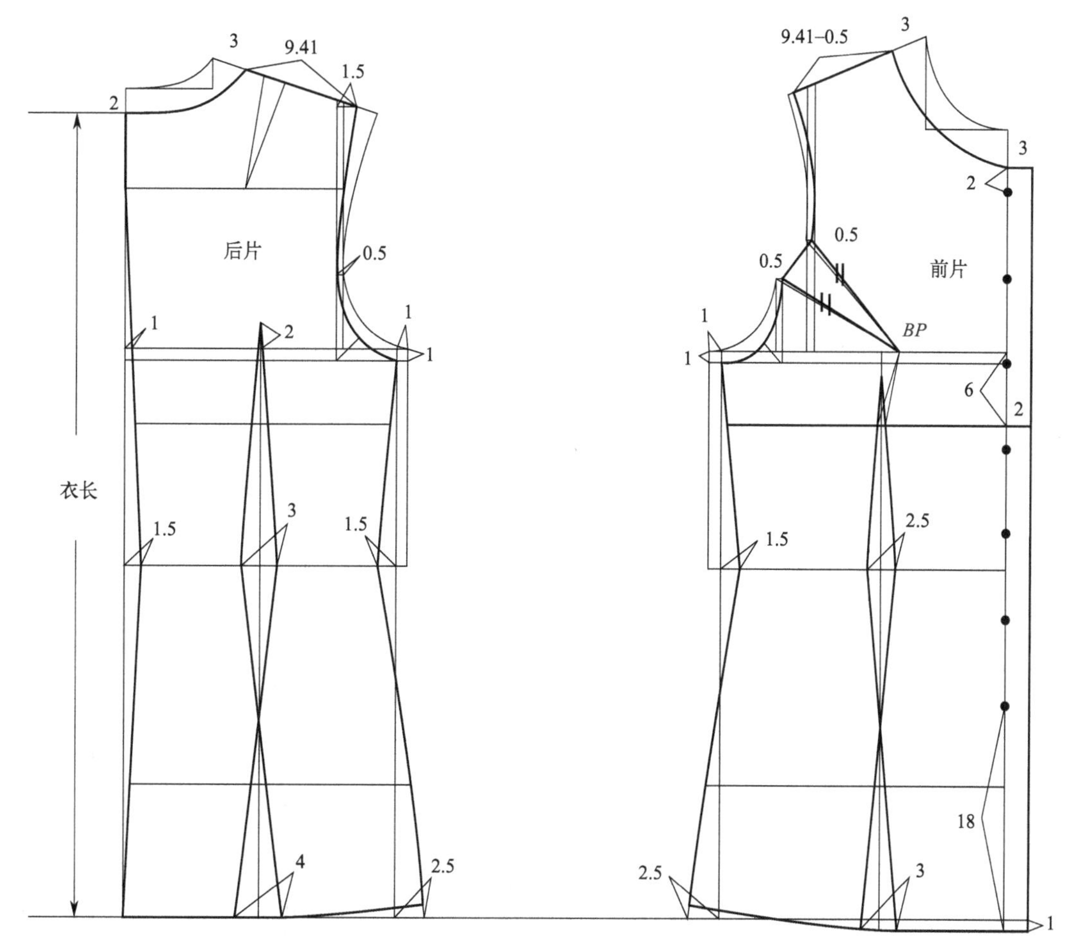

图 2-11　长袖荷叶边平领女时装衬衫前后片基础结构制图

（2）从原型后中心线领深下 2cm 后，画衣长线 64cm。

（3）修正胸围，1/4 的前片和后片胸围各减掉 1cm，制图时在后中胸围处去掉 1cm，以保证成品胸围松量。胸围线下移 1cm 加深袖窿深。

（4）前后宽各减少 0.5cm（即 1/4 胸围肥减少量的 1/2）。从背宽线横向作垂线即冲出 1.5cm 交于后小肩斜线，以决定后肩端点及后小肩斜线长。从肩点修正袖窿弧线。

（5）依据原型前后领宽各展宽 3cm。

（6）只保留后肩省 0.5cm，其余省忽略，肩斜角度不动。

（7）制图中衣片省的分配，其 1/2 总省量为 10cm，后片腰围部分约占 60%，腰部后中线及侧缝分别收掉 1.5cm 省量，后中腰省 3cm。前片腰围部分侧缝收 1.5cm，前中腰 2.5cm 省量。

（8）根据摆围尺寸适量各放出侧缝摆量 2.5cm，后中线放 1.5cm，后下摆分割线各放出 2cm，保障造型所需松量。

（9）参照胸围线下移 6cm 设横向款式分割线。

（10）前小肩依据后小肩尺寸减掉 0.5cm 确定，从肩点修正袖窿弧线。前领深下移 3cm 修正前领口弧线。

（11）前中腰省下摆各放 1.5cm。搭门 2cm，下扣位 18cm，上扣位 2cm，共七枚扣。

3. 长袖荷叶边平领女时装衬衫前后片结构制图方法（图 2-12）

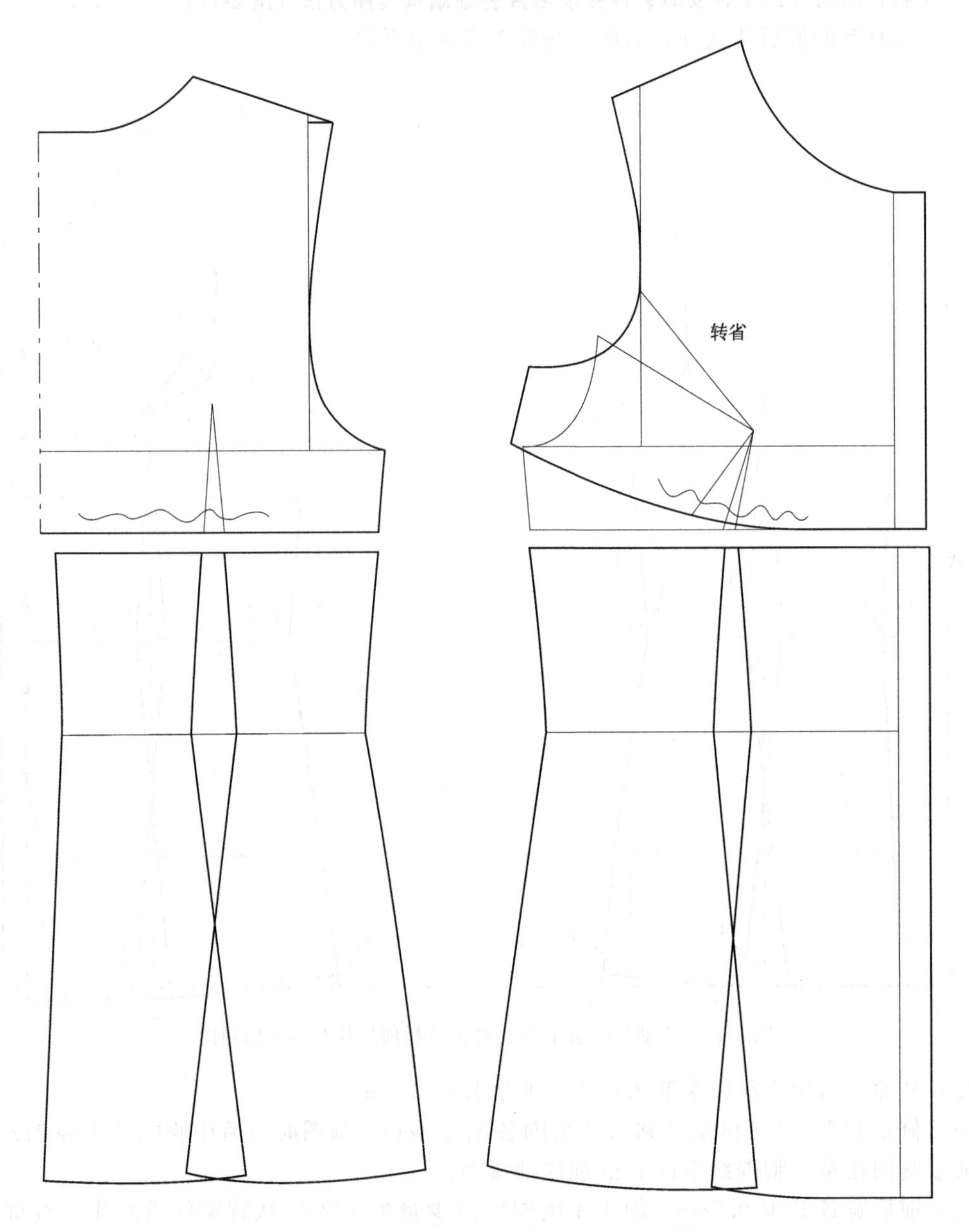

图 2-12　长袖荷叶边平领女时装衬衫前后片结构制图

（1）后片横向分割线上部中线连裁画好，省量缩缝。下部分为两片。

（2）前片将袖窿上的胸凸省转移至分割线缩缝以塑胸高。下部分为两片。

4. 袖子制图（图 2-13）

（1）画袖子，袖长 54cm，袖头宽 2cm，袖山高为 $AH/2\times0.5=11$cm（袖山高所对应角为 30°），以 $AH/2$ 的长确定前后袖肥，在 $AH/2$ 的斜线上通过辅助线画前后袖山弧线。

（2）泡泡袖型，袖肥线剪开抛起 5cm 袖山缩褶量，依据袖山弧线与袖窿弧线之差设碎褶或倒褶。

（3）基础直筒袖，后开衩 8cm，袖头长 22cm，宽 2cm，画矩形，袖口缩碎褶。

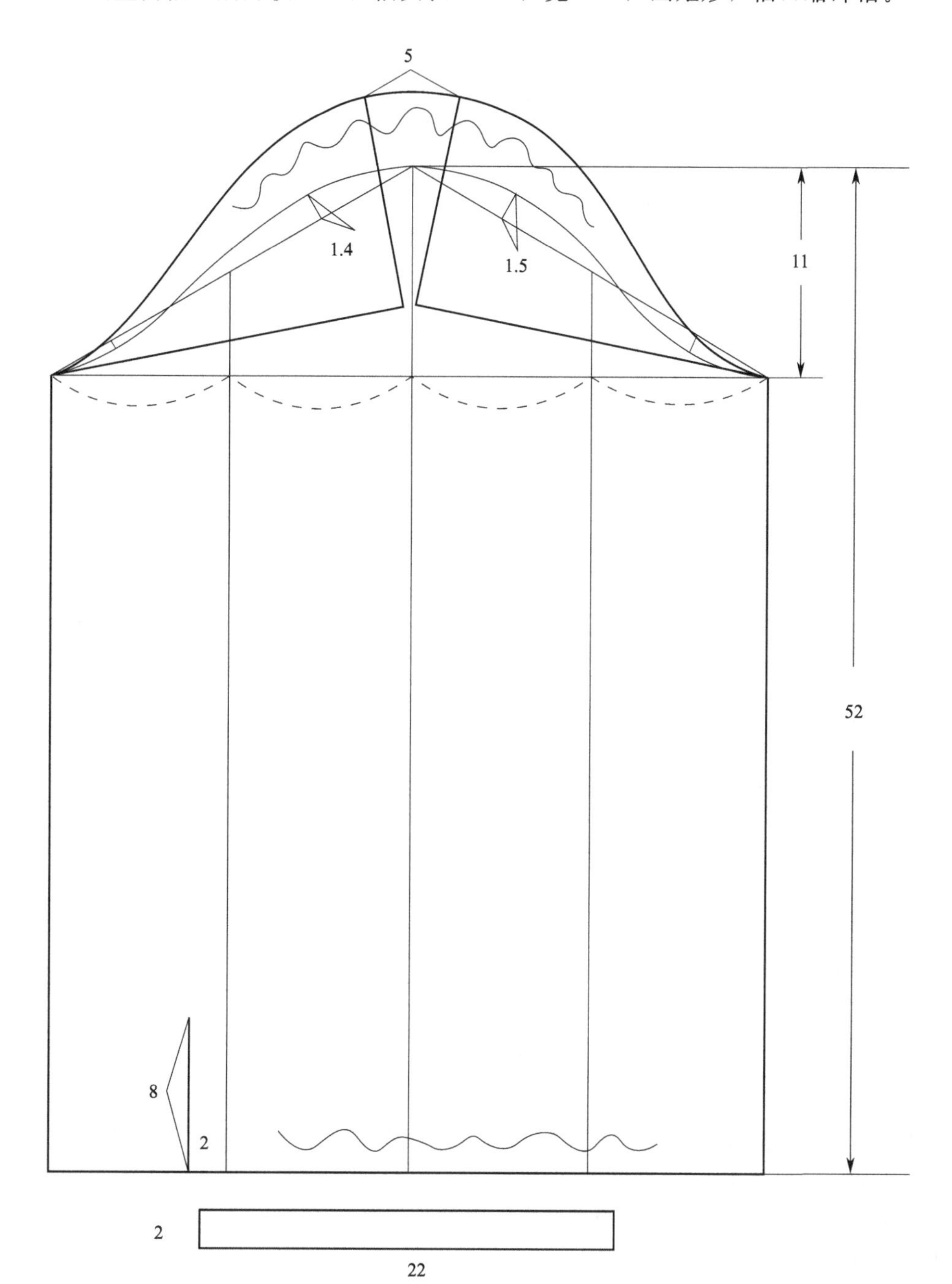

图 2-13 长袖荷叶边平领女时装衬衫袖子制图

5. 领子制图（图 2-14）

（1）前后片肩缝在颈侧点对合，在肩点重合 1.5cm，然后在后中线画领宽 7cm，画领外口弧线，前领尖 8cm 宽。

（2）制作荷叶边领，拷贝领子，将领外口及领内口 6 等分，纸样剪开，外口各展开 3cm 左右的荷叶边领所需要的松量。然后，修正内外口以圆顺。

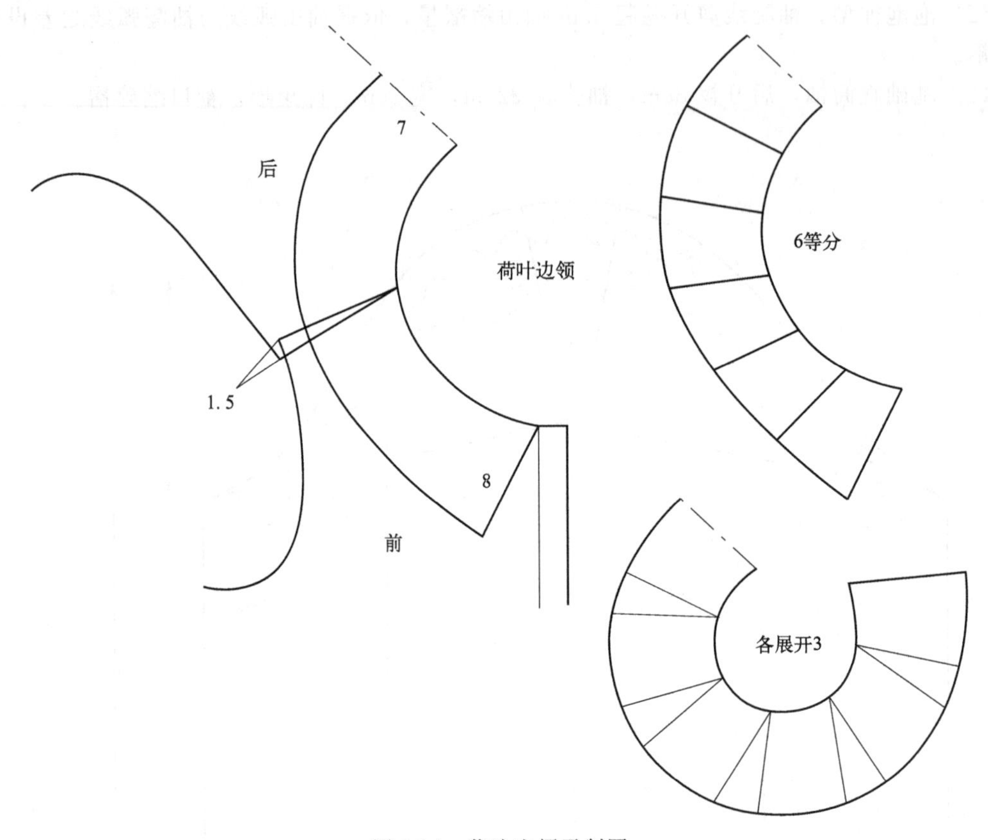

图 2-14　荷叶边领子制图

五、短款有装饰后领的女休闲时装衬衫纸样设计

（一）短款有装饰后领的女休闲时装衬衫制板方法

短款有装饰后领的女休闲时装衬衫效果图如图 2-15 所示。

（二）成品规格

成品规格按国家号型 160/84A 确定，如表 2-5 所示。

表 2-5　短款有装饰后领的女休闲时装衬衫成品规格　　单位：cm

部位	后衣长	胸围	腰围	后腰节	总肩宽	袖长	袖口
尺寸	58	96	96	38	38	20	40.6

此款为短上衣短散袖，后身有装饰领的较宽松的休闲式女时装衬衫，为女士夏季设计。在净胸围的基础上加放 12cm，净腰围加放 28cm。直身形无腰省，袖子采用较短的散袖型与衣身统一和谐。可选用垂感较好的薄型纯棉、真丝、麻纱等各类面料。

（三）制图步骤

1. 制图方法（采用原型裁剪法）

首先按照号型 160/84A 型制作文化式女子新原型图，具体方法如前文化式女子新原型制

图 2-15　短款有装饰后领的女休闲时装衬衫效果图

图，然后依据原型制作纸样。

2. 绘制短款有装饰后领的女休闲时装衬衫前后片结构制图方法（图 2-16）

（1）将原型的前后片画好，前后腰线置于同一水平线。

（2）从原型后中心线画衣长 58cm，领深下移 14cm。

（3）修正领宽，原型前后领宽各展宽 4cm。前领深挖深 6cm。

（4）后小肩 8.5cm，后小肩保留 0.5cm 省，前小肩 8cm。

（5）后中线加出 5cm 的褶裥。后领口处设一装饰领，其宽 6cm，领尖 11cm。

（6）前片袖窿上的胸凸省减少 1.3cm 为袖窿松量，其余为省量。

（7）搭门 2cm，五枚扣。侧缝下画圆摆。

3. 袖子制图（图 2-17）

（1）画袖子，袖长 20cm，袖山高为 $AH/2\times0.6=13.35$cm（袖山高所对应角为 37°），以 $AH/2$ 的长确定前后袖肥，在 $AH/2$ 的斜线上通过辅助线画前后袖山弧线。

（2）散袖口型，前后袖肥线的 1/2 处剪开抛起 2.5cm，修正袖口弧线。

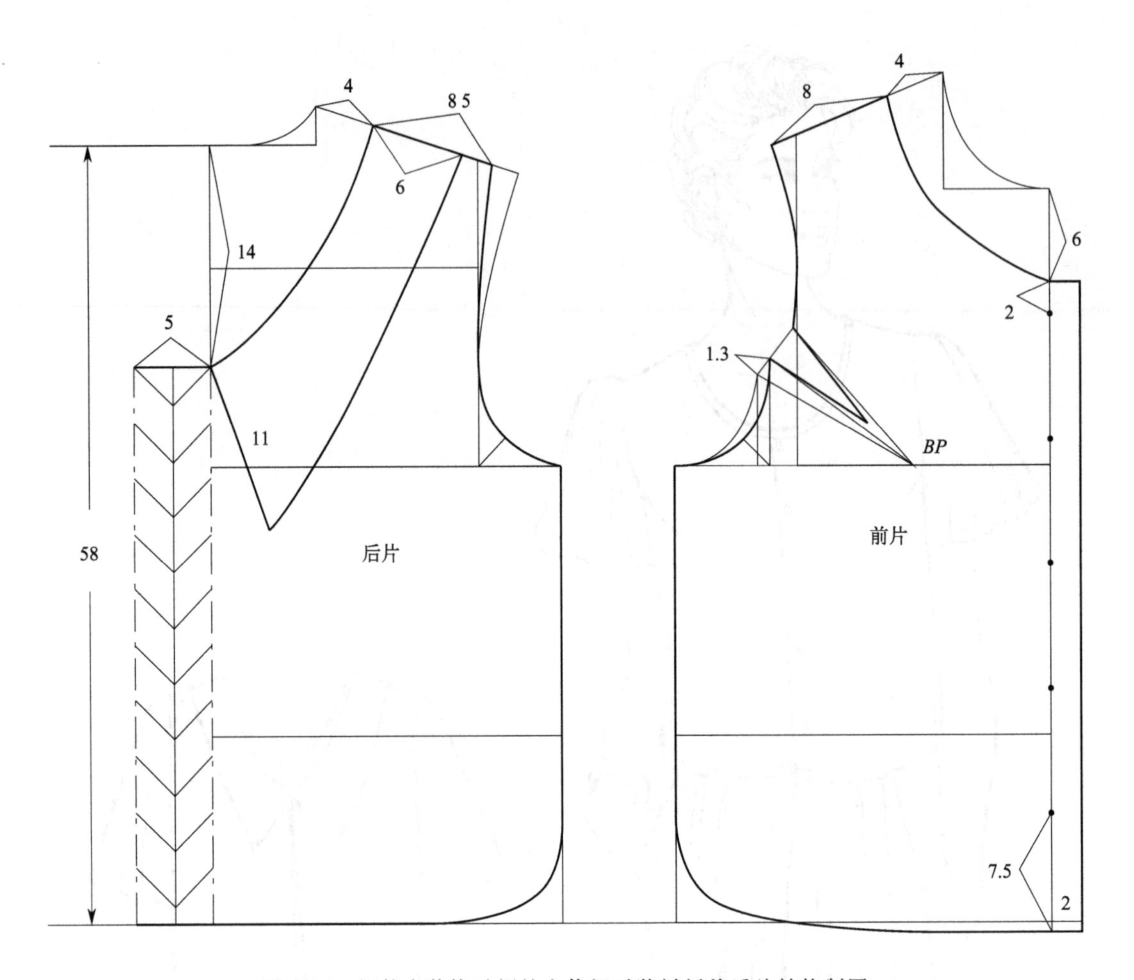

图 2-16　短款有装饰后领的女休闲时装衬衫前后片结构制图

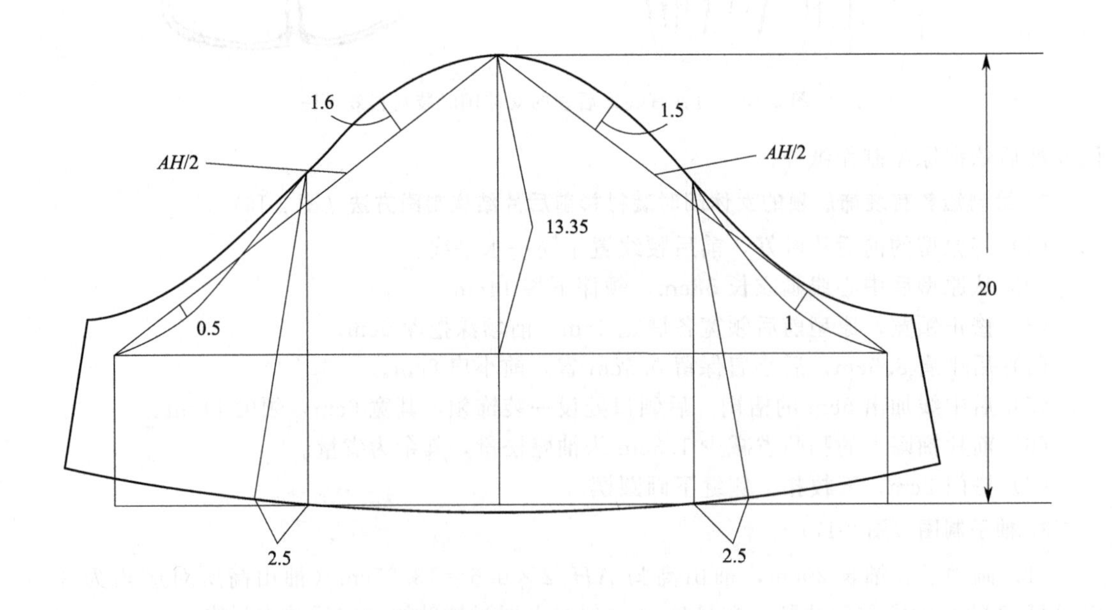

图 2-17　短款有装饰后领的女休闲时装衬衫袖子制图

第二节　男衬衫纸样设计

男标准衬衫成型于19世纪中叶，是为配合西服而产生的，其造型简练，无装饰，高高竖起的领子翻折下来，形成目前衬衫的特点。

目前衬衫的种类繁多，衬衫的款式变化与当前社会的经济、文化状况是密不可分的，衬衫的着装形式也受流行趋势的影响，时时体现出新时代的审美观。这是由于流行的意识已渗透到服饰的各个方面、各个部位，就连衬衫的纽扣式样、衣袋的位置、领形等都带有流行的印记，都会自觉或不自觉地随着流行趋势改变。人们在选择衬衫的时候总要考虑自己的着装要具有时代美感，同时也要结合自身的条件及着装的时间、场合、地点而认真考虑、选择。这需要衬衫专业的设计师紧扣时代的脉搏，研究现代人的社会、心理状态，使自己的设计作品极大地满足各个阶层穿着的需要。学习男衬衫纸样设计通常从男标准衬衫起步。

一、男标准衬衫纸样设计

（一）男标准衬衫制板方法

男标准衬衫效果图如图2-18所示。

（二）成品规格

成品规格按国家号型170/88A确定，如表2-6所示。

表2-6　男标准衬衫成品规格　　单位：cm

部位	衣长	胸围	腰围	后腰节	领围	总肩宽	袖长	袖口	袖头宽
尺寸	74	106	106	43	40	43.5	60	24	6

此款为男士较为标准的衬衫，其他变化的款式由此演化而来。

1. 衣长

总衣长从后领深向下量，约占总体高的46%。

2. 胸围

胸围的松量是在净胸围的基础上加放18～20cm，直身形。

3. 领子

领子是衬衫设计的关键部位，其结构分为底领与翻领两部分，领尖形状要依现代流行趋势而定。而领围尺寸要依据颈根围尺寸加放适当松量，一般为2～3cm，确定领大，通过1/5的计算比例确定出后领宽和前领宽。前领深在领宽基础上再加1cm。总领宽应确定在7.5～8.5cm。底领宽在3.5cm左右，翻领宽在4.5cm左右，这是因为与西服配套穿着时，衬衫的底领必须超出西服的底领高度2.5cm左右。

4. 过肩（育克）

男衬衫肩部设计有育克，后片育克的高度一般在后领深线至袖窿深线的1/4位置，前片从肩线平均下降3～3.5cm设计育克分割线。

5. 门襟及后肩倒褶

如若设计明门襟，其明门襟贴边宽度为3.5cm，在后片的过肩分割线打开2cm后肩褶量。搭门应为1.5～1.7cm。

6. 袖子

衬衫的袖长长于西服的袖长，一般要超过3cm左右，袖长根据全臂长尺寸再加出3～4cm。袖头（袖克夫）宽度在6cm左右，袖头长应是腕围净尺寸加放4～6cm左右，袖山弧线要大于袖窿弧线1.5cm作为缩缝量。袖口、袖头缝合时的褶裥量要在6cm左右。袖山高和

图 2-18　男标准衬衫效果图

袖山弧线要对应袖窿的弧度曲率以实现统一和完美。因为前后袖窿的弧度曲率不甚相同，而且形成袖窿状态的前、后宽差量不同，所以前后袖山的弧度是前袖山弧度曲率相对后袖山较大些，后袖山较小。袖山高所对应的基础结构三角形的角度应设计成 30°左右较理想，基本满足款式和功能的需要。

（三）男标准衬衫制图主要步骤

1. 前后衣片基础结构制图方法（图 2-19）。

（1）按后衣长尺寸画上下平行线。

(2) 袖窿深计算公式为 $B/5+5$cm，画胸围线。

(3) 后背宽计算公式为 $B/5-1$cm，画背宽垂线。

(4) 前胸宽计算公式为 $B/5-2$cm，画前宽垂线。

(5) 前后片侧缝线以 $B/4$ 划分。

(6) 后领宽 $N/5$，后领深 $B/40-0.15$cm，后落肩 $B/40+1.85$cm。

(7) 前领宽 $N/5-0.3$cm，前领深 $N/5+0.5$cm，前落肩 $B/40+2.35$cm。

(8) 从后背宽作垂线在后落肩处冲出 1.5cm，连接后颈侧点确立后小肩即肩宽。

(9) 前搭门 1.7cm，后过肩 6cm，前过肩 3.3cm。上扣位从前领深向下 6cm，下扣位从下平线向上其长度为衣长/4，平分五枚扣。

(10) 在后片的过肩分割线打开 2cm 后肩褶量。

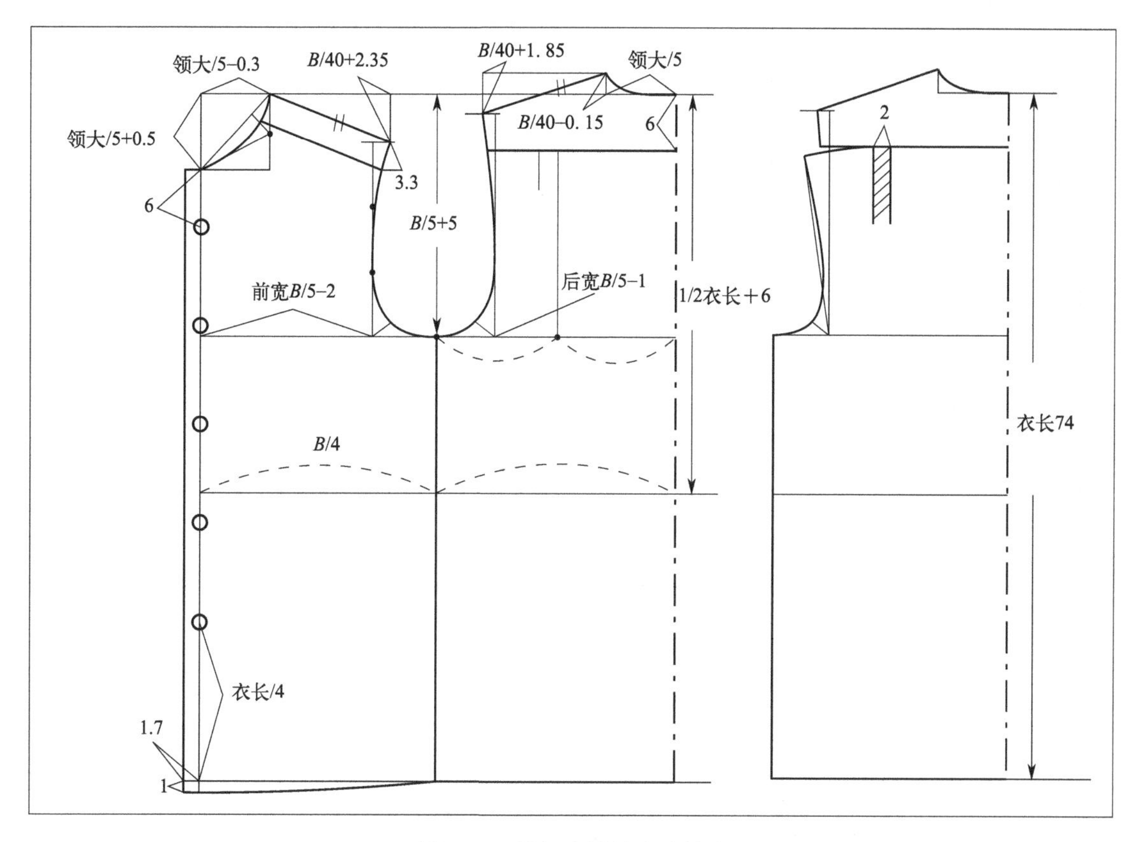

图 2-19 男标准衬衫基础制图

2. 前后衣片结构制图方法（图 2-20）

(1) 将前后衣片肩上部按线剪开，肩缝合并形成过肩，前后衣片分割最终完成纸样。

(2) 左前衣片胸部口袋距前宽 2.5cm，胸围线向上 3cm，袋宽 10.5cm，高 13.5cm。

3. 领子制图方法（图 2-21）

(1) 总领宽 7.3cm，底领 3.3cm，翻领 4cm，领尖 6cm。

(2) 前领翘 1.2cm，后中领翘 2cm。

4. 袖子制图方法（图 2-22）

(1) 袖长 60cm 减袖头宽 6cm 画基础长。

(2) 袖山高计算方法为 $AH/2\times0.5$（袖山高所对应角为 30°）。

(3) 以前后 AH 的长确定前后袖肥，在前后 AH 的斜线上通过辅助线画前后袖山

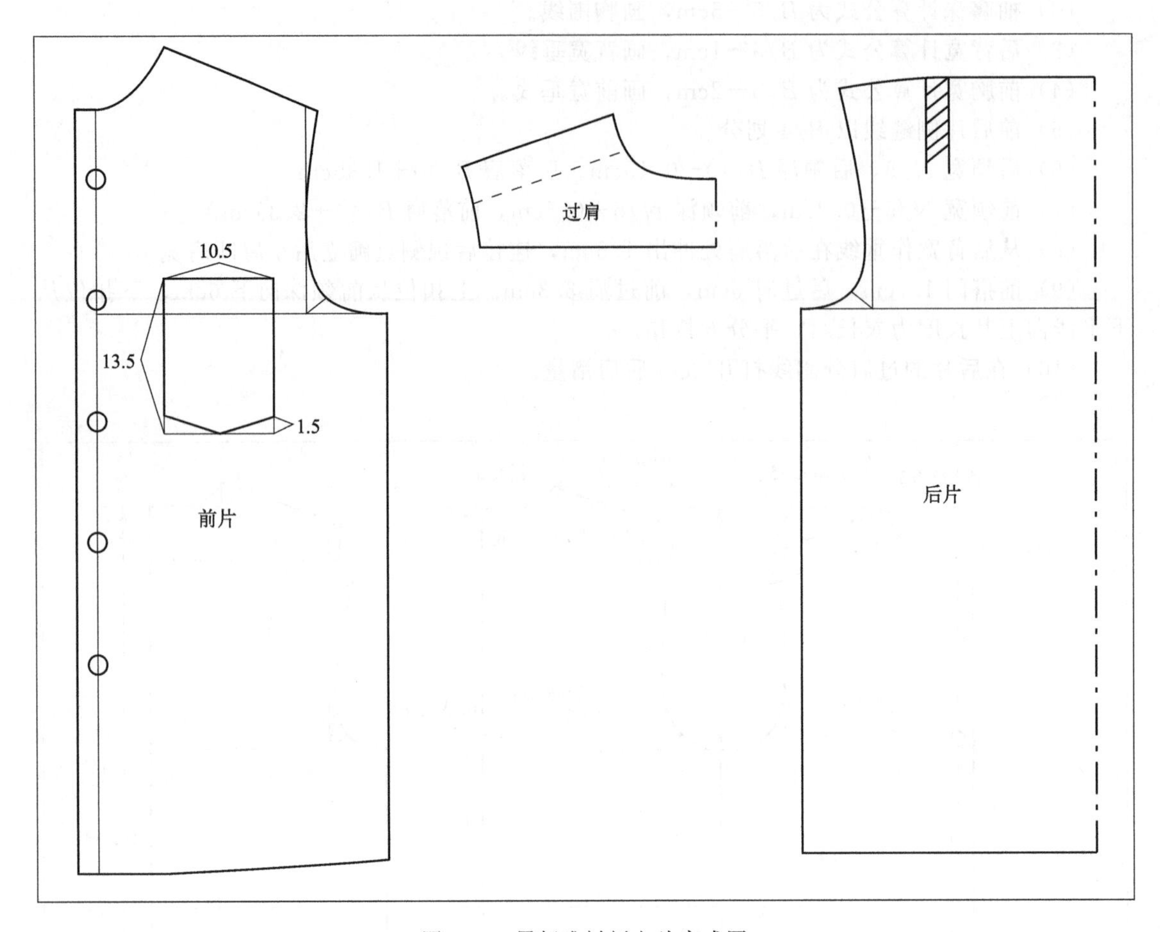

图 2-20　男标准衬衫衣片完成图

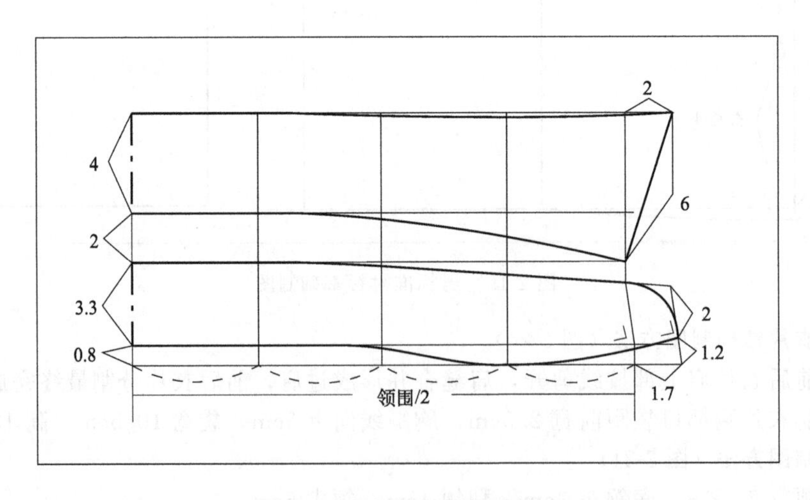

图 2-21　男标准衬衫领子制图

弧线。

（4）确定袖口肥，半袖口 12cm，加 3cm 褶量，通过前后袖肥的 1/2 分割辅助线收袖口，袖口共设 6cm 倒褶。取得正确的袖肥和袖口关系。

（5）袖头宽 6cm，袖头长 24＋2＝26cm。

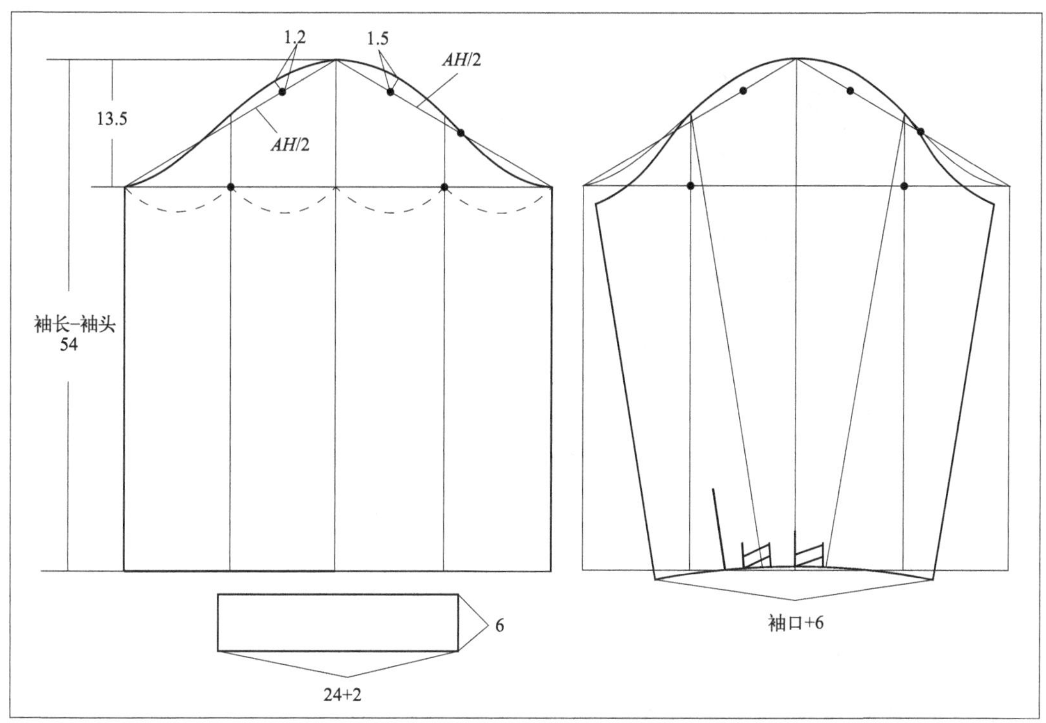

图 2-22　男标准衬衫袖子制图

二、男礼服衬衫纸样设计

（一）男礼服衬衫制板方法

男礼服衬衫效果图如图 2-23 所示。

（二）成品规格

成品规格按国家号型 170/88A 确定，如表 2-7 所示。

表 2-7　男礼服衬衫成品规格　　单位：cm

部位	衣长	胸围	腰围	臀围	背长	总肩宽	袖长	袖口	袖头宽
尺寸	78	106	100	102	44	43.5	60	24	6.5

1. 男礼服衬衫的主要特点

这里主要是指燕尾服、晨礼服、黑色套装等组合配套的衬衫。其有较规范的款式要求，与服装的功能有密切关系。男礼服衬衫的结构在整体构成上与男标准衬衫是相同的，特点是在领形、前身胸部装饰与袖克夫等的不同特定设计方面的变化。

2. 男礼服衬衫的衣身设计

（1）衣长：总衣长较长，圆摆，前身比后身短 4cm，总长约占总体高的 46%。下摆终点与膝围齐。前门襟采用暗贴边，前胸设 U 形胸裆，胸裆采用材质较硬的树脂材料。

（2）领子：领形设计采用双翼领结构，这种领形属于立领的形式，双翼部位在立领的前中部直接在立领的结构中设计。立领的宽度在 5cm 左右，以保证衬衫超出燕尾服的领高度。另外，有一种单独设计的双翼领，可以用纽扣固定在特制的衬衫小立领上，脱卸方便。

（3）袖子：袖头采用双层复合型结构，袖克夫的宽度在结构上比普通衬衫宽一倍，对折产生双层袖头。折叠好的袖头合并，圆角对齐，4 个扣眼正好在同一位置，采用链式装饰扣串联在一起。在工艺制作上，袖衩的设计为小袖衩与袖头的连接要翻拧在袖子内侧，用袖头将其固定，这样当袖头折叠时才能合适并连接在一起。

图 2-23　男礼服衬衫效果图

（三）男礼服衬衫制图主要步骤

1. 前后衣片基础结构制图方法（图 2-24）

（1）按后衣长尺寸画上下平行线。

（2）袖窿深计算公式为 $B/5+5$cm，画胸围线。

（3）后背宽计算公式为 $B/5-1$cm，画背宽垂线。

（4）前胸宽计算公式为 $B/5-2$cm，画前宽垂线。

（5）前后片侧缝线以 $B/4$ 划分。

（6）后领宽 $N/5$，后领深 $B/40-0.15$cm，后落肩 $B/40+1.85$cm。

（7）前领宽 $N/5-0.3$cm，前领深 $N/5+0.5$cm，前落肩 $B/40+2.35$cm。

（8）从后背宽在后落肩位置作垂线，冲出 1.5cm 确立后小肩即肩宽。

（9）前搭门 1.7cm，后过肩 6cm，前过肩 3.3cm。上扣位前领深向下 6cm，下扣位下平线向上其长度为衣长/4，平分五枚扣。

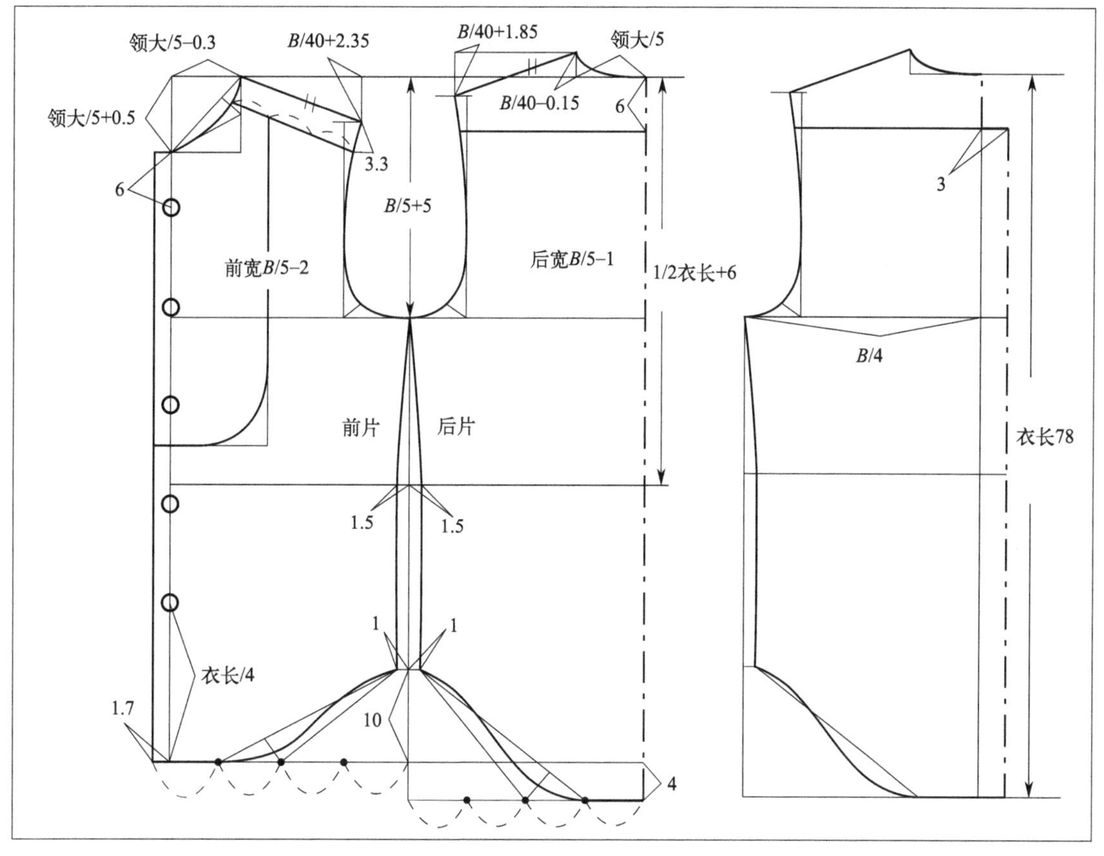

图 2-24　男礼服衬衫基础结构制图

（10）在后中线作 3cm 宽的褶裥，上端固定在后部育克正中线上。

（11）腰节侧缝前后各收 1.5cm，圆摆各收 1cm。

（12）画前后圆下摆，后片圆下摆后片比前片长 4cm。

2. 男礼服衬衫衣片完成图（图 2-25）

（1）将前后衣片肩上部按线剪开，肩缝合并形成过肩。

（2）将前衣片的第三扣位下至前胸片分割出 U 形前胸裆。

3. 男礼服衬衫领子制图（图 2-26）

（1）以前后领窝弧线长与后领宽 5cm 画矩形基础线。

（2）前领弧起翘 1.5cm，搭门 1.7cm，前领宽 2.5cm。

（3）双翼领尖长 3.5cm。

4. 男礼服衬衫袖子制图（图 2-27）

（1）袖长 60cm 减袖头宽 6.5cm 画基础长。

（2）袖山高计算方法为 $AH/2\times0.5=13.5$cm（袖山高所对应角为 30°）。

（3）以前后 AH 的长确定前后袖肥，在前后 AH 的斜线上通过辅助线画前后袖山弧线。

（4）确定袖口肥，半袖口 12cm，加 3cm 褶量，通过前后袖肥的 1/2 分割辅助线收袖口，袖口共设 6cm 倒褶。取得正确的袖肥和袖口关系。

（5）在后袖口部位设开衩，长 14cm。

（6）袖头宽 6.5cm，双折 13.5cm，袖头长为袖口＋1.5cm。

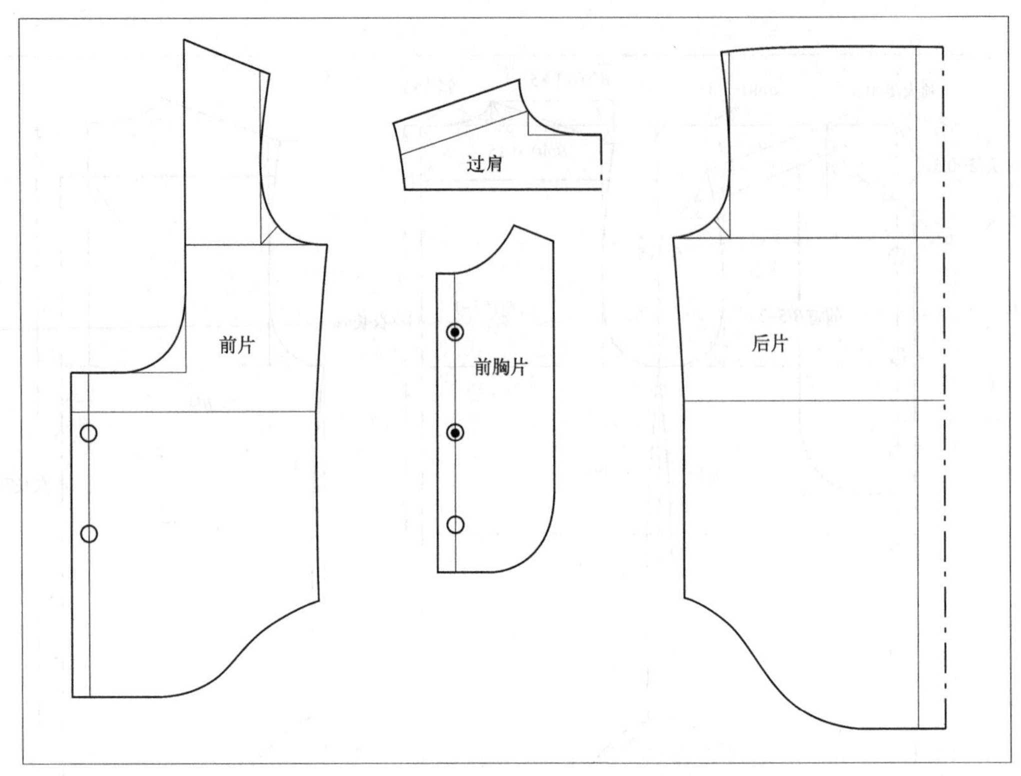

图 2-25　男礼服衬衫衣片完成图

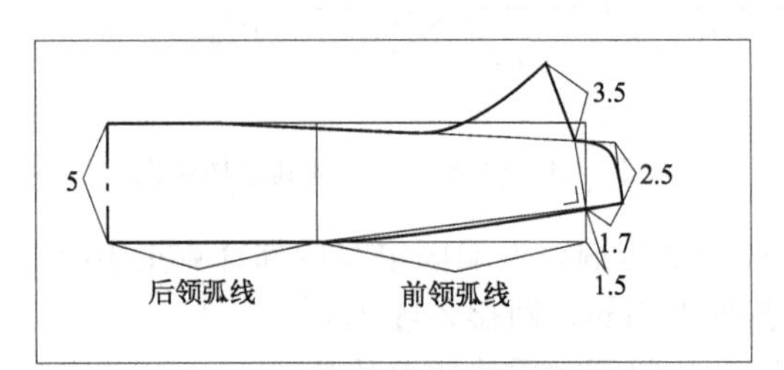

图 2-26　男礼服衬衫领子制图

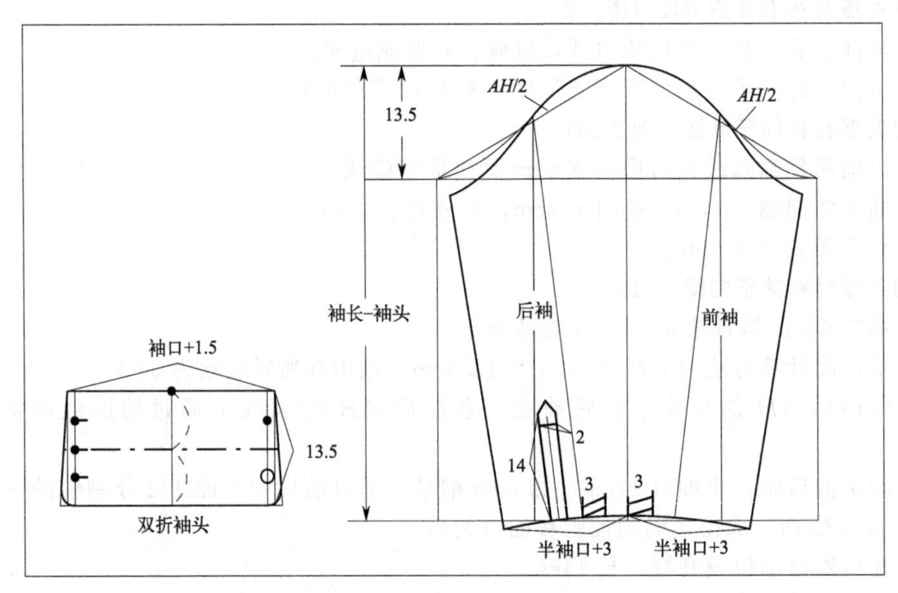

图 2-27　男礼服衬衫袖子制图

三、男休闲时装衬衫纸样设计

（一）男休闲时装衬衫制板方法

男休闲时装衬衫效果图如图 2-28 所示。

图 2-28 男休闲时装衬衫效果图

（二）成品规格

成品规格按国家号型 170/88A 确定，如表 2-8 所示。

表 2-8 男休闲时装衬衫成品规格 单位：cm

部位	衣长	胸围	摆围	领围	总肩宽	袖长	袖口
尺寸	74	106	102	42	44.5	60	26

1. 男休闲时装衬衫的特点

男休闲时装衬衫作为生活中一般活动的服装，整体造型较宽松、舒适，根据功能要求采用各类色系与透气性较好且易洗、快干的面料，打造出与休闲生活相得益彰的效果。

2. 男休闲时装衬衫的衣身设计

(1) 后衣长：第七颈椎向下测量，约占总体高的43%。

(2) 胸围：此款考虑春夏季穿着的特点，胸围加放松量在18cm左右。

(3) 摆围：下摆略收，圆下摆或直摆长度适中，以适合活动方便自如。

(4) 袖子：采用绱袖结构，收袖口有袖克夫，袖长略长，袖肥较宽松。

(5) 领子：可采用翻领或衬衫领式。

（三）男休闲时装衬衫制图主要步骤

1. 男休闲时装衬衫前后片结构制图（图2-29）

(1) 按衣长尺寸画上下平行线。

(2) 后片的后袖窿深，其尺寸计算公式为$B/5+6$cm画胸围横向线，前片的前袖窿深从胸围线向上$B/5+7$cm画上平线。

(3) 前、后片胸围肥为$B/4$画侧缝垂线。

(4) 画前胸及后背宽垂线，其尺寸计算公式分别为$1.5B/10+3.5$cm和$1.5B/10+5$cm。

(5) 后领宽，其尺寸计算公式为$N/5-0.2$cm。

(6) 后领深，其尺寸计算公式为$B/40-0.15$cm，画后领窝弧线。

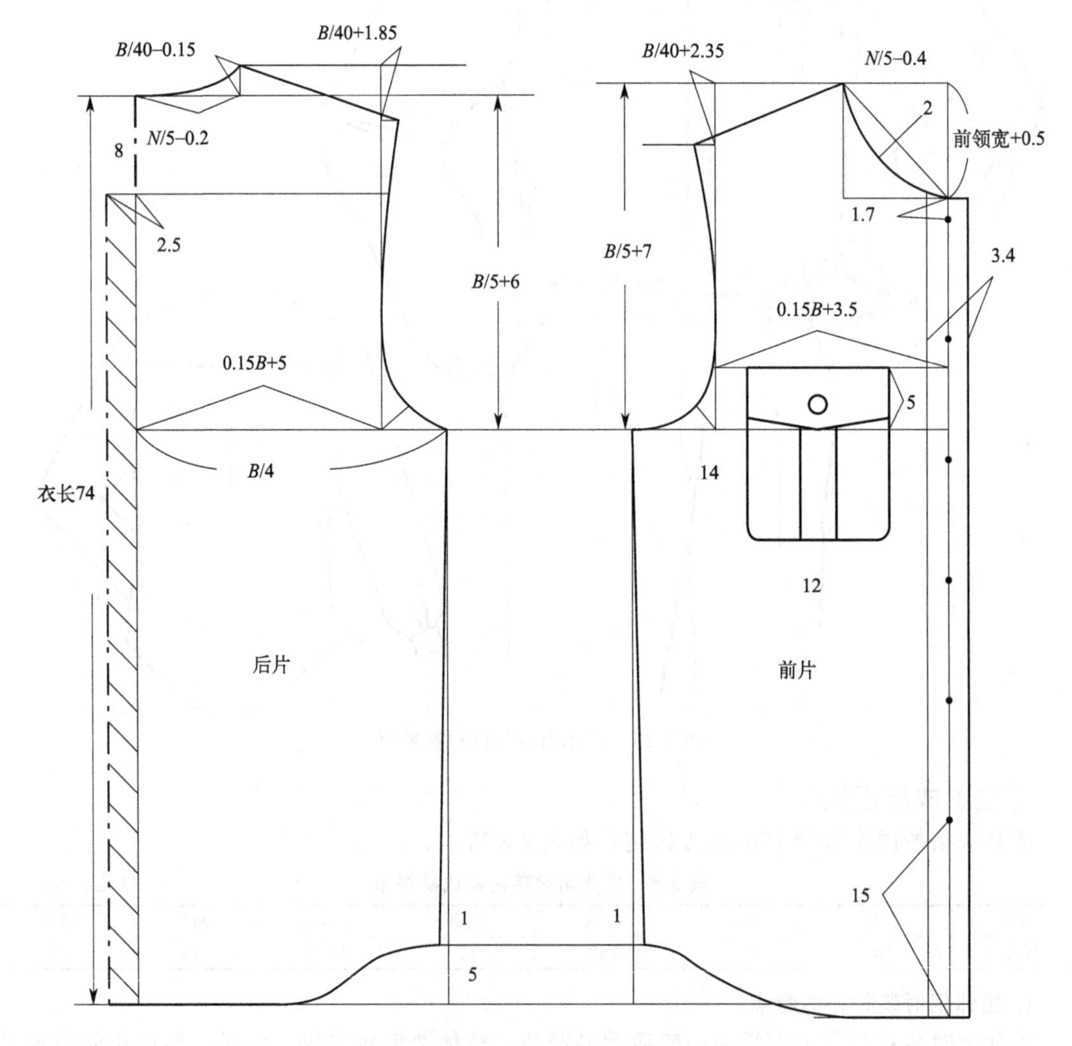

图2-29　男休闲时装衬衫前后片结构制图

（7）后落肩，其尺寸计算公式为 $B/40+1.85$cm。

（8）从后背宽画垂线即冲肩量 1.5cm 处连接后颈侧点为后小肩斜线。

（9）画前领宽线，其尺寸为 $N/5-0.4$cm。

（10）画前领深，其尺寸为前领宽＋0.5cm，画前领窝弧线。

（11）前落肩，其尺寸计算公式为 $B/40+2.35$cm。

（12）从前颈侧点，以后小肩实际尺寸－0.5cm 的量画至落肩线为前小肩线。

（13）从前、后肩端点起画前后袖窿弧线。

（14）下摆为圆摆，侧缝收 1cm，搭门宽 1.7～2cm，明门襟宽 3.4cm。

（15）前衣身胸围线上 5cm 设分割线，以此设胸口袋，高 14cm，宽 12cm，左右对称。距前宽 2.5cm。

2. 男休闲时装衬衫袖子制图（图 2-30）

（1）袖长－5cm（袖头）画长度线。

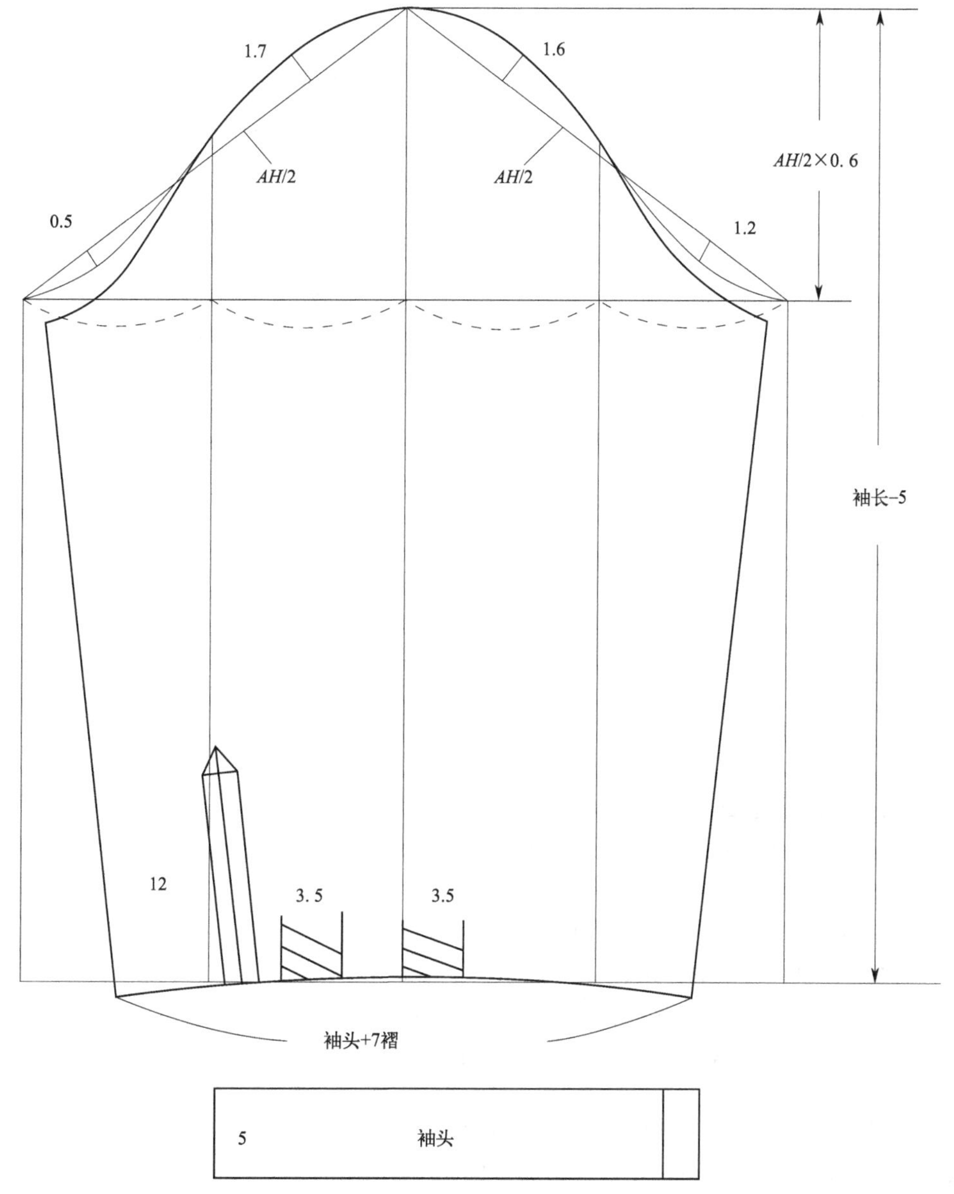

图 2-30　男休闲时装衬衫袖子制图

（2）袖山高计算公式为 $AH/2\times0.6$（袖山高所对应的基础线的角为 37°）。$AH/2$ 各交于袖肥线后画袖长侧缝线基础线。

（3）参照斜线上的辅助线画袖山弧线。

（4）前后袖肥线等分，参照此线收袖口，袖头＋7cm 褶量，长袖收口设两活褶。

（5）袖头宽 5cm，袖口 26cm。

3. 男休闲时装衬衫领子制图（图 2-31）

（1）底领 3.5cm，后领翘 3.5cm，翻领 4.5cm。

（2）前领翘 1.5cm，搭门 1.7cm，领尖 6.5cm。

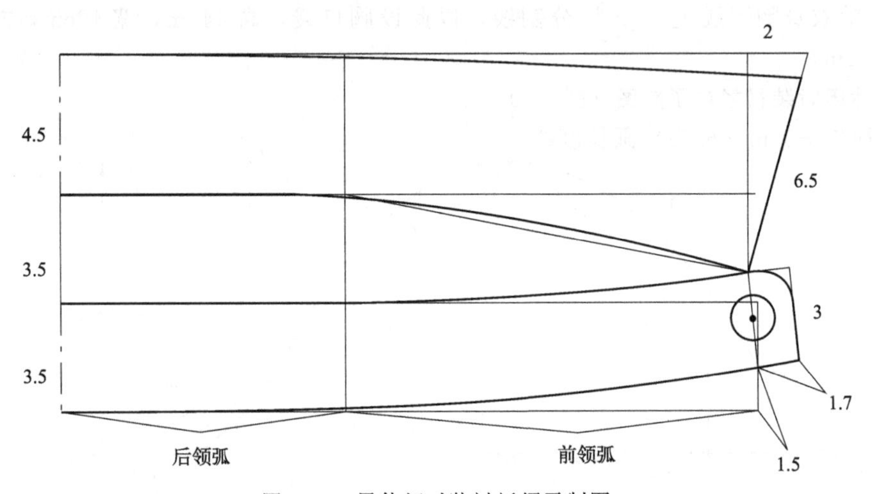

图 2-31 男休闲时装衬衫领子制图

四、开门领男时装衬衫纸样设计

（一）开门领男时装衬衫制板方法

开门领男时装衬衫效果图如图 2-32 所示。

（二）成品规格

成品规格按国家号型 170/88A 确定，如表 2-9 所示。

表 2-9 开门领男时装衬衫成品规格 单位：cm

部位	衣长	胸围	腰围	摆围	领围	总肩宽	袖长	袖口
尺寸	74	106	94	102	42	44.5	30	40

1. 开门领男时装衬衫的特点

此款时装衬衫是作为生活中的服装。整体造型舒适，根据款式功能要求腰部收省，加大了胸腰差关系，对腰部进行了适量修饰，这也是根据近年的男时装流行需要而设计的。最好采用透气性较好且易洗、快干、免烫的面料。

2. 开门领男时装衬衫的衣身设计

（1）后衣长：第七颈椎向下测量，约占总体高的 43%。

（2）胸围：此款考虑春夏季穿着的特点，胸围加放松量为 88cm＋18cm，腰围放松量为 74cm＋20cm。

（3）圆下摆或直摆：长度适中，适合活动方便。

（4）袖子：采用绱袖结构，短袖袖山高适中。

（5）领子：可采用开门领式。

图 2-32　开门领男时装衬衫效果图

（三）开门领男时装衬衫制图主要步骤

1. 开门领男时装衬衫前后片结构制图（图 2-33）

（1）按衣长尺寸画上下平行线。

（2）后片后袖窿深，其尺寸计算公式为 $B/5+6\text{cm}$ 画胸围横向线，前片前袖窿深从胸围线向上 $B/5+7\text{cm}$ 画上平线。

（3）前、后片胸围肥为 $B/4$ 画侧缝垂线。

（4）画前胸及后背宽垂线，其尺寸计算公式分别为 $1.5B/10+3.5\text{cm}$ 和 $1.5B/10+5\text{cm}$。

(5) 后领宽，其尺寸计算公式为 $N/5-0.2$cm。
(6) 后领深，其尺寸计算公式为 $B/40-0.15$cm，画后领窝弧线。
(7) 后落肩，其尺寸计算公式为 $B/40+1.85$cm。
(8) 从后背宽作垂线即冲肩量 1.5cm 处连接后颈侧点为后小肩斜线。
(9) 画前领宽线，其尺寸为 $N/5-0.4$cm。
(10) 画前领深，其尺寸为前领宽+1cm，画前领窝弧线。
(11) 前落肩，其尺寸计算公式为 $B/40+2.35$cm。
(12) 从前颈侧点，以后小肩实际尺寸−0.5cm 的量画至落肩线为前小肩线。
(13) 从前、后肩端点起画前后袖窿弧线。
(14) 下摆为圆摆，搭门宽 2cm，上扣位领深下 9cm，下扣位 16cm，五枚扣平分。
(15) 前衣身左胸围上设一胸口袋，高 14cm，长 12cm。后身上部有一款式斜向分割线。
(16) 腰省，$(B-W)/2$ 为 6cm，75%收在后片，25%收在前片。
(17) 总领宽 7cm，后领倒伏量 2.5cm，领尖 6cm。

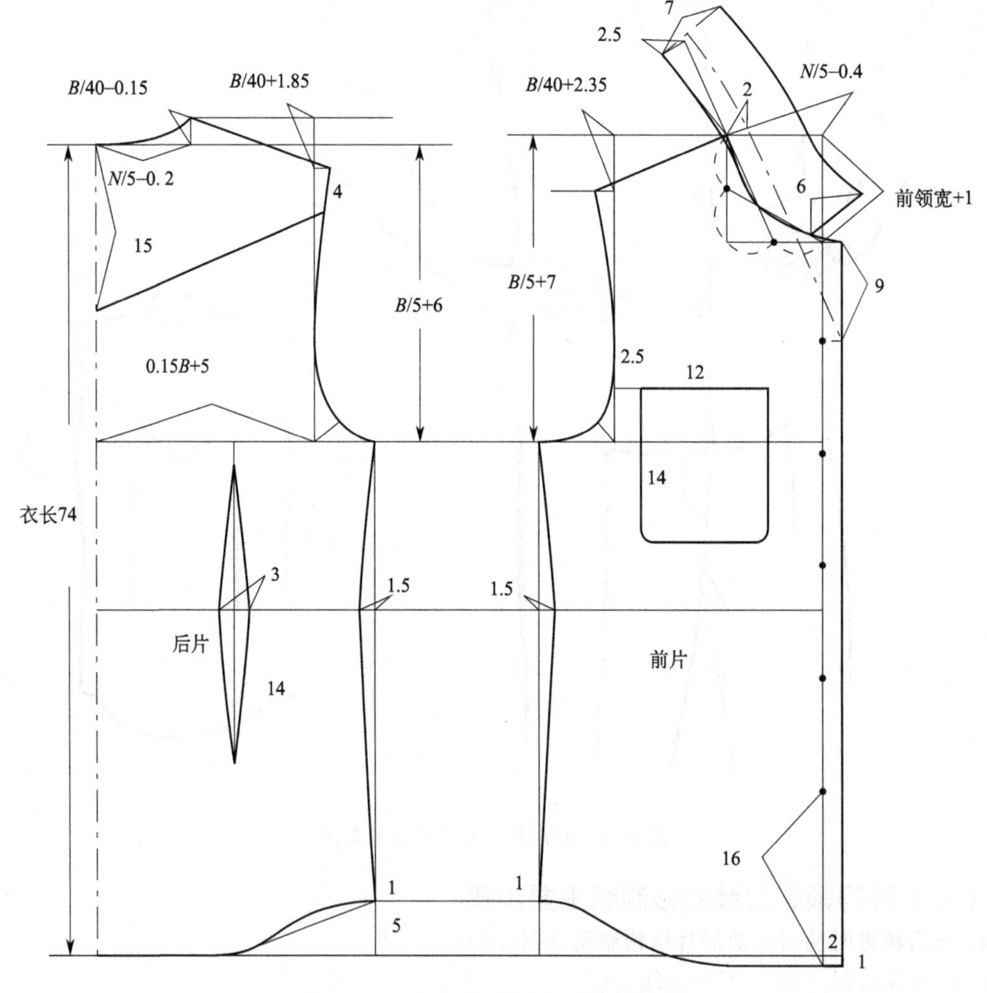

图 2-33　开门领男时装衬衫的衣身制图

2. 开门领男时装衬衫袖子制图（图 2-34）

(1) 半袖袖长 30cm，画长度线。
(2) 袖山高计算公式为 $AH/2\times0.6$（袖山高所对应的基础线的角为 37°）。$AH/2$ 各交于袖肥线后画袖长侧缝线基础线。

（3）参照斜线上的辅助线画袖山弧线。

（4）前后袖肥线等分，参照此线收袖口，半袖口 20cm。

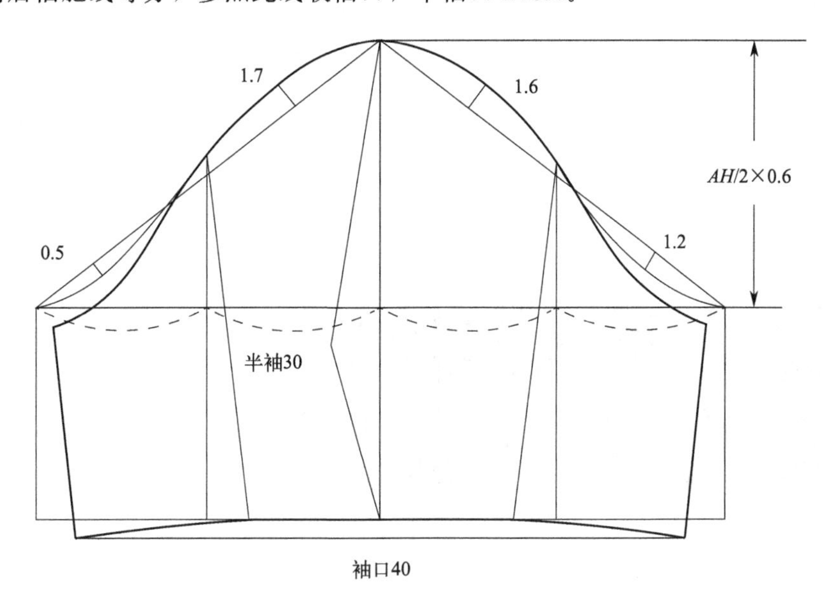

图 2-34　开门领男时装衬衫袖子制图

第三章 男女上衣类纸样制板方法与实例

第一节　各类型女时装上衣纸样设计

女时装形式多元化，款式变化与时尚流行趋势密切相关，需要在充分了解女性人体的基础上，结合具体的造型特点确立服装各个部位的规格尺寸即舒适量，依据服装基础结构原理，通过标准女装原型构成的丰富应用手段，则能展开各类时装的打板方法。更重要的还是掌握原型制图方法的构成规律，从而获得正确的纸样。

一、四开身刀背式女时装上衣纸样设计

（一）四开身刀背式女时装上衣制板方法

四开身刀背式女时装上衣效果图如图 3-1 所示。

（二）成品规格

成品规格按国家号型 160/84A 确定，如表 3-1 所示。

表 3-1　四开身刀背式女时装上衣成品规格　　单位：cm

部位	后衣长	胸围	腰围	臀围	腰节	总肩宽	袖长	袖口
尺寸	62	94	74	96	38	38	52	13

此款充分体现前衣片胸凸省和后衣片肩胛省的应用方法。掌握省的转移、分散规律是原型制图的关键，以省塑型是西式女时装制图的基本方法和特点。在净胸围的基础上加放 10cm，净腰围加放 6cm，净臀围加放 6cm，全臂长加放 1.5cm 为袖长，袖子采用高袖山两片袖结构的造型。

（三）四开身刀背式女时装上衣制图步骤

1. 四开身刀背式女时装上衣前后片基础结构制图（图 3-2）

（1）制图方法采用原型裁剪法。首先按照号型 160/84A 型制作文化式女子新原型图，具

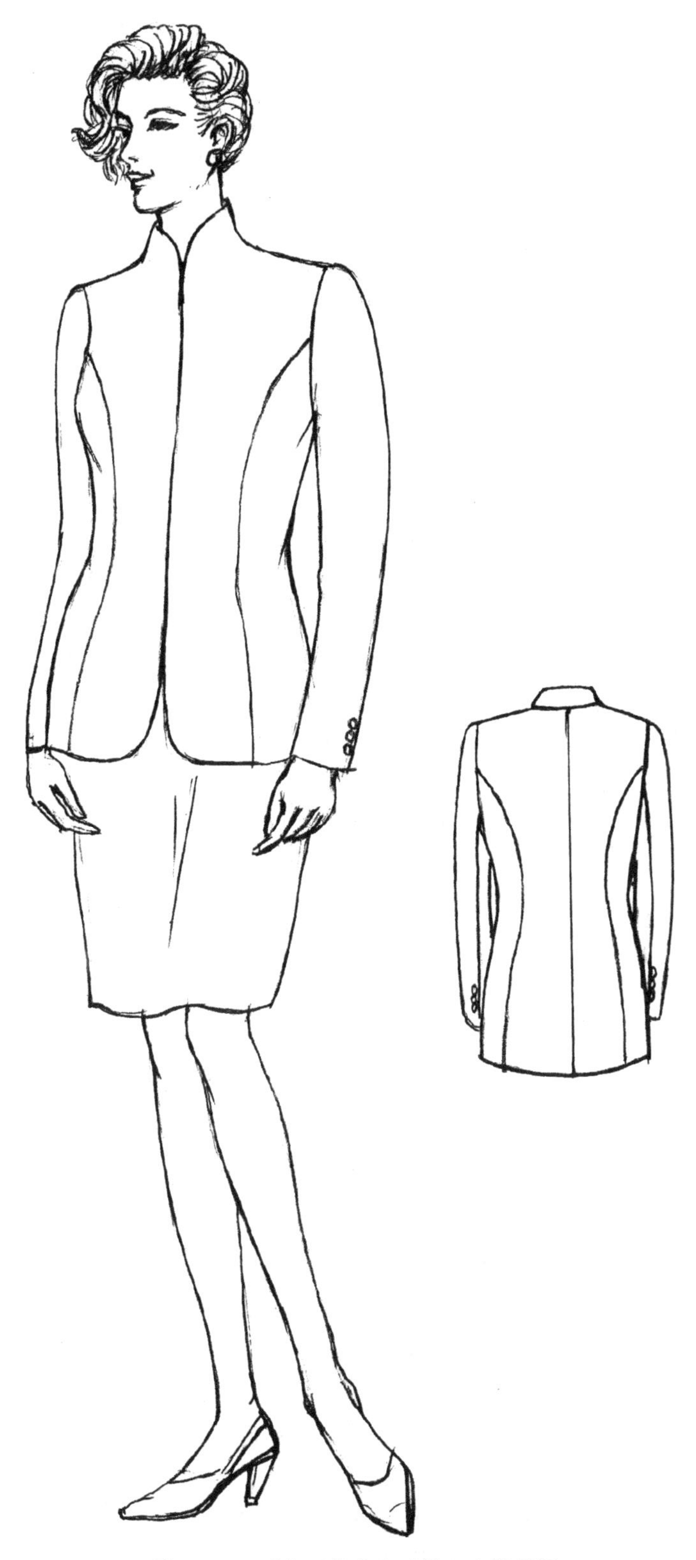

图 3-1　四开身刀背式女时装上衣效果图

体方法如前文化式女子新原型制图，然后依据原型制作纸样。

（2）首先在原型后中加画后衣长 62cm。再从后片开始参照原型修正，将后片原型肩胛省

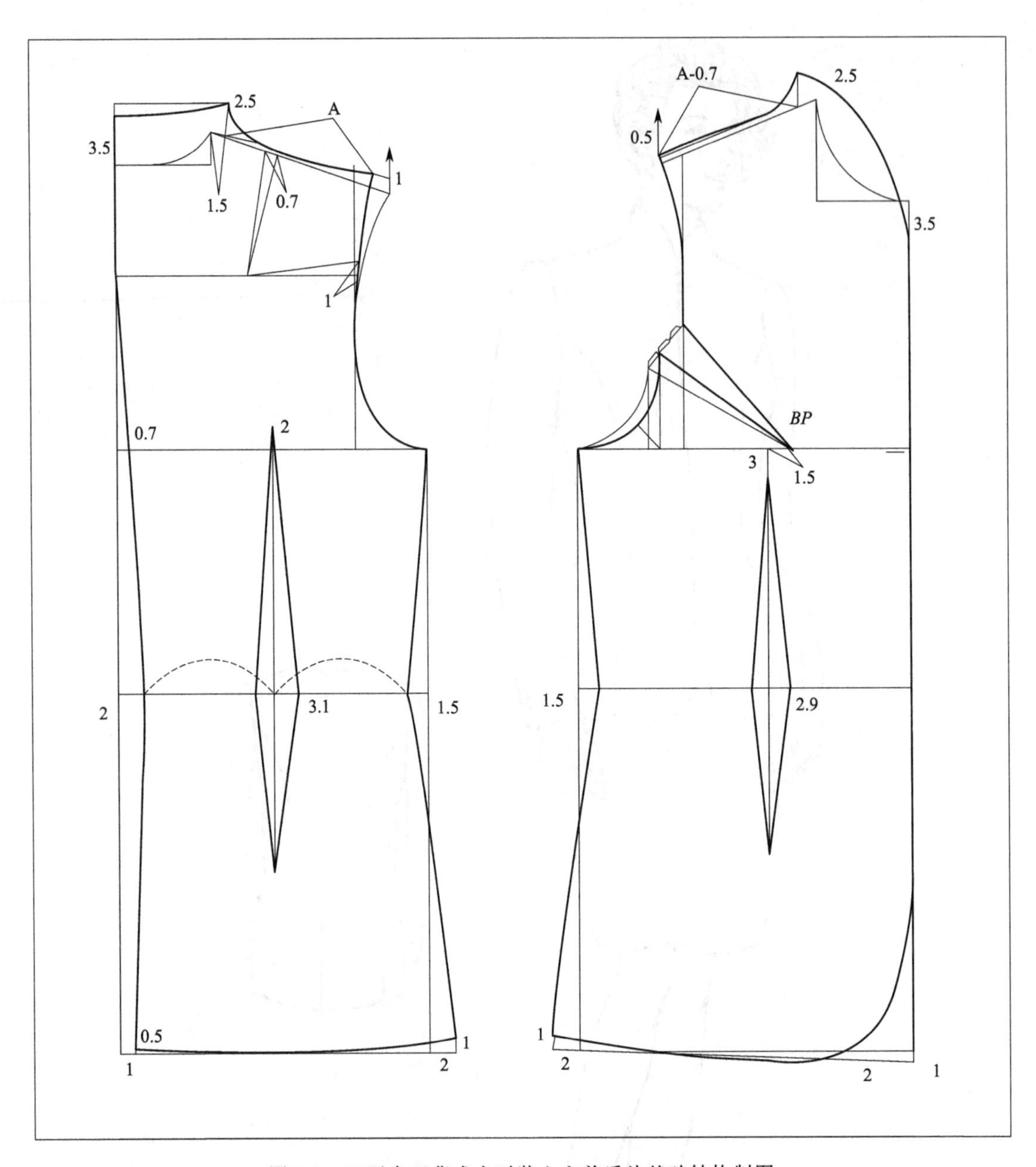

图 3-2　四开身刀背式女时装上衣前后片基础结构制图

1.82cm 只保留 0.7cm，其余省转至袖窿处，原型后小肩斜线上移，肩点自然会上移 1cm 左右。在后背宽垂线与修正好的后小肩斜线形成的夹角之间作垂线（冲肩）1.5cm 以确定衣片肩宽位置。修正后袖窿弧线。

（3）后领宽扩展 1.5cm，颈侧立领高 2.5cm，自然画顺后小肩斜线下凹 0.3cm，后中立领高 3.5cm，自然画顺领上口弧线。

（4）根据 1∶2 的比例制图，衣片的胸腰差省量为 11cm，后片要收省 60%左右，为 6.6cm；后中直线收 2cm、侧缝 1.5cm、中腰 3.1cm 画好省形。

（5）侧缝下摆放出摆量 2cm、后中放 1cm，起翘找直角画顺下摆弧线。

（6）前衣片，原型肩端点上移 0.5cm，领宽扩展 1.5cm，根据后小肩实际尺寸减掉 0.7cm，以确定前小肩尺寸。前颈侧立领高 2.5cm，画前小肩斜线上弧 0.3cm，根据造型画前领外口弧线。

(7) 将前片袖窿弧上，原型制定的胸凸省的 1/3 给至袖窿弧线作为松量，修正画顺前袖窿弧线。

(8) 根据 1/2 衣片的胸腰差省量 11cm，前片收省 40%左右，为 4.4cm，侧缝 1.5cm、中腰 2.9cm 画好省形。

(9) 侧缝下摆放出摆量 2cm，画顺下摆弧线。

2. 四开身刀背式女时装上衣前后片结构完成线（图 3-3）

(1) 将后片中腰省在后袖窿处分割成刀背形式，画线要自然圆顺，弧线弧度不要太大。

(2) 后片刀背下摆缝部位适量放摆 3cm 左右，以满足臀围下摆的舒适造型量。

(3) 将前片中腰省与胸凸省自然画成刀背状弧线至下摆分割开，使之符合款式造型线。

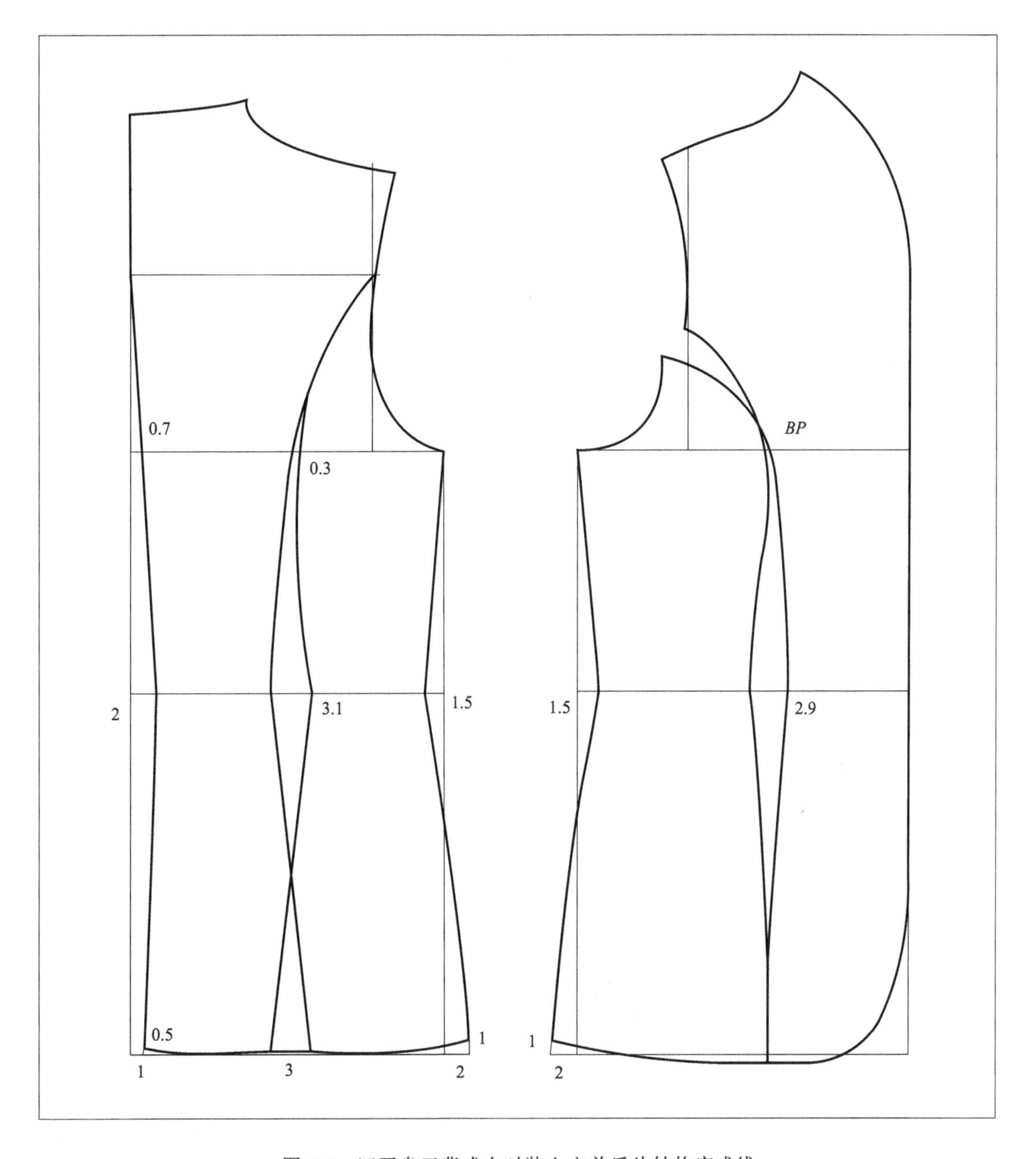

图 3-3 四开身刀背式女时装上衣前后片结构完成线

3. 四开身刀背式女时装上衣袖子制图（图 3-4）

（1）袖子制图，袖长是全臂长加 3cm 为 52cm，此款式为高袖山袖。袖山高的计算采用原型袖的方法，即前后肩点至胸围线高度平均值的 5/6，以前后 $AH/2$ 弧线长确定袖肥。

（2）根据基础前后 AH 弧线长画出的直角三角形斜线上，再确定辅助线画顺大小袖袖山弧线。其总弧线长应大于前后袖窿弧线（AH）的长度约 3cm，为吃缝量。

（3）袖肘长采用 1/2 袖长加 2.5～3cm 确定，先画出一片袖，再修正成两片袖形式。前袖缝的大小袖之间互借 3cm，后袖缝的大小袖之间互借 1.5cm。

（4）袖口 13cm，从袖肘线向前自然倾斜 1.5cm，以符合袖子满足上臂向前倾斜的状态。

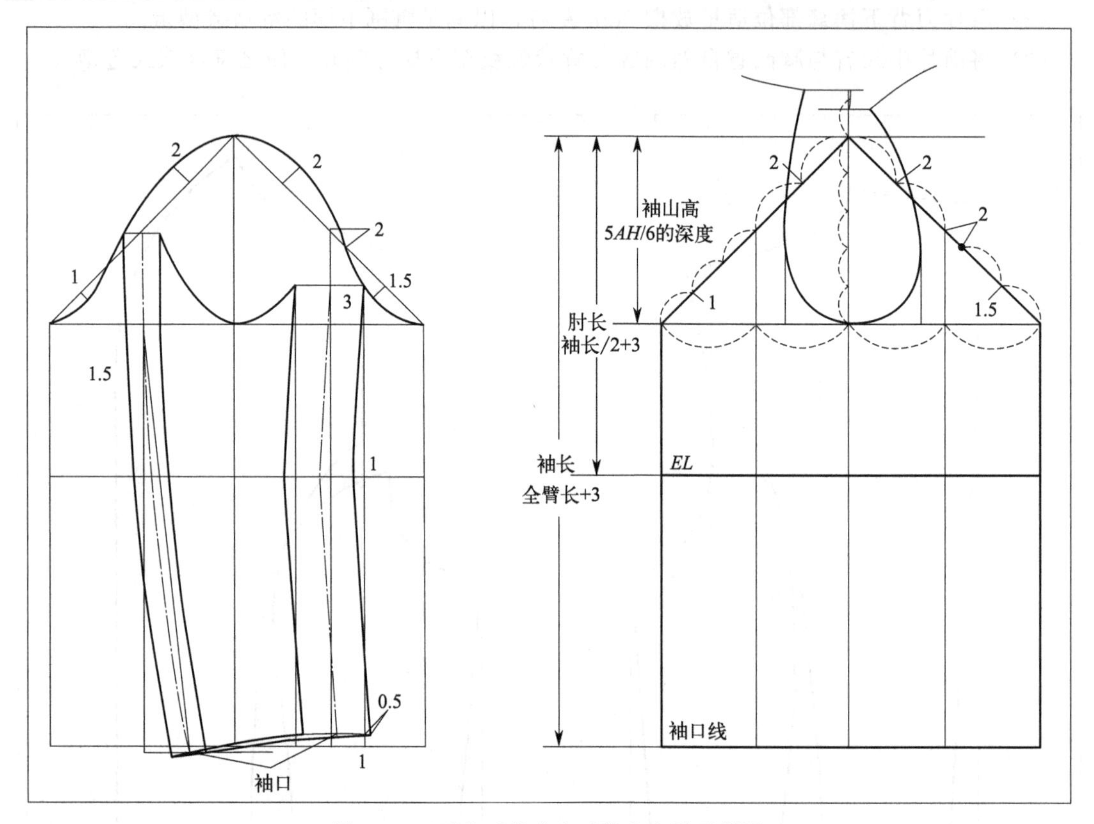

图 3-4　四开身刀背式女时装上衣袖子制图

二、戗驳领宽肩袖圆摆女时装上衣纸样设计

（一）戗驳领宽肩袖圆摆女时装上衣制板方法

戗驳领宽肩袖圆摆女时装上衣效果图如图 3-5 所示。

（二）成品规格

成品规格按国家号型 160/84A 确定，如表 3-2 所示。

表 3-2　戗驳领宽肩袖圆摆女时装上衣成品规格　　单位：cm

部位	衣长	胸围	腰围	臀围	腰节	总肩宽	袖长	袖口
尺寸	62	92	74	96	38	37	54	13

此款为时下流行的戗驳领圆摆及夸张造型的宽肩袖女时装，可以理想化地塑造出现代女性特征。在净胸围的基础上加放 8cm，腰围加放 6cm，臀围加放 6cm，袖子采用高袖山袖结构进行变化修饰出宽肩的造型。可采用质地较好的薄型精纺毛织物或棉麻、化纤各类面料。

图 3-5 戗驳领宽肩袖圆摆女时装上衣效果图

（三）戗驳领宽肩袖圆摆女时装上衣制图步骤

1. 戗驳领宽肩袖圆摆女时装上衣制图方法（原型裁剪法）

首先按照号型 160/84A 型制文化式女子新原型图，然后依据原型制作纸样（具体方法如前文化式女子新原型制图）。

2. 戗驳领宽肩袖圆摆女时装上衣前后片结构制图方法（图 3-6）

（1）将原型的前后片侧缝线分开画好，腰线置于同一水平线。

（2）从原型后中心线画衣长线 62cm。

（3）原型胸围前后片各减掉 0.5cm，以保障符合胸围成品尺寸。

（4）按比例前后宽各减掉 0.25cm，以保障符合成品尺寸。

（5）前后领宽各展宽 1cm。

（6）将后肩省的 2/3 转至后袖窿处，1/3 缩缝。垫肩厚度 1cm。

（7）根据后中腰省位置画后刀背分割线。

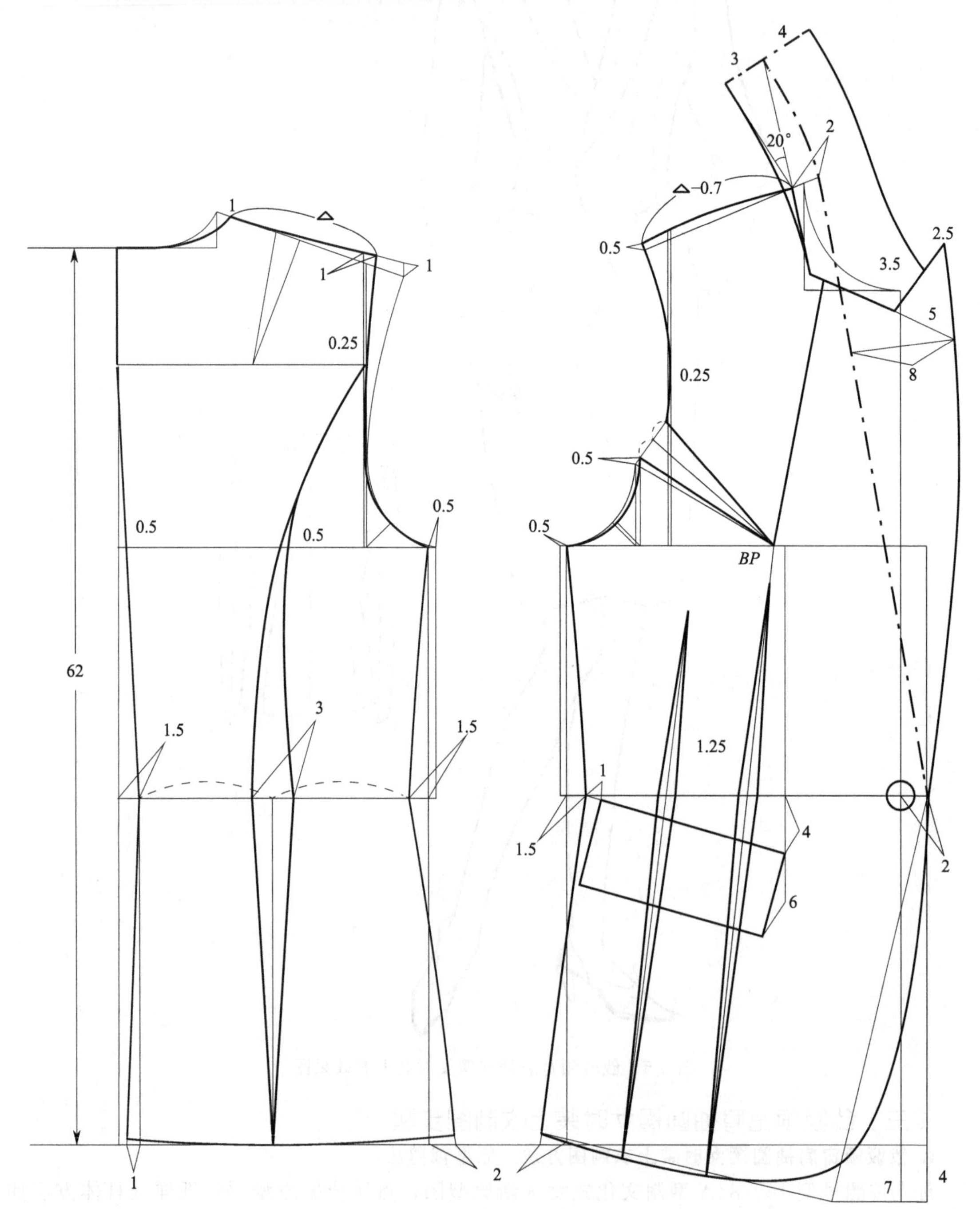

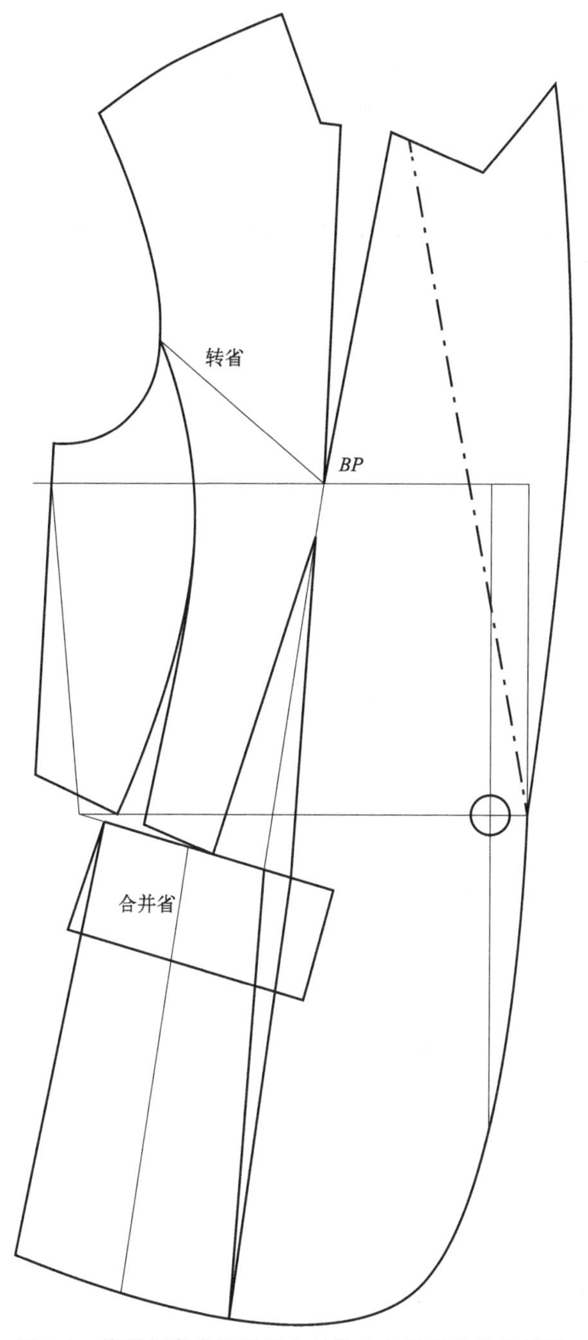

图 3-6　戗驳领宽肩袖圆摆女时装上衣前后片结构制图

（8）后片根据款式分割线在胸围线分别收掉两个 0.5cm 省量。

（9）制图中衣片，总省量的 1/2 为 10cm。后片腰部分别收掉 1.5cm、3cm 和 1.5cm 省量，其余由前片收掉。

（10）下摆根据臀围尺寸适量放出侧缝和后中 2cm 及 1cm 摆量，以保证臀围松量。

（11）将前衣片胸凸省的 0.5cm 转至袖窿，以保证袖窿的活动需要，剩余省量的 1/2 转至前领口，另外 1/2 转至前中腰省作为塑胸的两个省。

（12）前中腰款式刀背分割线省位收省 1.25cm，中腰省位收省 1.25cm，侧缝收省 1.5cm。

（13）下摆放摆适量，应与后片相等，以保证侧缝线等长。

（14）戗驳领宽 8cm，成弧线，以保证驳口线曲度造型。

（15）西服领形，后领倒伏 20°，底领 3cm，翻领 4cm，戗驳领尖长 6cm。

3. 戗驳领宽肩袖圆摆女时装上衣袖子制图（图 3-7）

（1）袖长 54cm。

（2）袖山高的计算采用 5/6 的前后袖窿平均深。

（3）从袖山高点采用前 AH 画斜线长取得前袖肥，后 $AH+1$ 画斜线长取得后袖肥。通过辅助点画前后袖山弧线。

（4）袖肘从上平线向下为 1/2 袖长＋3cm。

（5）前袖缝平行互借 3cm，后袖缝平行互借 1.5cm。

（6）袖口 12cm。

（7）宽肩袖部分 4cm 借助大袖山部分画出，依据袖窿周长与袖山吃缝量关系分出宽肩袖。

（8）将大小袖分开调整好。

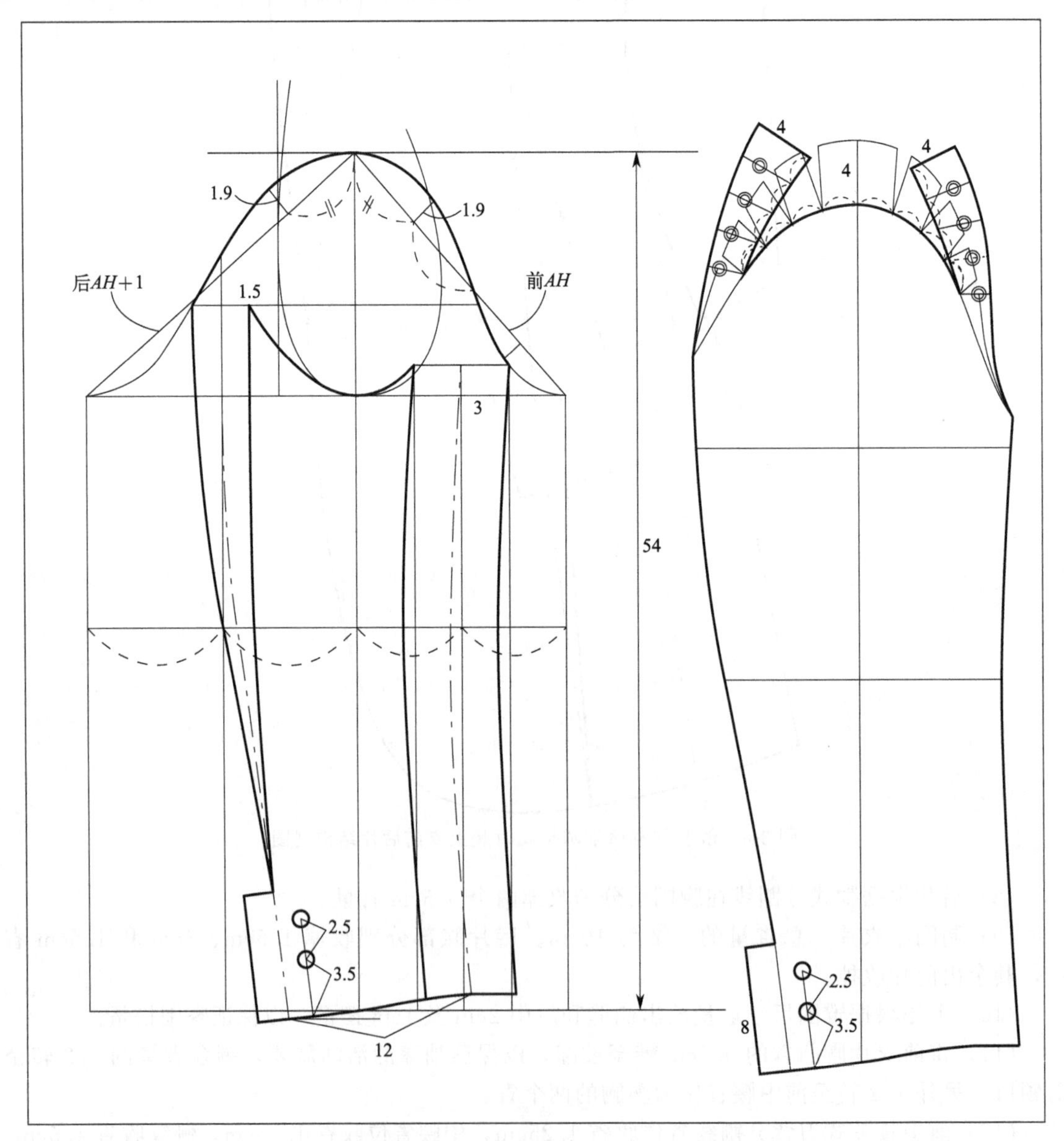

图 3-7　戗驳领宽肩袖圆摆女时装上衣袖子制图

三、双排扣三开身V字领口女时装上衣纸样设计

（一）双排扣三开身V字领口女时装上衣制板方法

双排扣三开身V字领口女时装上衣效果图如图3-8所示。

图3-8　双排扣三开身V字领口女时装上衣效果图

（二）成品规格

成品规格按国家号型160/84A确定，如表3-3所示。

表3-3　双排扣三开身V字领口女时装上衣成品规格　　单位：cm

部位	衣长	胸围	腰围	臀围	腰节	总肩宽	袖长	袖口
尺寸	62.5	94	74	98	38	38	54	13

此款为双排扣三开身无领V字领口女时装。能塑造出较立体的女性人体体积状态，适合现代女性日常生活穿着。在净胸围的基础上加放10cm，腰围加放6cm，臀围加放8cm，袖子采用高袖山两片袖结构的造型。可采用质地较好的薄型精纺毛织物或棉麻、化纤各类面料。

（三）制图步骤

1. 双排扣三开身V字领口女时装上衣制图方法（原型裁剪法）

首先按照号型160/84A型制文化式女子新原型图，然后依据原型制作纸样（具体方法如前文化式女子新原型制图）。

2. 双排扣三开身V字领口女时装上衣前后片结构制图方法（图3-9）

（1）将女装原型的前后片画好。

（2）从原型后中心线画衣长线62.5cm。

（3）修正原型胸围线下移1cm，符合胸围造型要求。

（4）三开身结构将背宽垂线顺延至下平线。

（5）前后领宽各展宽1cm。

（6）将后肩省的1/3转至后袖窿处，2/3缩缝。垫肩厚度1cm。

（7）从后背宽垂线作冲肩线1.5cm交于后小肩斜线以确立后片肩点，以此点开始修正原型画后袖窿弧线。

（8）根据三开身结构，后片在胸围线分别收掉0.7cm和0.3cm省量，以保障胸围成品尺寸。

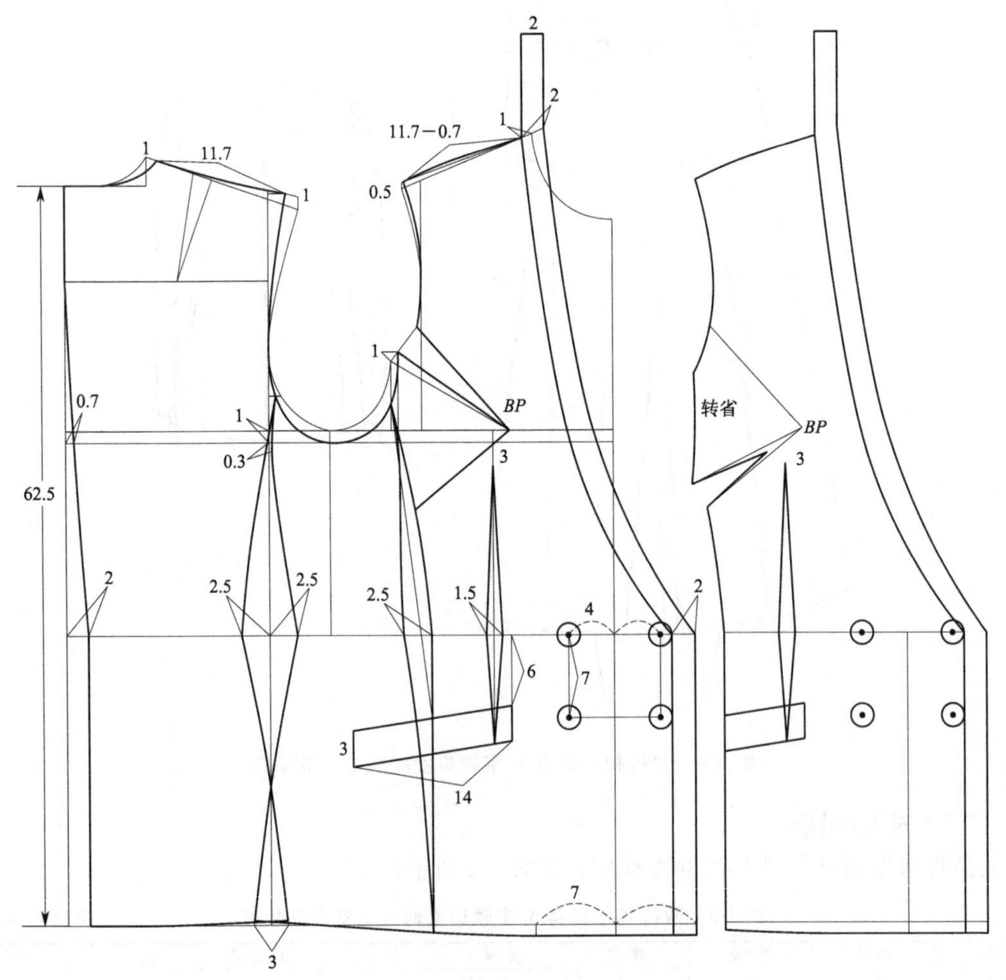

图3-9 双排扣三开身V字领口女时装上衣前后片结构制图

(9) 制图中衣片，总省量/2 为 11cm。后片腰部分别收掉 2cm、5cm，前部腋下片分割线部收 2.5cm 省量，其余由前中腰 1.5cm 收掉，以符合腰围成品尺寸。

(10) 下摆根据臀围尺寸适量放出侧缝摆量，以保证臀围松量。

(11) 将前衣片胸凸省的 1cm 转至袖窿以保证袖窿的活动需要，剩余省转至腋下缝塑胸。

(12) 前袖窿胸凸省 1cm 转移至前袖窿作为松量处理，其余省量转移至前腋下分割线处。

(13) 前小肩原型肩点上提 0.5cm，修正前小肩为后小肩尺寸减 0.7cm。

(14) 前片双排扣，搭门宽 7cm，四枚扣。

(15) V 字领口及前止口镶边宽 2cm，至后领立领。

(16) 袋口的位置在腰节下 6cm，袋口长 14cm。

3. 绘制袖片步骤（图 3-10）

(1) 按 54cm 画袖长。

(2) 袖山高的计算采用 $AH/2\times0.7$ 或 5/6 的前后袖窿的平均深度。

(3) 从袖山高点采用前 AH 画斜线长取得前袖肥，后 AH 画斜线长取得后袖肥。通过辅

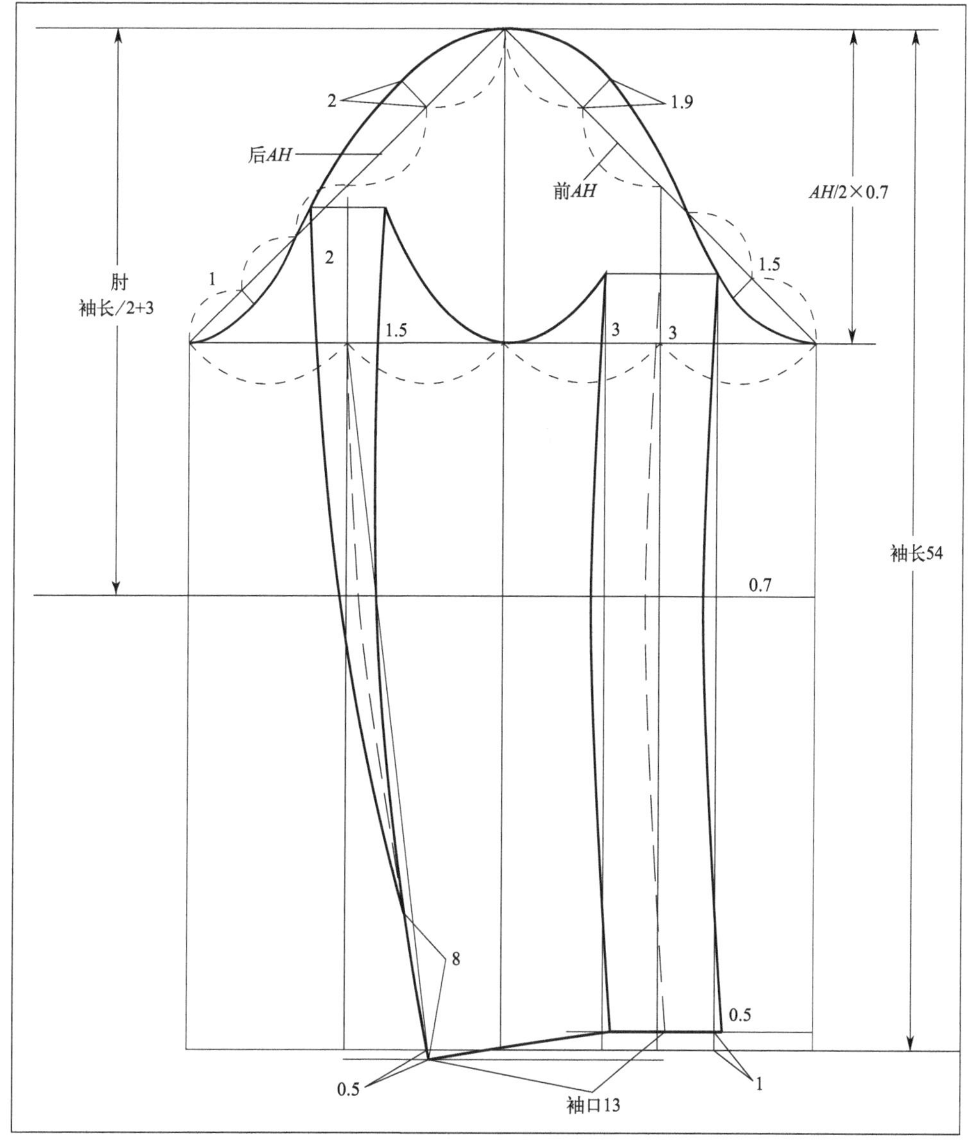

图 3-10　双排扣三开身 V 字领口女时装上衣袖子制图

助点画前后袖山弧线。

(4) 袖肘从上平线向下为 1/2 袖长+3cm。

(5) 前袖缝平行互借 3cm，后袖缝平行互借 2cm，下部逐步自然收至袖口后袖缝下重叠 8cm。

(6) 袖口 13cm。

第二节　各类型女时装套装纸样设计

女时装往往以套装形式设计，依据穿着季节、时间、场合，上衣与裤子或裙子组合成各类款式。需要在女性人体的基础上结合具体的造型特点确立出组合的上下服装各个部位的规格尺寸即舒适量，依据服装基础结构原理，通过标准女装原型构成的丰富应用手段以获得正确的纸样。

一、无袖大 V 领松下摆上衣与宽松长裤套装纸样设计

(一) 无袖大 V 领松下摆上衣与宽松长裤套装制板方法

无袖大 V 领（或 V 字领）松下摆上衣与宽松长裤套装效果图如图 3-11 所示。

图 3-11　无袖大 V 领松下摆上衣与宽松长裤套装效果图

（二）成品规格

成品规格按国家号型 160/84A 确定，如表 3-4、表 3-5 所示。

表 3-4　无袖大 V 领松下摆上衣成品规格　　单位：cm

部位	后衣长	胸围	腰围	腰节	总肩宽
尺寸	75	94	74	38	30.5

表 3-5　套装宽松长裤成品规格　　单位：cm

部位	裤长	腰围	臀围	立裆	裤口	腰头	臀高
尺寸	103	70	100	28	22	3	18

1. 上衣

此款套装上衣为舒适的无袖上衣，前身短，有较夸张的装饰翻领设计，后身片较长，下摆自然松垂，充分体现飘逸的造型。下装为长而宽松式的长裤。上衣在净胸围的基础上加放10cm，净腰围加放 6cm，下摆宽松。

2. 裤子

裤子采用较宽松的造型，与上衣整体协调一致，适合夏季穿着。裤子在净臀围的基础上加

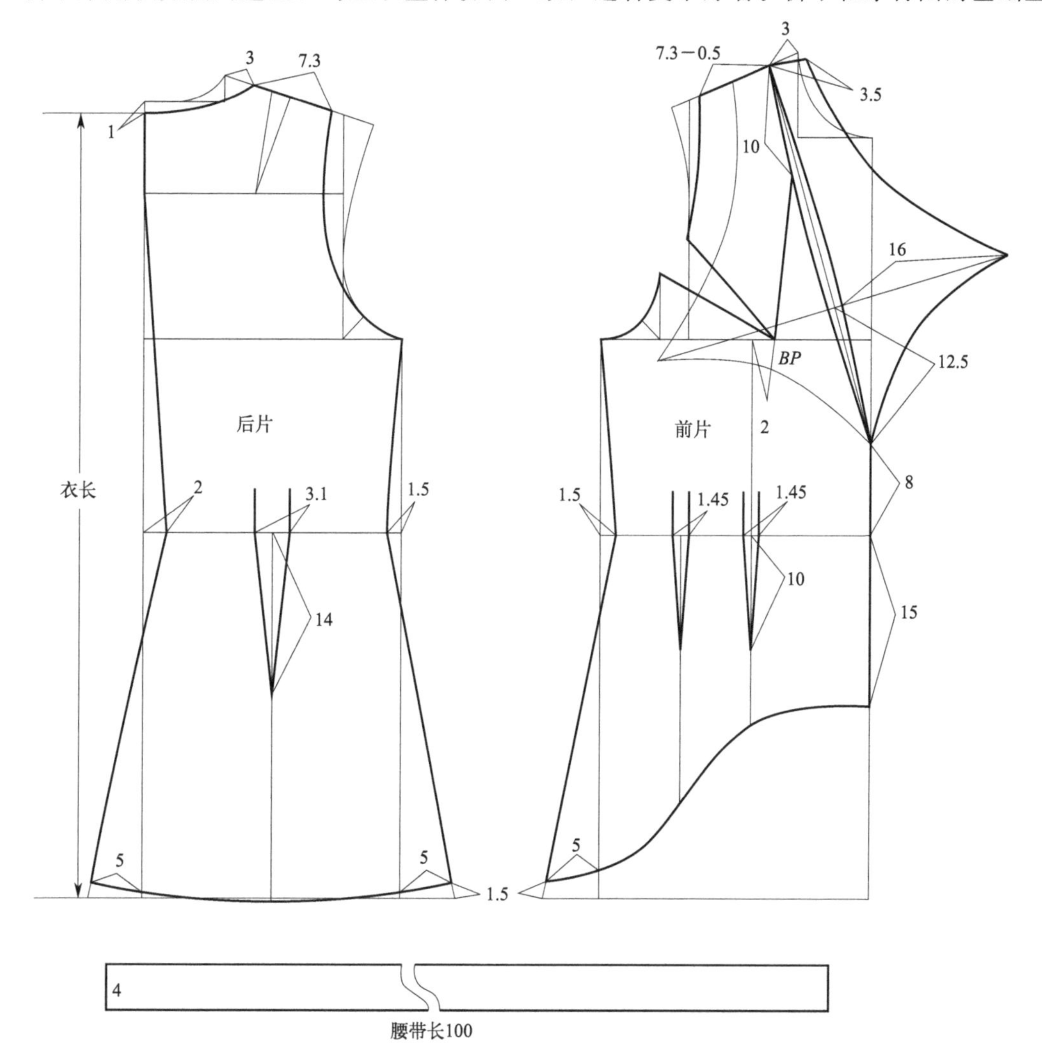

图 3-12　无袖大 V 领松下摆上衣前后片基础结构制图

放 10cm，净腰围加放 2cm，净立裆加放 1cm，连腰头宽 3cm。

（三）无袖大 V 领松下摆上衣制图步骤

1. 无袖大 V 领松下摆上衣前后片基础结构制图（图 3-12）

（1）制图方法采用原型裁剪法。首先按照号型 160/84A 型制作文化式女子新原型图，具体方法如前文化式女子新原型制图，然后依据原型制作纸样。

（2）首先在原型后中加画后衣长 75cm。再从后片开始参照原型修正，将后片原型肩胛省 1.82cm 保留 0.5cm，领口展宽 3cm，后小肩斜线 7.3cm。

（3）制图中衣片，总省量/2 为 11cm。后片腰部分别收掉 2cm、3.1cm 和 1.5cm 省量，占 1/2 胸腰差的 60%，中腰省量上部为活褶。

（4）下摆适量放出侧缝和后中各 5cm 摆量，以保证臀围松量和款式造型的松量。

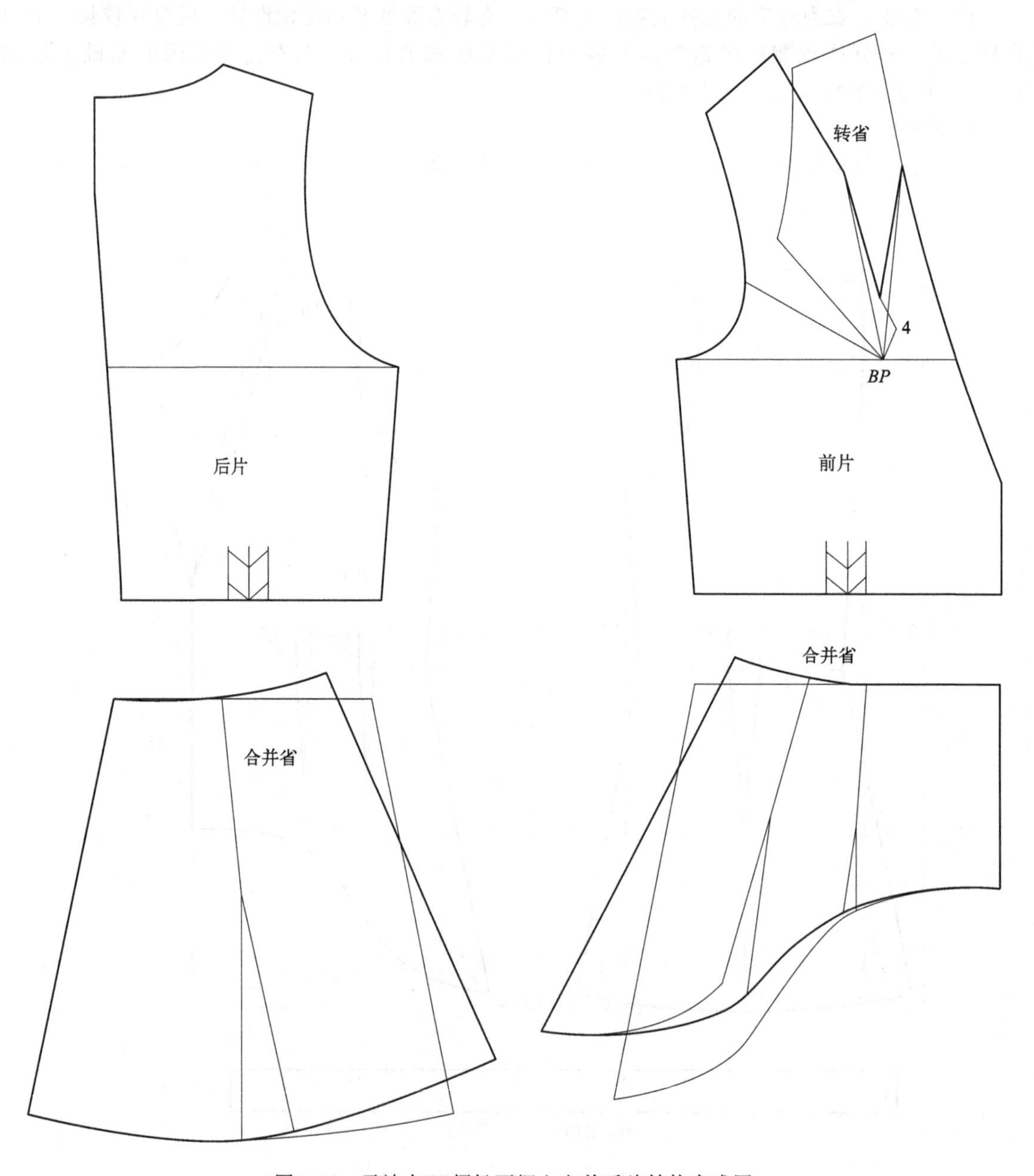

图 3-13　无袖大 V 领松下摆上衣前后片结构完成图

（5）前衣片领口展宽3cm，画大V字领口和翻领。前小肩为后小肩尺寸减0.5cm，前领口处10cm设转省位置。

（6）前中腰收两省分别为1.45cm，侧缝收省1.5cm（前片共收省量为4.4cm）。

（7）前中线下摆腰下15cm，画弧线摆，侧缝放摆5cm，与后片相等，以保证侧缝线等长。

（8）腰节线分开，设有腰带，长100cm，宽4cm。

2. 无袖大V领松下摆上衣前后片结构完成图（图3-13）

（1）前胸凸省转至前领口处。

（2）后片腰节线分开，合并下腰部中腰省量至下摆打开摆量。

（3）前片腰节线分开，合并下腰部两中腰省量至下摆打开摆量。

（四）套装宽松长裤制图步骤

1. 套装宽松长裤前片制图（图3-14）

（1）以成品裤长连腰头宽画上下平行基础线。

（2）立裆从上平线向下画横裆线。

（3）臀高为总体高的1/10+2cm，即18cm。

（4）前片臀围肥为$H/4-1$cm。

（5）前小裆宽为$H/20-0.5$cm，画小裆弧线的辅助线为对角线的1/3。

（6）横裆宽的1/2为裤中线。

（7）前片腰围肥为$W/4-1$cm+6cm省（抽褶），侧缝1.5cm省，腰头宽3cm。在侧缝设插口袋，长15cm。

（8）裤口尺寸22cm−2cm，在裤线两边平分。

（9）中裆线位置为横裆至裤口线的1/2向上调整5cm，肥度同前裤口，裤线两侧平分。

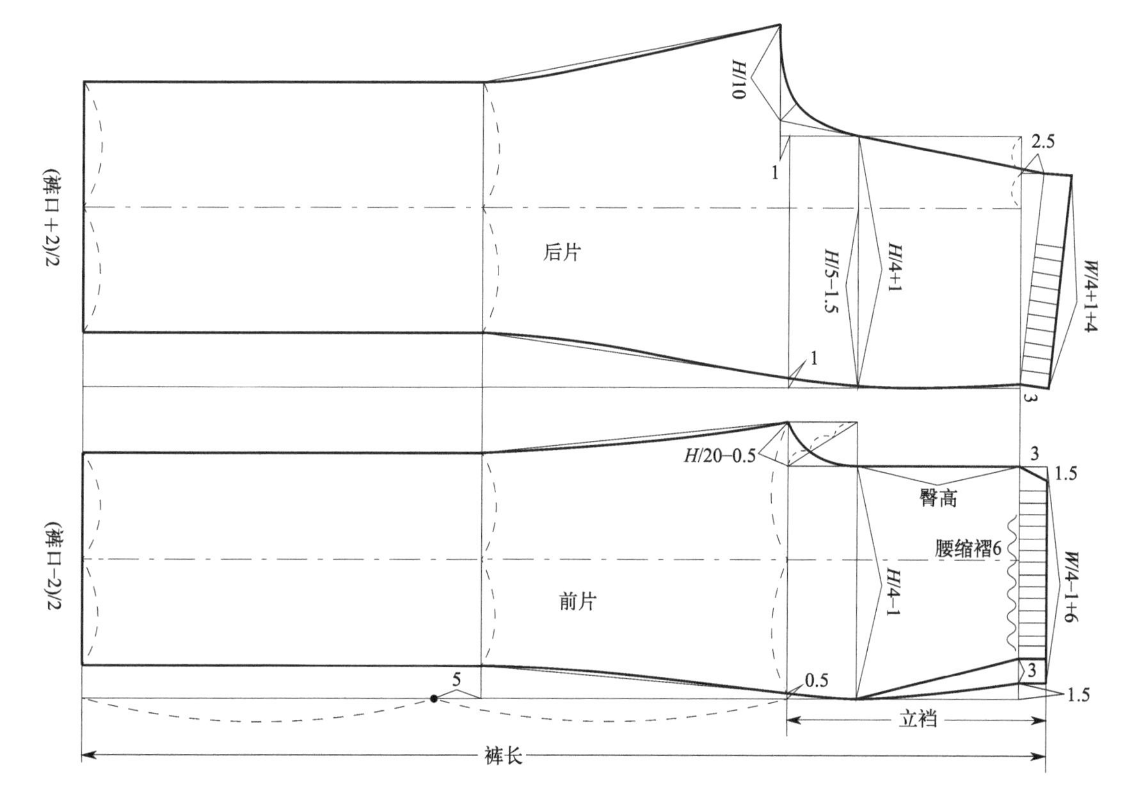

图3-14　套装宽松长裤前片制图

2. 裤子后片制图

(1) 裤长、立裆、臀高同前片。

(2) 后片臀围肥为 $H/4+1$cm。

(3) 后裤线位置为 $H/5-1.5$cm，从侧缝基础线向内。

(4) 大裆斜线位置为裤线至后中线的 1/2 处，垂直起翘 2.5cm。

(5) 横裆下落 1cm，大裆斜线交于落裆线，从此处起始画大裆宽线为 $H/10$。大裆弧线的辅助线角平分线为 2.5cm，画大裆弧线。

(6) 后片腰围肥为 $W/4+1$cm$+4$cm 省（抽褶），腰头宽 3cm，画侧缝弧线。

(7) 后裤口为裤口尺寸 22cm+2cm，裤线两边平分。

(8) 中裆线位置同前片，肥度同后裤口，裤线两侧平分。

二、短袖圆领口短上衣与背带长裤套装纸样设计

（一）短袖圆领口短上衣与背带长裤套装制板方法

短袖圆领口短上衣与背带长裤套装效果图如图 3-15 所示。

图 3-15　短袖圆领口短上衣与背带长裤套装效果图

（二）成品规格

成品规格按国家号型 160/84A 确定，如表 3-6、表 3-7 所示。

表 3-6　短袖圆领口短上衣成品规格　单位：cm

部位	后衣长	胸围	腰围	袖长	袖口	总肩宽
尺寸	55	96	78	22	30	38

表 3-7　套装背带长裤成品规格　单位：cm

部位	裤长	腰围	臀围	立裆	裤口	上身长	臀高
尺寸	100	72	98	26	22	38	18

1. 上衣

此款套装上衣为舒适的短袖无领无搭门上衣，下装为连身背带长裤，属于休闲类的服装，上衣较简洁，背带裤可选择牛仔面料，互为搭配，协调统一。上衣在净胸围的基础上加放12cm，腰围加放 10cm，后衣长 55cm 左右，短袖。

2. 裤子

裤子采用背带长裤，适合夏秋季穿着，在净臀围的基础上加放 8cm，净腰围加放 4cm，净立裆加放 2cm。

（三）短袖圆领口短上衣制图步骤

1. 短袖圆领口短上衣制图（图 3-16）

（1）制图方法采用原型裁剪法。首先按照号型 160/84A 型制作文化式女子新原型图，具

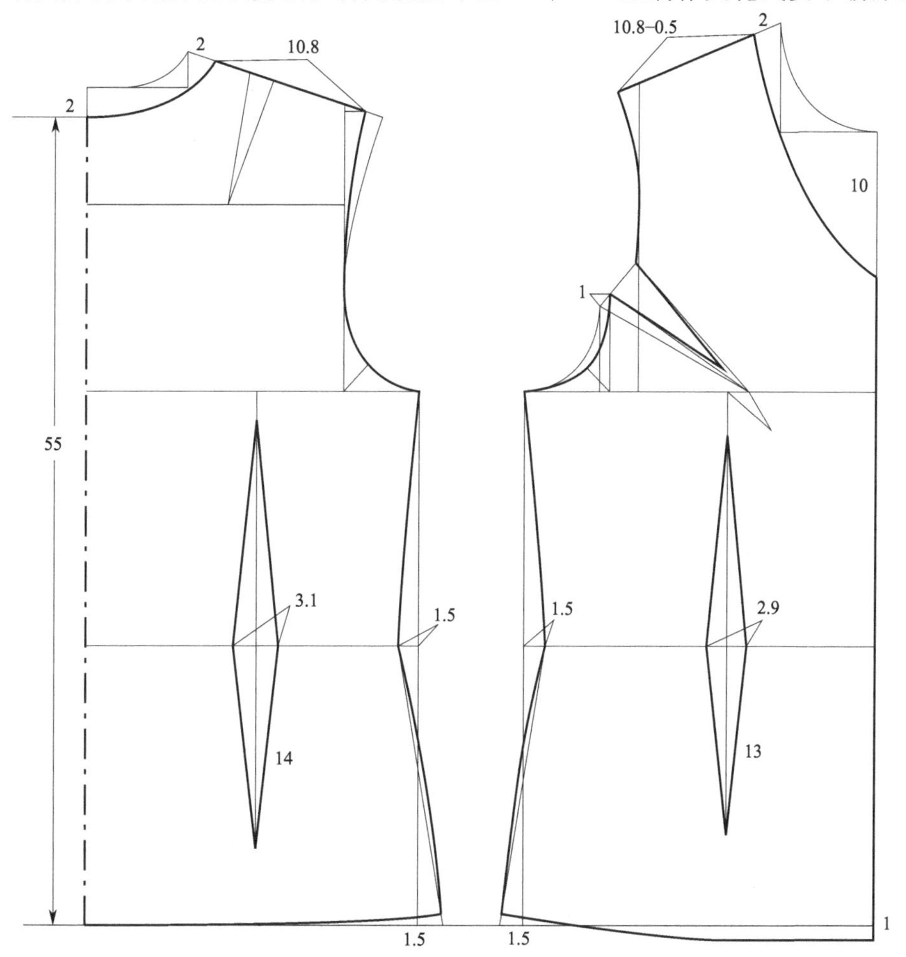

图 3-16　短袖圆领口短上衣制图

体方法如前文化式女子新原型制图，然后依据原型制作纸样。

（2）首先在原型后领深下 2cm 中画后衣长 55cm。再从后片开始参照原型修正，将后片原型肩胛省 1.82cm 保留 0.5cm，领口展宽 2cm，后小肩斜线 10.8cm。

（3）制图中衣片，总省量/2 为 11cm。后片腰部分别收掉 3.1cm 和 1.5cm 省量，占 1/2 胸腰差的 51%。

（4）下摆适量放出侧缝 1.5cm 摆量，以保证臀围松量和款式造型的松量。

（5）前衣片领口展宽 2cm，画大 V 字领口。前小肩为后小肩尺寸减 0.5cm。

（6）前中腰收两省分别为 2.9cm，侧缝收省 1.5cm。

（7）前中线下摆下 1cm，画弧线摆，侧缝放摆 1.5cm，与后片相等，以保证侧缝线等长。

（8）前胸凸省 1cm 放至袖窿作为活动量，其余省量修正好。

2. 短袖圆领口短上衣袖子制图（图 3-17）

（1）短袖袖长 22cm 画长度线。

（2）袖山高计算公式为 $AH/2\times0.6$（袖山高所对应的基础线的角为 37°）。从袖山高点将 $AH/2$ 线段长各交于袖肥线确定前后袖肥，然后画袖长侧缝基础线。

（3）参照斜线上的辅助线画袖山弧线。

（4）前后袖肥线等分，参照此线收袖口，半袖口为 15cm。

（5）修正袖口造型线。

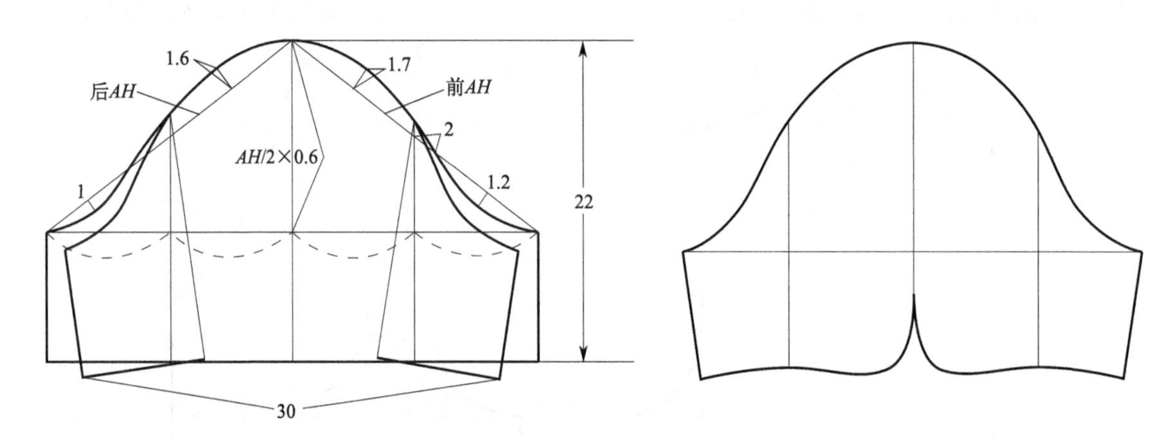

图 3-17 短袖圆领口短上衣袖子制图

（四）连身裤制图步骤（图 3-18）

1. 连身裤前片制图

（1）以成品裤长画上下基础线。

（2）立裆从上平线向下画横裆线。

（3）臀高为总体高的 1/10+2cm，即 18cm。

（4）前片臀围肥为 $H/4-1$cm。

（5）前小裆宽为 $H/20-0.5$cm，画小裆弧线的辅助线角平分线为 3cm。

（6）横裆宽的 1/2 为裤中线。

（7）前片腰围肥为 $W/4-1$cm+3cm 省。在侧缝设插口袋，长 15cm。

（8）裤口尺寸 22cm−2cm，在裤线两边平分。

（9）中裆线位置为横裆至裤口线的 1/2 向上调整 5cm，肥度参照前裤口加 2cm，裤线两侧平分。

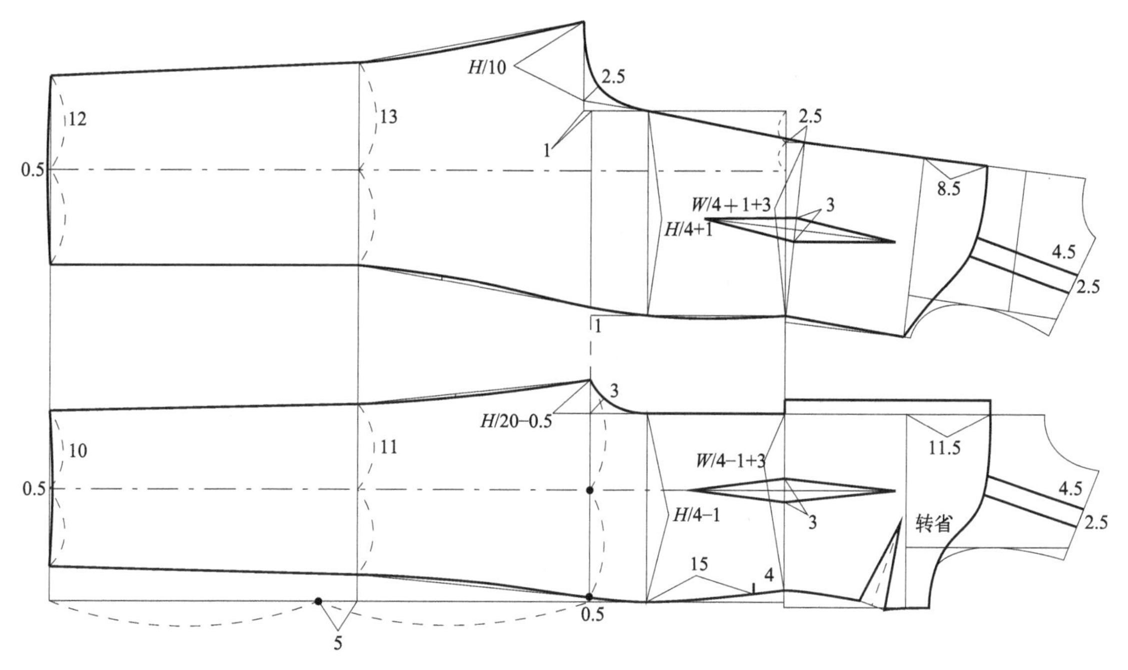

图 3-18　连身裤制图

（10）将上衣原型画好腰节线，与前裤片腰围线置于同一位置。

（11）按上衣款式造型将原型袖窿上的胸凸省转移至侧缝。

（12）上衣侧缝与裤子侧缝衔接收省画顺，裤子的中腰省与上衣的中腰省衔接画顺。

（13）前胸上部设吊带，2.5cm 宽，画顺前抹胸的造型，加出搭门，宽 2.5cm。

2. 后裤片与上衣后片制图

（1）裤长、立裆、臀高同前片。

（2）后片臀围肥为 $H/4+1$cm。

（3）后裤线位置为 $H/5-1.5$cm，从侧缝基础线向内。

（4）大裆斜线位置为裤线至后中线的 1/2 处，垂直起翘 2.5cm。

（5）横裆下落 1cm，大裆斜线交于落裆线，从此处起始画大裆宽线为 $H/10$。大裆弧线的辅助线角平分线为 2.5cm，画大裆弧线。

（6）后片腰围肥为 $W/4+1$cm＋3cm 省，画侧缝弧线。

（7）后裤口为裤口尺寸 22cm＋2cm，裤线两边平分。

（8）中裆线位置同前片，肥度为后裤口加 2cm，裤线两侧平分。

（9）将上衣原型画好腰节线，与后裤片腰围线置于同一位置。

（10）上衣侧缝与裤子侧缝衔接收省画顺，裤子的中腰省与上衣的中腰省衔接画顺。

（11）后上部设吊带，2.5cm 宽，与前部对合，画顺片的造型。

三、短袖荷叶边领下摆褶边式短上衣与直筒裙套装纸样设计

（一）短袖荷叶边领下摆褶边式短上衣与直筒裙套装制板方法

短袖荷叶边领下摆褶边式短上衣与直筒裙套装效果图如图 3-19 所示。

（二）成品规格

成品规格上衣按国家号型 160/84A、下装按国家号型 160/68A 确定，如表 3-8、表 3-9 所示。

图 3-19　短袖荷叶边领下摆褶边式短上衣与直筒裙套装效果图

表 3-8　短袖荷叶边领下摆褶边式短上衣成品规格　　单位：cm

部位	后衣长	胸围	腰围	袖长	袖口	总肩宽
尺寸	48	94	74	22	30	38

表 3-9　套装直筒裙成品规格　　单位：cm

部位	裙长	腰围	臀围	臀高
尺寸	57	68	94	18

1. 上衣

此款套装上衣为舒适的短袖荷叶边领下摆褶边式短上衣，下装为合体短裙，属于休闲类的服装，上衣造型变化大，下装简洁，互为搭配，协调统一。上衣在净胸围的基础上加放10cm，腰围加放6cm，直筒短袖。

2. 裙子

裙子为直筒式，在净臀围的基础上加放4cm，腰围不加放，下摆与臀围围度相同，后中线有开衩便于活动。

（三）短袖荷叶边领下摆褶边式短上衣制图步骤

1. 短袖荷叶边领下摆褶边式短上衣基础线制图（图3-20）

（1）制图方法采用原型裁剪法。首先按照号型160/84A型制作文化式女子新原型图，具体方法如前文化式女子新原型制图，然后依据原型制作纸样。

（2）首先在原型后领深下2cm中画后衣长48cm。再从后片开始参照原型修正，将后片原型肩胛省1.82cm保留0.7cm，领口展宽2cm，后小肩斜线10.8cm。

（3）制图中衣片，总省量/2为11cm。后片腰部分别收掉2cm、3.1cm和1.5cm省量，占1/2胸腰差的60%。

（4）下摆适量放出侧缝1.5cm及后中2cm摆量，以保证臀围松量和款式造型的松量。

（5）前衣片领宽、领深各展开2cm，修领口，搭门2cm。前小肩为后小肩尺寸减0.7cm。

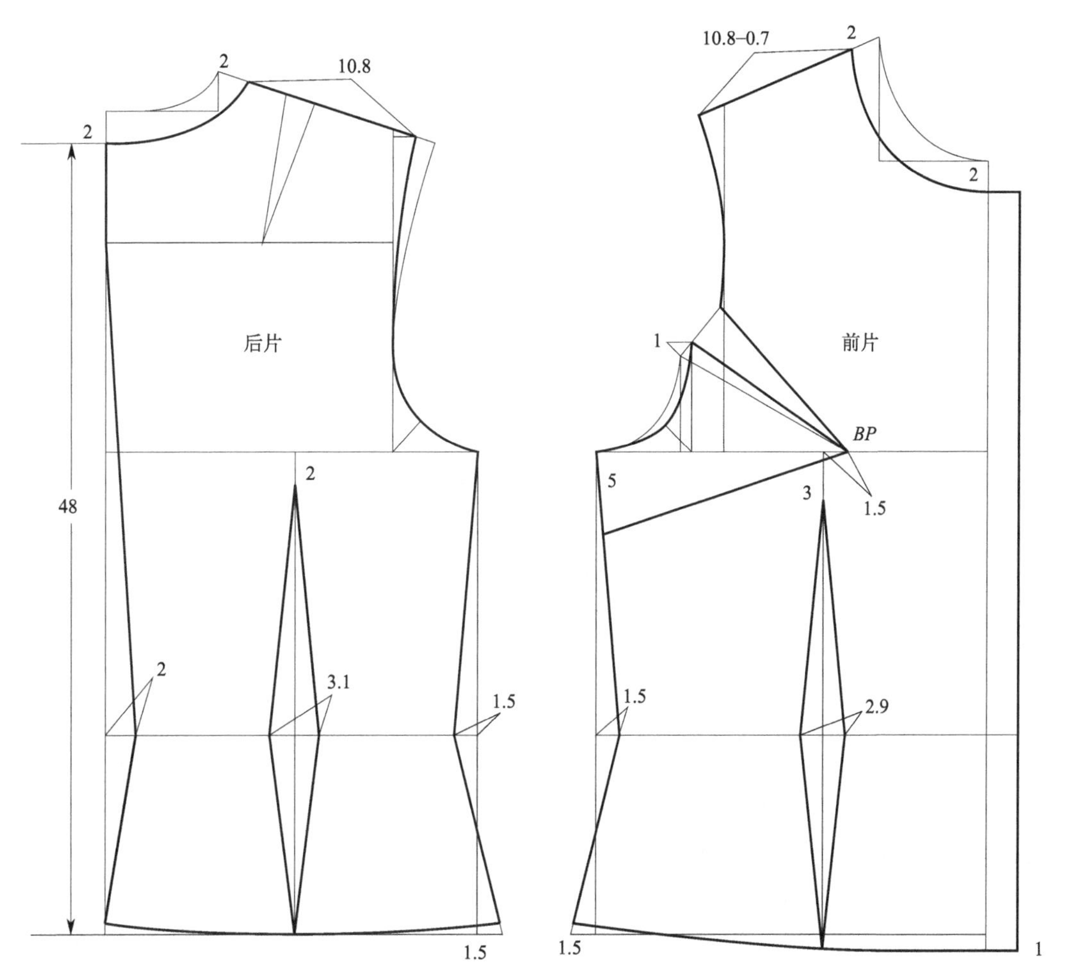

图3-20 短袖荷叶边领下摆褶边式短上衣基础线制图

胸凸省 1cm 放至前袖窿作为松量。

(6) 前中腰收两省分别为 2.9cm，侧缝收省 1.5cm。

2. 短袖荷叶边领下摆褶边式短上衣完成图（图 3-21）

(1) 后片腰围线分开，下摆首先将腰省合并后再将下摆打开褶量 5～6cm，修正好腰线和下摆弧线。

(2) 前片侧缝下 5cm 处设侧缝省位，将胸凸省转移至此，修正好省形。

(3) 前片腰围线分开，下摆首先将腰省合并后再将下摆打开褶量 5～6cm，修正好腰线和下摆弧线。

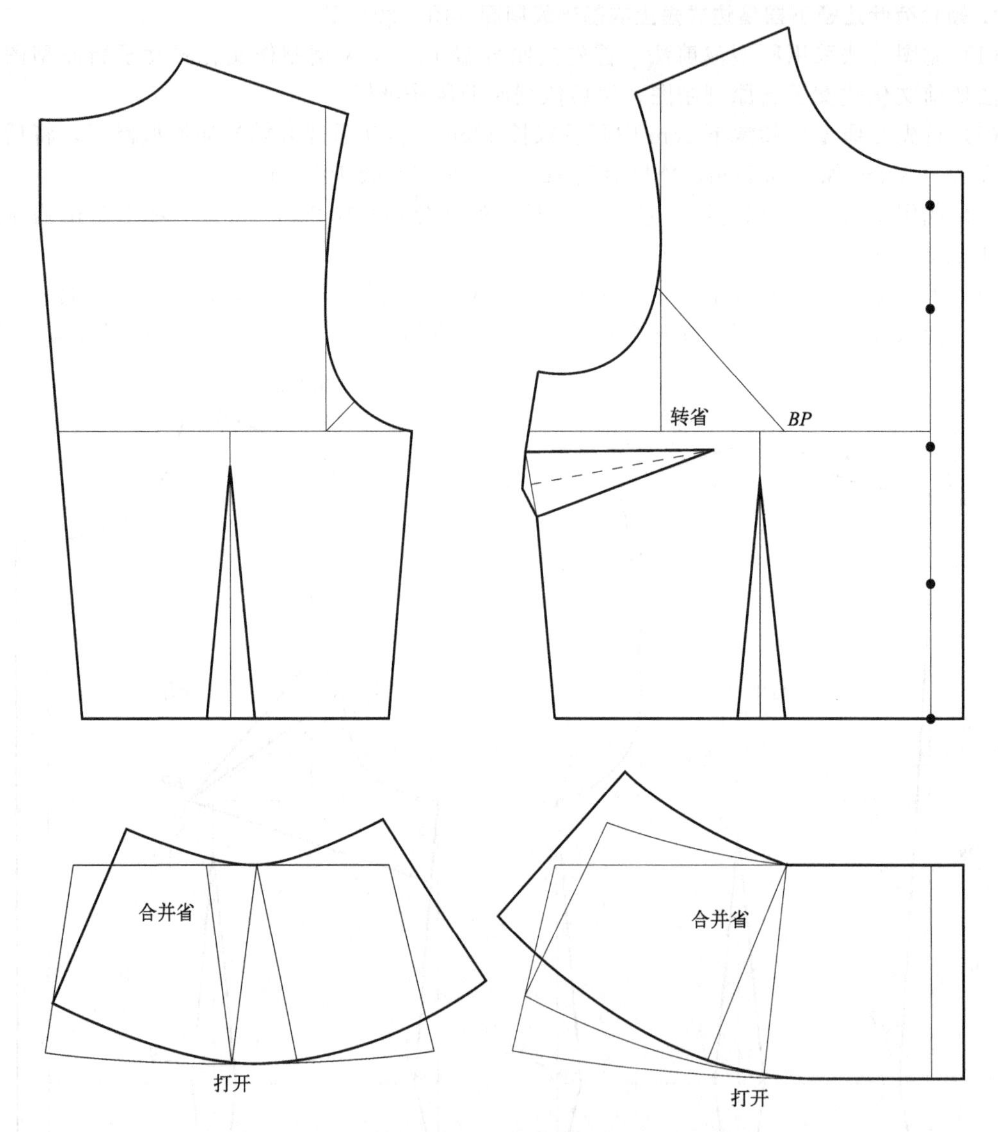

图 3-21　短袖荷叶边领下摆褶边式短上衣制图

3. 短袖荷叶边领下摆褶边式短上衣领子制图（图 3-22）

(1) 将前后衣片在颈侧点对准，然后前后片肩缝对接在肩端重合 1.5cm。

(2) 参照衣片在后中心线领深向下画领宽 7cm，顺势画至前片，在前领深画领尖长 8.5cm。

(3) 领子拷贝下来后将领外口平均 8 等分并剪开领口内旋，外口按分割线各打开 2cm 的荷叶边的造型褶量，修正好内外口弧线。

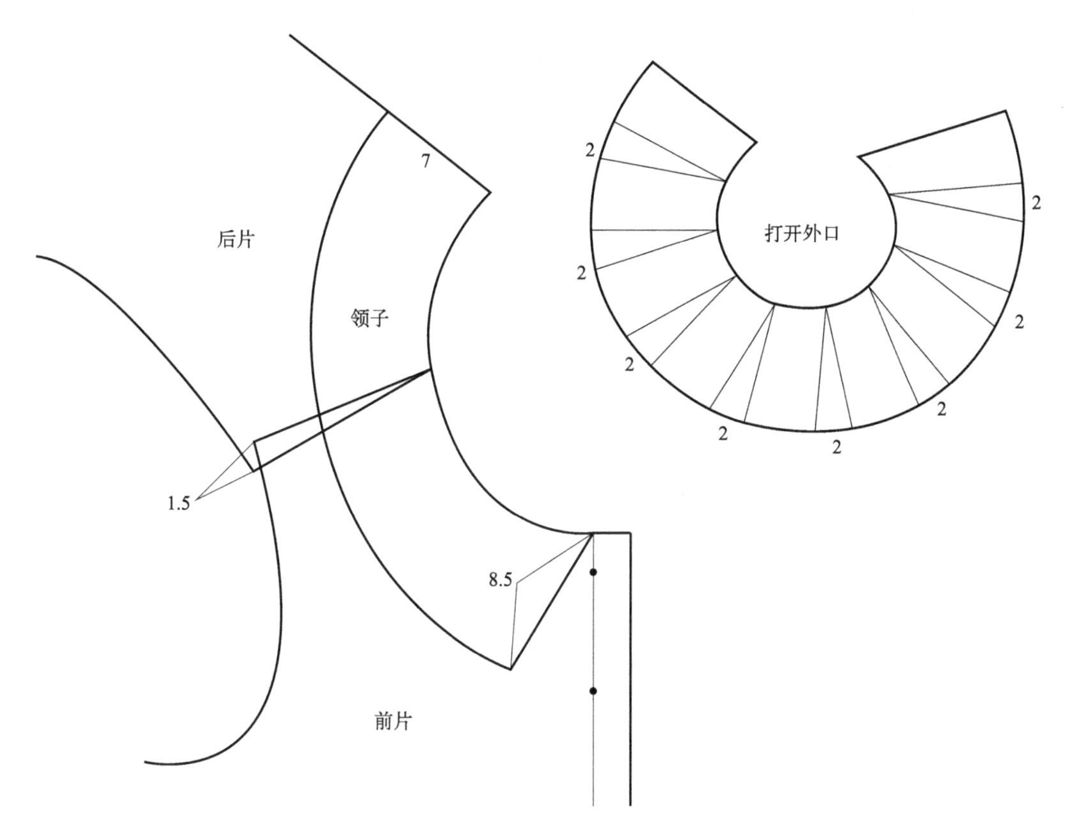

图 3-22　短袖荷叶边领下摆褶边式短上衣领子制图

4. 短袖荷叶边领下摆褶边式短上衣袖子制图（图 3-23）

（1）短袖袖长 22cm 画长度线。

（2）袖山高计算公式为 $AH/2\times0.6$（袖山高所对应的基础线的角为 37°）。从袖山高点将 $AH/2$ 线段长各交于袖肥线确定前后袖肥，然后画袖长侧缝线，为直筒短袖。

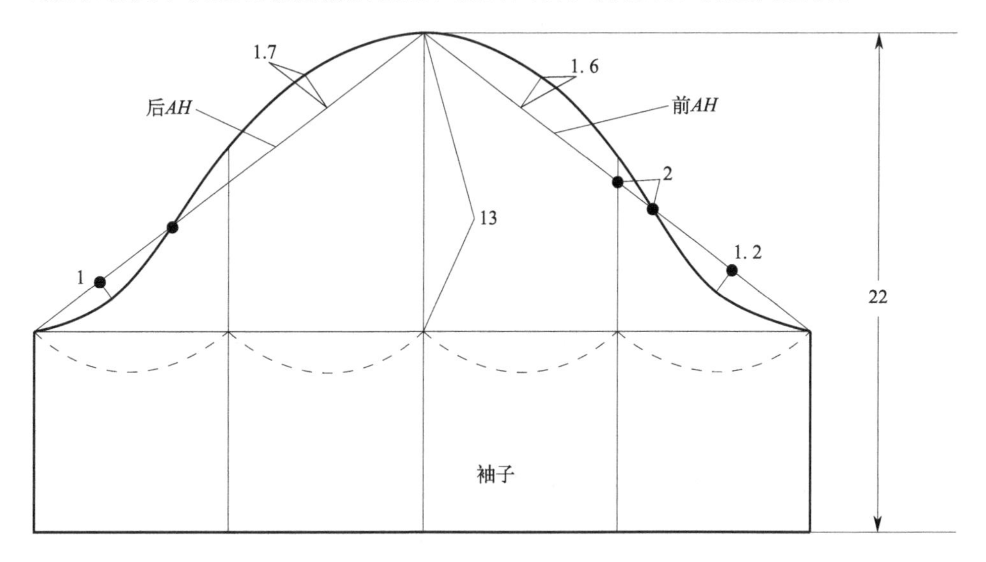

图 3-23　短袖荷叶边领下摆褶边式短上衣袖子制图

(3) 参照斜线上的辅助线画袖山弧线。

(四) 套装直筒裙制图步骤 (图 3-24)

1. 裙长减腰头宽 54cm 画前中直线，并且画上下平行线。

2. 臀高为 1/10 总体高＋2cm，画平行线制定臀围线，在臀围线上确定臀围肥。

(1) 前片臀围肥 $H/4+1$cm。

(2) 后片臀围肥 $H/4-1$cm。

3. 成品尺寸臀腰差为 26cm，在腰围线上制定前后片的腰围肥度。

(1) 前片腰围侧缝线收省 1.5cm，实际前片腰围肥为 $W/4+1$cm$+5$cm 省。

(2) 后片腰围侧缝线收省 1.5cm，实际后片腰围肥为 $W/4-1$cm$+5$cm 省。

4. 下摆与臀围肥相同，直筒式，为便于活动，后中线下部设开衩 14cm，后中线拉链开口至臀围下 2cm。

5. 腰头宽 3cm，长 68cm，搭门 3cm。

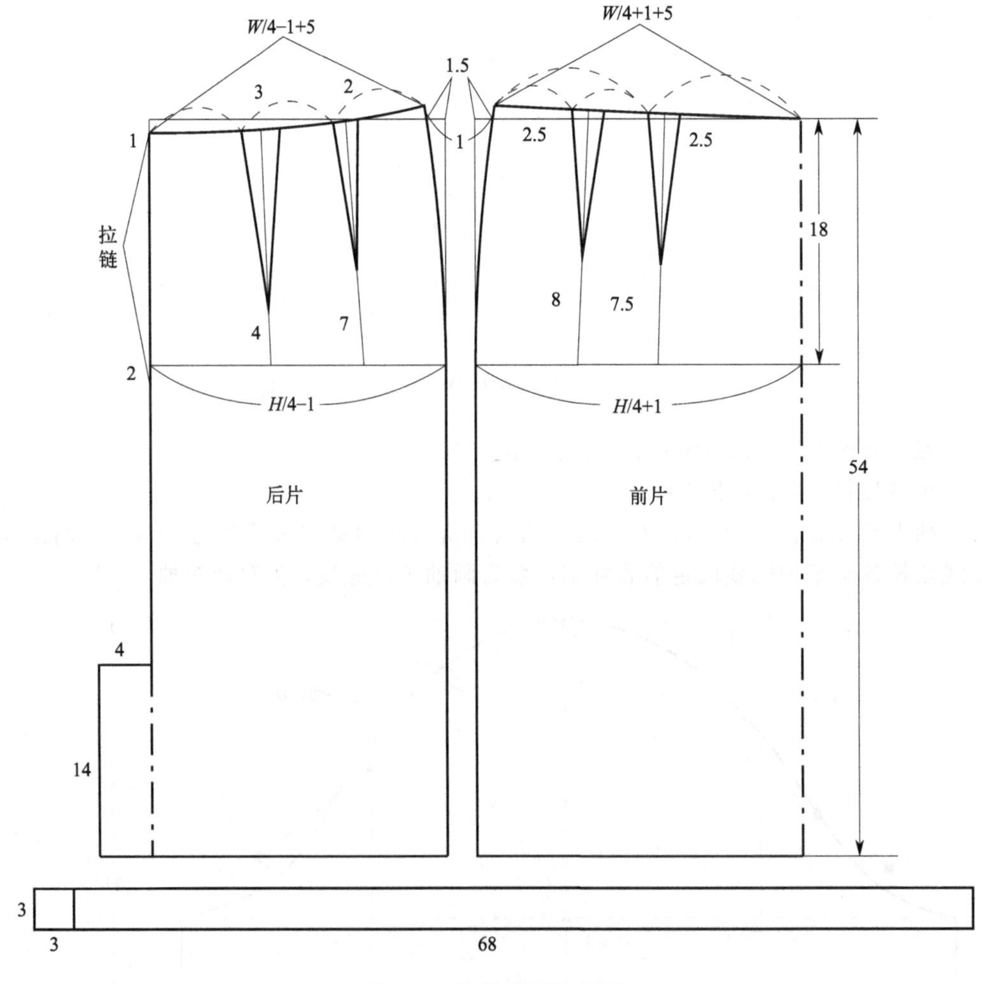

图 3-24　套装直筒裙制图

四、四开身刀背式女时装上衣配直筒女裤套装纸样设计

(一) 四开身刀背式女时装上衣配直筒女裤套装制板方法

四开身刀背式女时装上衣配直筒女裤套装效果图如图 3-25 所示。

图 3-25　四开身刀背式女时装上衣配直筒女裤套装效果图

（二）成品规格

成品规格上衣按国家号型 160/84A、下装按国家号型 160/66A 确定，如表 3-10、表 3-11 所示。

表 3-10　四开身刀背式女时装上衣成品规格　　单位：cm

部位	后衣长	胸围	腰围	臀围	腰节	总肩宽	袖长	袖口
尺寸	64	94	74	96	38	37	54	13

表 3-11　套装直筒女裤成品规格　　单位：cm

部位	裤长	腰围	臀围	臀高	立裆	腰头宽	裤口
尺寸	100	68	94	18	28	3	19

1. 上衣

此款为四开身刀背平驳领式女时装，属于经典款式。可以理想化地塑造出现代女性特征，在净胸围的基础上加放 8～10cm，腰围加放 6cm，臀围加放 6cm，袖子采用高袖山两片袖结构的造型。

2. 裤子

套装女裤是直筒式造型，在净臀围的基础上加放 4cm，净腰围加放功能松量 2cm，净立裆加放 0.5cm。

（三）四开身刀背式女时装上衣制图步骤

1. 四开身刀背式女时装上衣制图方法（采用原型裁剪法）

首先按照号型 160/84A 型制作文化式女子新原型图，具体方法如前文化式女子新原型制图，然后依据原型制作纸样。

2. 绘制四开身刀背式女时装上衣后片结构制图方法（图 3-26 左）

（1）将原型的前后片画好，腰线置于同一水平线。

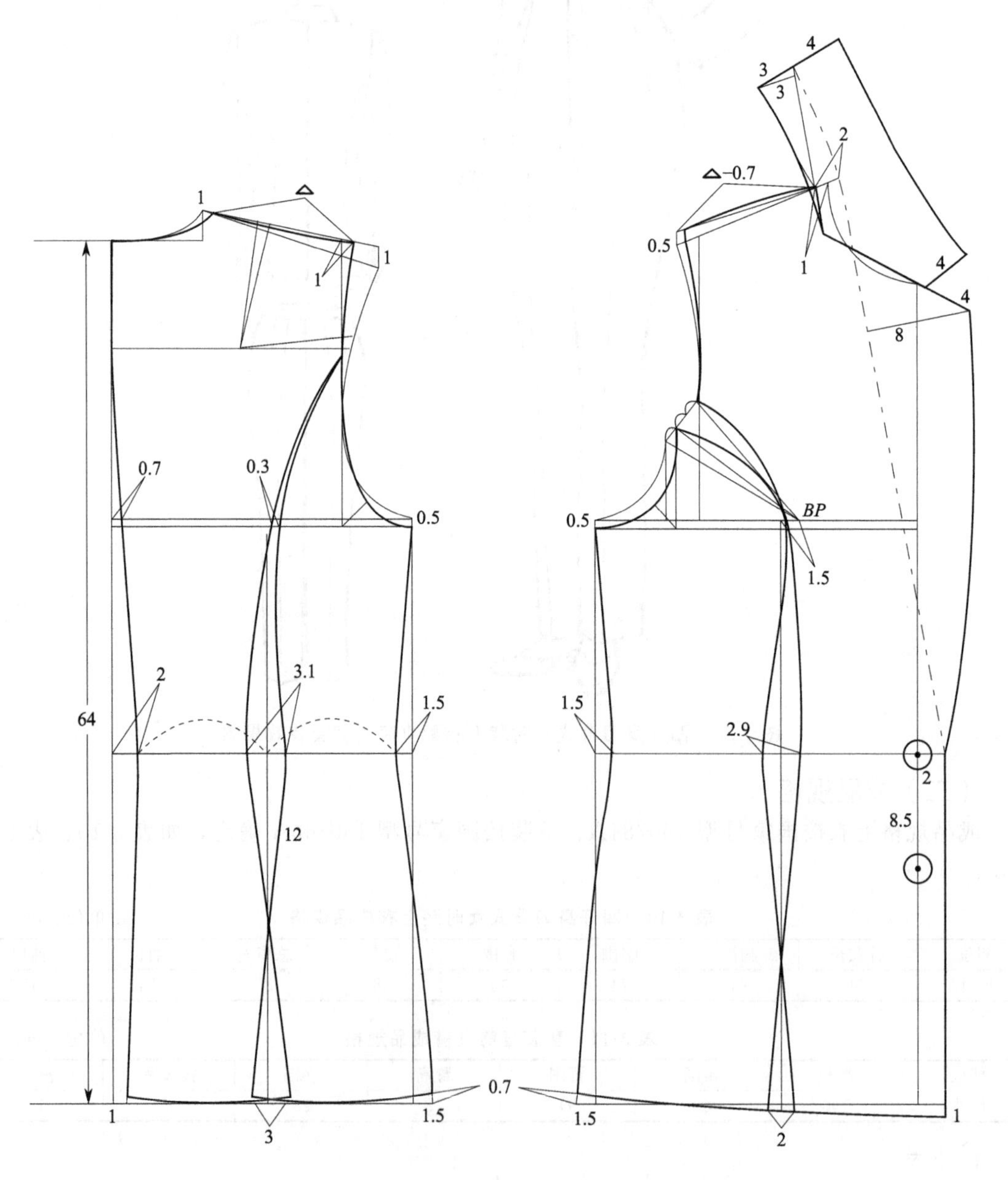

图 3-26　四开身刀背式女时装上衣前后片制图

（2）从原型后中心线画衣长线 64cm。

（3）原型胸围前后片为 $B/2+6$cm，以保障符合胸围成品尺寸。

（4）前后宽不动，以保障符合成品尺寸。

（5）依据原型基础领宽，前后领宽各展宽 1cm。

（6）将后肩省的 2/3 转至后袖窿处，1/3 作为工艺缩缝，因此原型后肩点上移 1cm。

（7）根据四开身结构在后片设刀背式分割线，在后片胸围线分别收掉 0.7cm 省量和 0.3cm 省量（$B/2-1$cm），以保证成品胸围松量。

（8）制图中衣片，总省量/2 为 11cm，后片腰部分别收掉 2cm、3.1cm、1.5cm 省量，占 60%～65%。

（9）下摆根据臀围尺寸适量放出侧缝 1.5cm、刀背分割线 1.5cm 及后中线 1cm 摆量，以保证臀围松量。

3. 绘制四开身刀背式女时装上衣前片结构制图方法（图 3-26 右）

（1）将前衣片胸凸省的 1/3 转至袖窿，以保证袖窿的活动需要，剩余省量放至刀背塑胸型。

（2）前刀背参照 *BP* 点向后移动 1.5cm，以此设刀片分割线位置。

（3）腰部依次收 1.5cm、2.9cm 省，占 35%～40%。胸围线下挖 0.5cm，以保证袖窿合理比例与松量要求。

（4）下摆及刀背分割线放摆适量，以保证臀围舒适量。

（5）前小肩长为后小肩长减 0.7cm，肩点上移 0.5cm。设垫肩厚度 1cm。

（6）西服领总领宽为 7cm，上驳领线位置为 2/3 的，底领宽 2cm，驳领宽 8cm，弧线要保证驳口线曲度造型。

（7）西服领形，后领线倒伏量为 3cm 或 20°，底领 3cm，翻领 4cm，驳领尖长 4cm。

（8）单排两枚扣，搭门宽 2cm，扣间距 8.5cm。

4. 绘制袖片步骤（图 3-27）

（1）按 54cm 画袖长。

（2）袖山高的计算采用 $AH/2\times0.7$ 或 $5/6\times$前后袖窿的平均深度。

（3）从袖山高点采用前 *AH* 画斜线长取得前袖肥，后 *AH* 画斜线长取得后袖肥。通过辅助点画前后袖山弧线。

（4）袖肘位置从上平线向下为袖长 $1/2+3$cm。

（5）前袖缝平行互借 3cm，后袖缝平行互借 2cm，下部逐步自然收至袖口后袖缝下重叠 8cm。

（6）袖口 13cm。

（四）套装直筒女裤制图步骤（图 3-28）

1. 裤子前片制图

（1）裤长减腰头宽画上下平行基础线。

（2）立裆减腰头宽从上平线向下画横裆线。

（3）臀高为总体高 $1/10+2$cm。

（4）前片臀围肥为 $H/4-1$cm。

（5）前小裆宽为 $H/20-0.5$cm，画小裆弧线的辅助线，再画小裆弧线。

（6）横裆宽的 1/2 为裤中线。

（7）前片腰围肥为 $W/4-1\text{cm}+5$cm 省，中线倒褶 3cm，省 2cm。画侧缝弧线，侧缝横裆处进 0.5cm，在侧缝设直插口袋，长 14cm。

（8）前裤口为裤口尺寸－1cm，然后裤线两边平分。

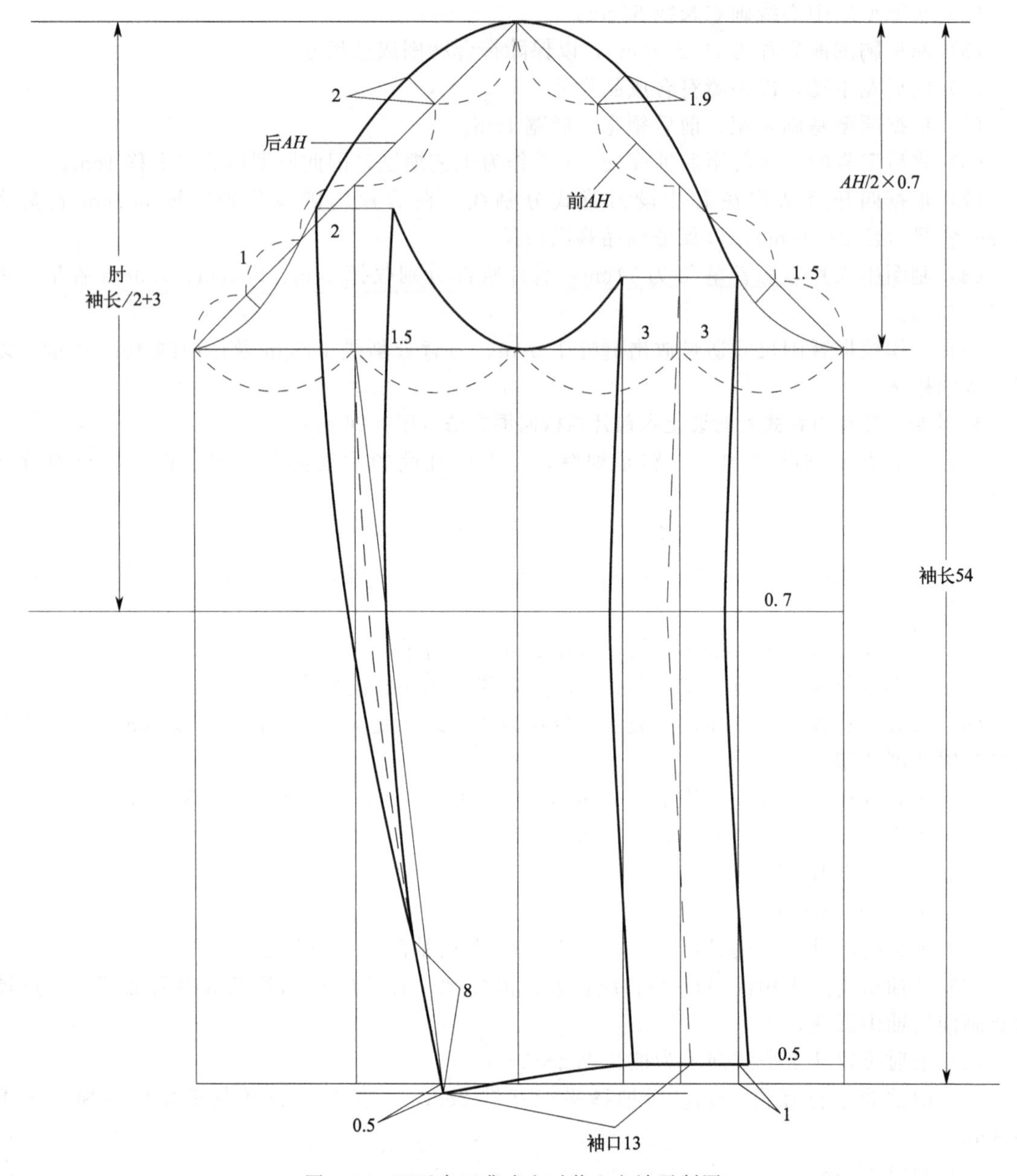

图 3-27　四开身刀背式女时装上衣袖子制图

（9）中裆线位置为横裆至裤口线的 1/2 上移 7cm，肥度同裤口。

（10）在前裤口裤中线上提 0.5cm，保障脚足面需要。

2. 裤子后片制图

（1）裤长、立裆、臀高尺寸同前片。

（2）后片臀围肥为 $H/4+1\mathrm{cm}$。

（3）后裤线位置为 $H/5-(1.5\sim2\mathrm{cm})$，从侧缝基础线向内。

（4）大裆斜线位置为裤线至后中线的 1/2 处，垂直起翘 3cm。

（5）横裆参照前片下落 1cm，大裆斜线交于落裆，此处起始画大裆宽线为 $H/10$。画大裆弧线的辅助线 2.5cm，再画大裆弧线。

（6）后片腰围肥为 $W/4+1\mathrm{cm}+4\mathrm{cm}$ 省，两个省。画侧缝弧线，侧缝处进 1cm。

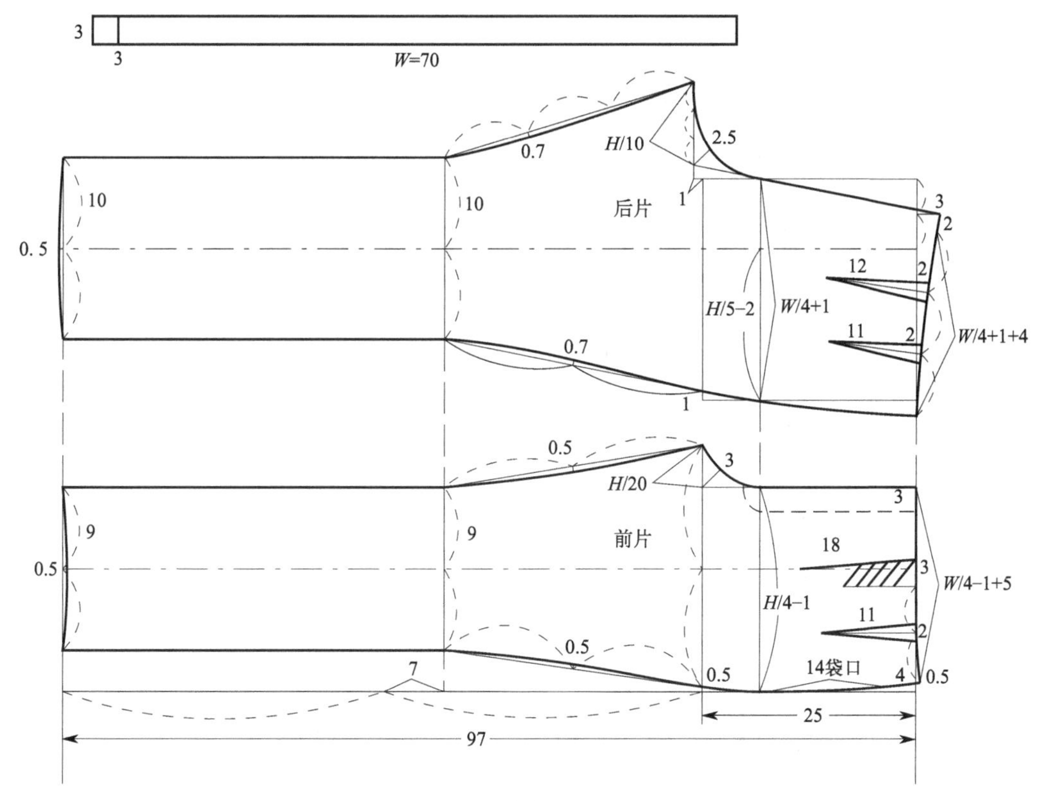

图 3-28　套装直筒女裤制图

(7) 后裤口为裤口尺寸+1cm，裤线两边平分。

(8) 中裆线位置为横裆至裤口线的 1/2 上移 7cm，肥度同裤口。

(9) 后裤口裤中线下移 0.5cm。

3. 腰头

腰头长 70cm，宽 3.5cm，搭门 3cm。

五、无袖短上衣配长倒褶裙套装纸样设计

(一) 无袖短上衣配长倒褶裙套装制板方法

无袖短上衣配长倒褶裙套装效果图如图 3-29 所示。

(二) 成品规格

成品规格上衣按国家号型 160/84A、下装按国家号型 160/70A 确定，如表 3-12、表 3-13 所示。

表 3-12　无袖短上衣成品规格　　单位：cm

部位	后衣长	胸围	腰围	总肩宽
尺寸	38	94	74	37

表 3-13　套装长倒褶裙成品规格　　单位：cm

部位	裙长	腰围	臀围	臀高	腰头宽
尺寸	70	70	94	17.5	5

1. 上衣

此款上衣为四开身无袖短上衣式女时装。可以理想化地塑造出现代女性时尚特点，在净胸

图 3-29 无袖短上衣配长倒褶裙套装效果图

围的基础上加放 10cm，腰围加放 6cm。

2. 裙子

套装采用直筒式前片设计长倒褶裙，在净臀围的基础上加放 4cm，高腰头造型。

（三）无袖短上衣制图步骤

1. 无袖短上衣制图方法（采用原型裁剪法）

首先按照号型 160/84A 型制作文化式女子新原型图，具体方法如前文化式女子新原型制

图，然后依据原型制作纸样。

2. 无袖短上衣结构制图方法（图 3-30）

（1）将原型的前后片画好，腰线置于同一水平线。

（2）从原型后中心线画衣长线 38cm。

（3）原型胸围前后片为 $B/2+6$cm，后中线制图时去掉 1cm，以保障符合胸围成品尺寸。

（4）前后宽不动，以保障符合成品尺寸。

（5）依据原型基础领宽，前后领宽各展宽 1cm。

（6）后小肩 9cm，修正后袖窿弧线。

（7）制图中衣片，总省量/2 为 11cm，后片腰部分别收掉 2cm、3.1cm、1.5cm 省量，占 60%～65%。

（8）前片领宽、领深各展开 1cm。前袖窿省参照原型省修正，省尖缩短 3cm。

（9）下摆根据侧缝收成直角。

（10）后中线设拉链。

（11）立领高 3cm，长度依据前后领口弧线长度。

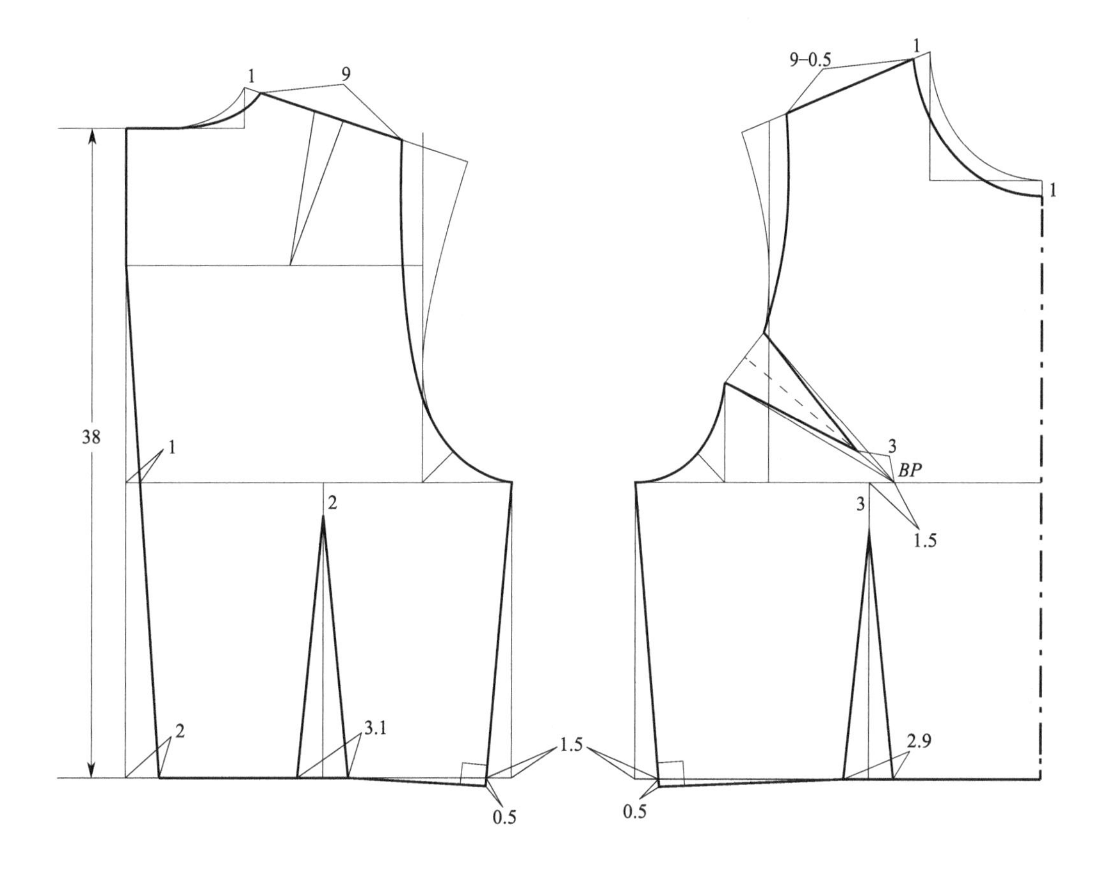

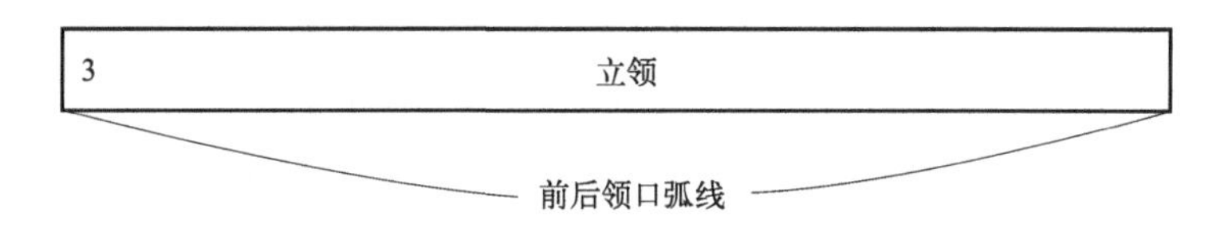

图 3-30　无袖短上衣结构制图

（四）套装长倒褶裙制图步骤（图 3-31）

1. 后片制图

（1）裙长减腰头画垂线 65cm。

（2）臀高为总体高/10＋1.5cm。

（3）后片臀围肥为 $H/4-1$cm。前片臀围肥为 $H/4+1$cm。

（4）$H/4$ 臀腰差省 6cm，侧缝收省 2cm，起翘 1cm，后片实际腰围为 $W/4-1$cm＋4cm（两个省）。前片实际腰围为 $W/4+1$cm＋4cm（两个省）。

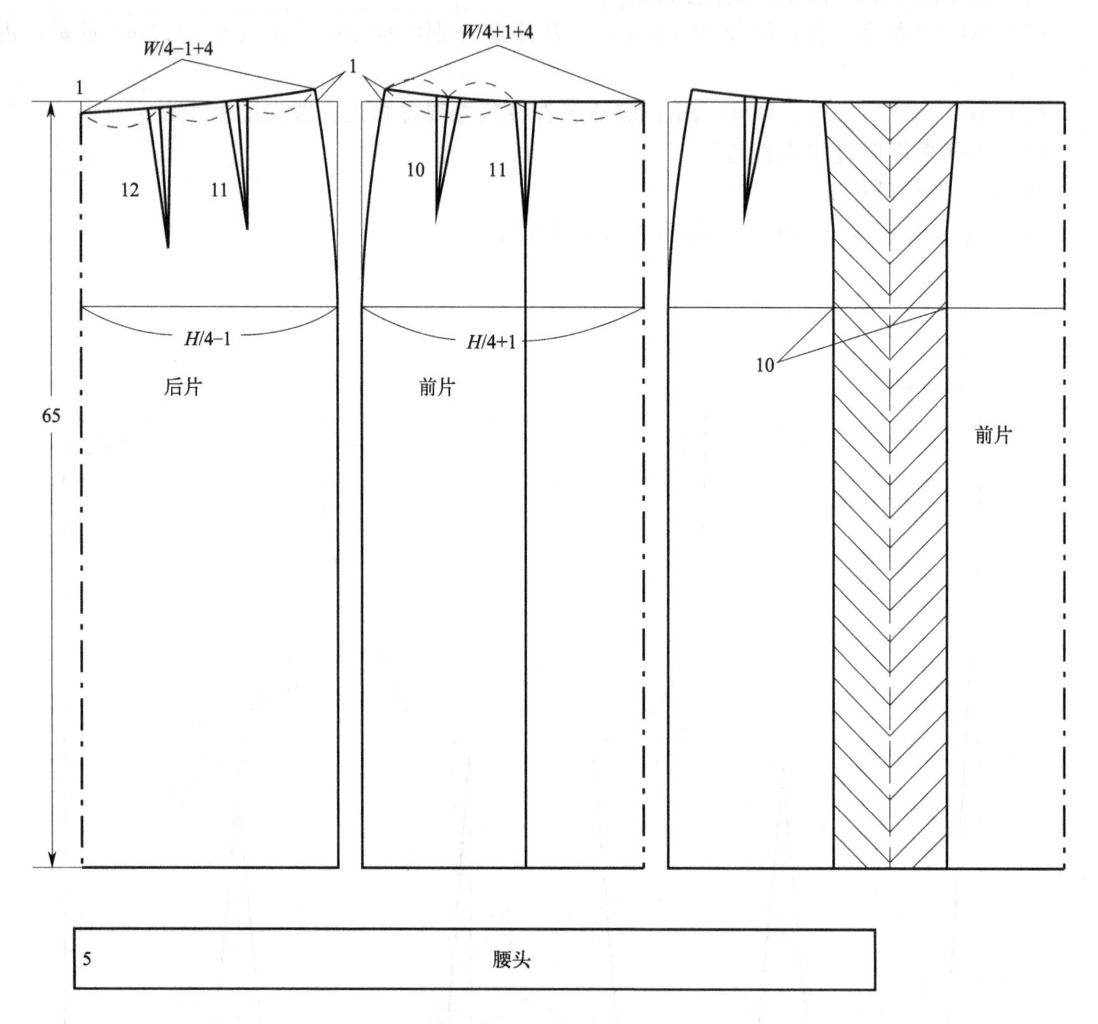

图 3-31　套装长倒褶裙制图

2. 前片制图

（1）裙长减腰头画垂线 65cm。

（2）臀高为总体高/10＋1.5cm。

（3）前片臀围肥为 $H/4+1$cm。

（4）$H/4$ 臀腰差省 6cm，侧缝收省 2cm，起翘 1cm，前片实际腰围为 $W/4+1$cm＋4cm（两个省）。

（5）将前片前中省尖垂直线剪开平行拉开 10cm 作为倒褶量。

（6）腰头宽 5cm，腰头长 70cm。

六、无袖双排两枚扣大 V 领短上衣配长旗袍裙套装纸样设计

（一）无袖双排两枚扣大 V 领短上衣配长旗袍裙套装制板方法

无袖双排两枚扣大 V 领短上衣配长旗袍裙套装效果图如图 3-32 所示。

图 3-32　无袖双排两枚扣大 V 领短上衣配长旗袍裙套装效果图

（二）成品规格

成品规格上衣按国家号型 160/84A、下装按国家号型 160/68A 确定，如表 3-14、表 3-15 所示。

表 3-14　无袖双排两枚扣大 V 领短上衣成品规格　　单位：cm

部位	后衣长	胸围	腰围	总肩宽
尺寸	50	94	74	37

表 3-15　套装长旗袍裙成品规格　　单位：cm

部位	裙长	腰围	臀围	臀高	腰头宽
尺寸	72	70	94	17.5	5

1. 上衣

此款上衣为四开身无袖双排两枚扣大 V 领短上衣女时装。可以理想化地塑造出现代女性

时尚特点，在净胸围的基础上加放 10cm，腰围加放 6cm。

2. 裙子

套装采用长旗袍裙，在净臀围的基础上加放 4cm，连腰头造型。

（三）无袖双排两枚扣大V领短上衣制图步骤

1. 无袖双排两枚扣大 V 领短上衣制图方法（采用原型裁剪法）

首先按照号型 160/84A 型制作文化式女子新原型图，具体方法如前文化式女子新原型制图，然后依据原型制作纸样。

2. 无袖双排两枚扣大 V 领短上衣结构制图方法（图 3-33）

（1）将原型的前后片画好，腰线置于同一水平线。

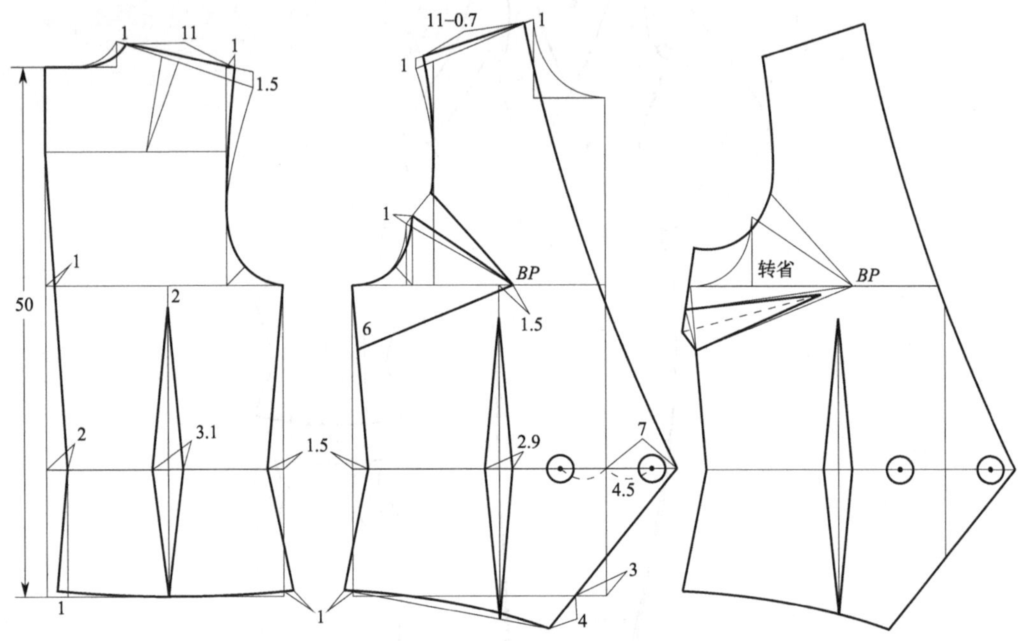

图 3-33　无袖双排两枚扣大 V 领短上衣结构制图

（2）从原型后中心线画衣长线 50cm。

（3）原型胸围前后片为 $B/2+6$cm，制图中后中线去掉 1cm，以保障符合胸围成品尺寸。

（4）前后宽不动，以保障符合成品尺寸。

（5）依据原型基础领宽，前后领宽各展宽 1cm。

（6）后片原型肩点上移 1.5cm，后小肩长为 11cm，修正后袖窿弧线。

（7）前片原型肩点上移 1cm，前小肩长为 11cm－0.7cm，原型胸凸省去掉 1cm，修正前袖窿弧线。

（8）制图中衣片，总省量的 1/2 为 11cm，后片腰部分别收掉 2cm、3.1cm、1.5cm 省量，占 60%～65%。

（9）前片搭门 7cm，两扣间距 4.5cm，前领深开至腰围线，呈 V 字形。

（10）前袖窿省转移至前侧缝下 6cm 处。

（11）前下摆斜尖从下平线延长 4cm 至侧缝成弧形线。

（四）套装长旗袍裙制图步骤（图 3-34）

1. 后片制图

（1）以裙长画垂线 72cm。

（2）臀高为总体高/10＋1.5cm，即为 17.5cm。

(3) 后片臀围肥为 $H/4-1$cm。

(4) $H/4$ 臀腰差省 6.5cm，侧缝收省 1.5cm，起翘 1cm，后片腰围收两省各为 2.5cm。

(5) 后片后中省长 12cm，侧省长 11cm。连腰头 5cm，上口略放松量共 1.25cm。

(6) 下摆收 4cm，起翘 4cm，画圆顺下摆。

2. 前片制图

(1) 以裙长画垂线 72cm。

(2) 臀高为总体高/10+1.5cm，即为 17.5cm。

(3) 前片臀围肥为 $H/4+1$cm。

(4) $H/4$ 臀腰差省 6.5cm，侧缝收省 1.5cm，起翘 1cm，前片腰围收两省各为 2.5cm。

(5) 前片前中省长 11cm，侧省长 10cm。连腰头 5cm，上口略放松量共 1.25cm。

(6) 下摆前片收 4cm，起翘 4cm，画圆顺下摆。

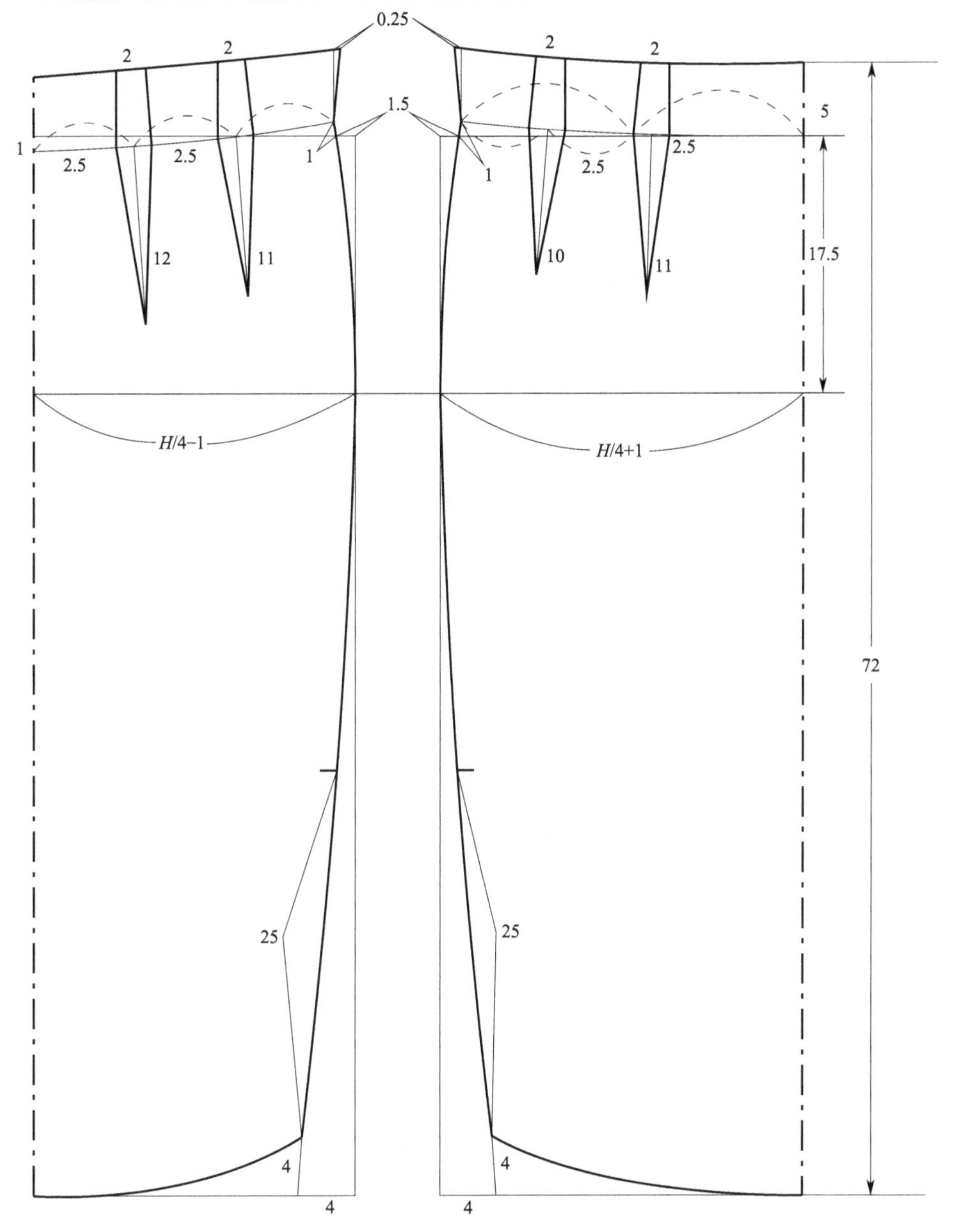

图 3-34　套装长旗袍裙制图

(7) 侧开衩 25cm 长。

第三节 各类型流行女装上衣纸样设计

流行女装形式丰富多彩，在掌握了女装基本结构制图的方法后，通过各类流行女装的款式变化，结合具体的造型特点及服装穿着的时间、地点、场合、环境的实际要求，展开纸样设计的深化练习，则能熟练依据女装原型构成的方法与规律，展开各类时装的具体应用。

一、四开身刀背式女装上衣纸样设计

(一) 帔肩领女装上衣纸样设计制板方法

帔肩（指围披在肩部的服饰，也称为“帔”或“披肩”）领女装上衣效果图如图 3-35 所示。

图 3-35 帔肩领女装上衣效果图

（二）成品规格

成品规格按国家号型 160/84A 确定，如表 3-16 所示。

表 3-16　大帔肩领女装成品规格　　单位：cm

部位	衣长	胸围	腰围	臀围	腰节	总肩宽	袖长	袖口
尺寸	51	94	74	96	38	37	54	13.5

此款是较时尚的三枚扣大帔肩领短款女流行时装。腰部设多条纵向分割线可以理想化地塑造出腰部曲线，在净胸围的基础上加放 10cm，腰围加放 6cm，臀围加放 6cm，袖子采用高袖山两片袖结构修饰出完整的造型，下身可配短裙或裤子。

（三）大帔肩领女装制图步骤

1. 大帔肩领女装制图方法（原型裁剪法）

首先按照号型 160/84A 型制文化式女子新原型图，然后依据原型制作纸样（具体方法如前文化式女子新原型制图）。

2. 大帔肩领女装前后片结构制图方法（图 3-36）

（1）将原型的前后片侧缝线分开画好，胸、腰线置于同一水平线。

（2）后衣片，从原型后中心线画衣长线 51cm。

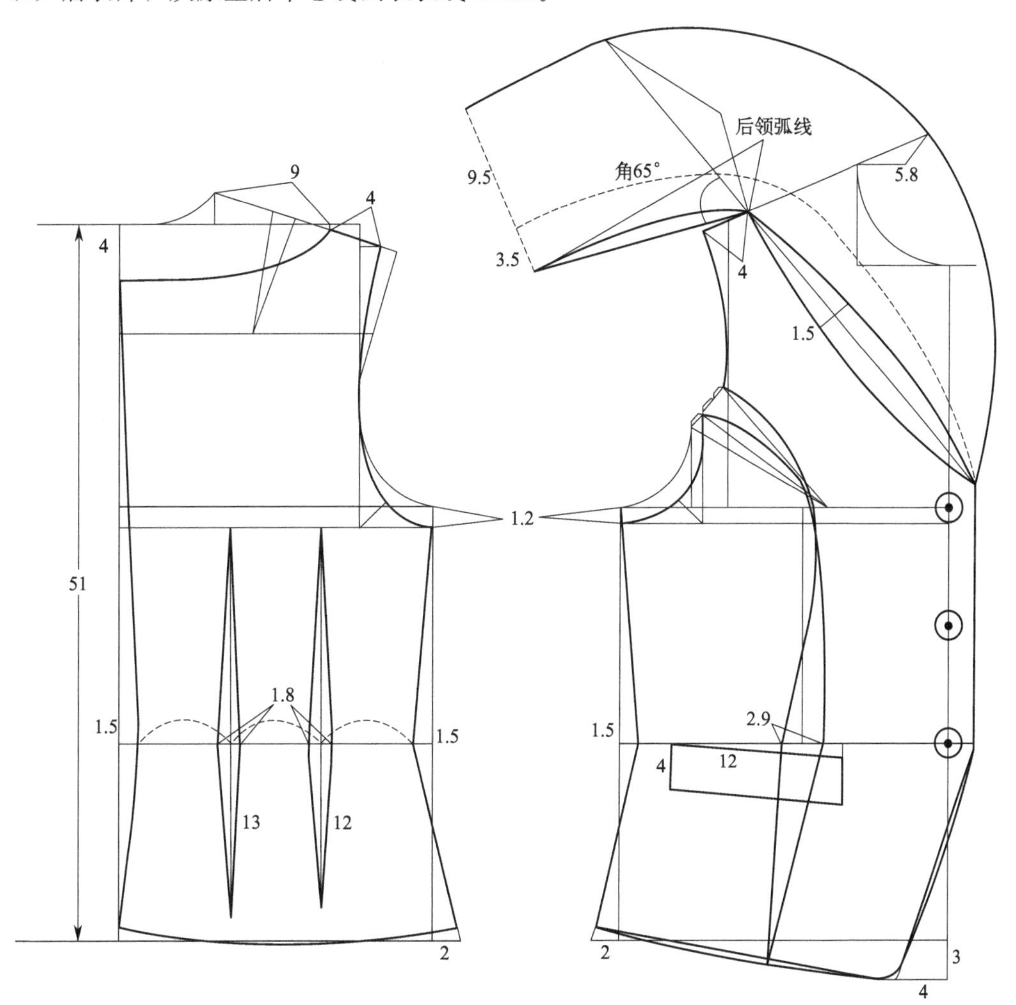

图 3-36　大帔肩领女装前后衣片制图

（3）前后领宽各展宽 9cm。

（4）制图中 1/2 前后衣片总省量为 11cm，后片腰部占 60%，四个省，分别收掉 1.5cm、1.8cm、1.8cm 和 1.5cm 省量，其余由前片收掉。

（5）下摆根据臀围尺寸适量放出侧缝和后中 1.5cm 及 2cm 摆量，以保证臀围松量。

（6）将前衣片胸凸省的 1/3 转至袖窿以保证袖窿的活动需要，剩余省量做刀背处理塑胸型。

（7）前中腰款式刀背分割线省位收省 2.9cm，侧缝收省 1.5cm。

（8）下摆放摆适量，搭门 2cm，单排尖摆三枚扣。

（9）在前领口首先按大青果领形式制图，参照原型领宽放出驳领宽 5.8cm、底领 3.5cm、翻领 9.5cm，从前颈侧延长的后领弧线倾倒 65°，以保证大帔肩领领外口弧线的长度。

3. 大帔肩领女装袖子制图方法（图 3-37）

（1）袖长 54cm。

（2）袖山高的计算采用 5/6 的前后袖窿平均深度。

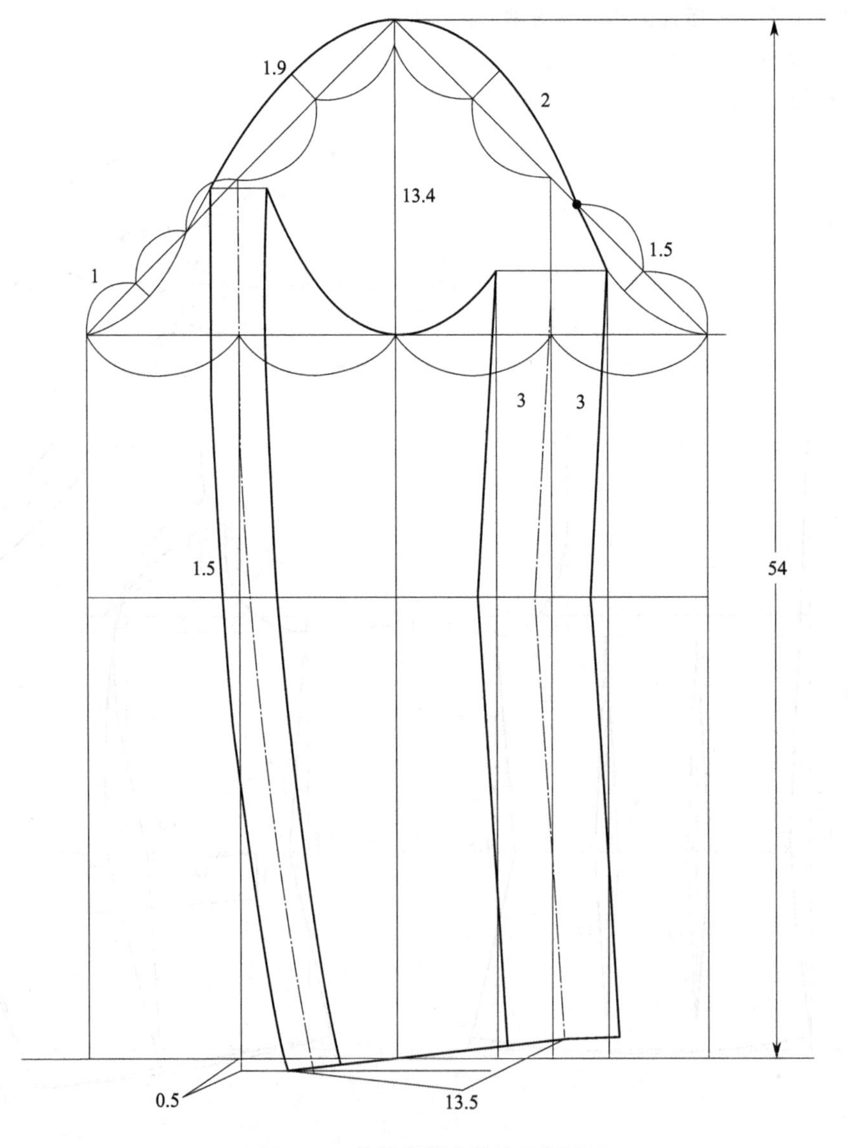

图 3-37　大帔肩领女装袖子制图

（3）从袖山高点采用前 AH 画斜线长取得前袖肥，后 AH 画斜线长取得后袖肥。通过辅助点画前后袖山弧线。

（4）袖肘从上平线向下为 1/2 袖长＋3cm。

（5）前袖缝平行互借 3cm，后袖缝平行互借 1.5cm。

（6）袖口 13cm。

二、短夹克式女装上衣纸样设计

（一）短夹克式女装上衣纸样设计制板方法

短夹克式女装上衣效果图如图 3-38 所示。

图 3-38　短夹克式女装上衣效果图

（二）成品规格

成品规格按国家号型 160/84A 确定，如表 3-17 所示。

表 3-17　短夹克式女装上衣成品规格　　单位：cm

部位	衣长	胸围	下摆围	总肩宽	袖长	袖口
尺寸	45	94	88	38	52	14

此款为流行的短款女夹克。前身有较宽的翻驳领，前中止口设有拉链，胸上采用抽褶方法塑胸，下摆采用罗纹口收紧下摆。在净胸围的基础上加放 10cm，袖子采用高袖山一片袖结构的造型，整体简洁，时尚性较强，下身可配短裤装。

（三）短夹克式女装上衣制图步骤

1. 短夹克式女装上衣制图方法（原型裁剪法）

首先按照号型 160/84A 型制文化式女子新原型图，然后依据原型制作纸样（具体方法如前文化式女子新原型制图）。

2. 短夹克式女装上衣前后片结构制图方法（图 3-39）

（1）将原型的前后片侧缝线分开画好，胸、腰线置于同一水平线。

（2）后衣片，从原型后中心线画衣长线 45cm。

（3）原型前后领宽各展宽 1.5cm。

（4）后小肩肩胛省忽略，只保留 0.7cm 省量，冲肩 1.5cm 确定后肩点。

（5）前后胸围线下移 1cm 左右，加深袖窿。

（6）前后片下摆采用罗纹口收紧，下摆宽 7cm。

（7）将前衣片胸凸省的 1/2 转至袖窿以保证袖窿的活动需要，剩余省量转移至上部分割线缩褶处理塑胸。

（8）前小肩为后小肩尺寸减 0.7cm 省量。

（9）前片设较宽的翻驳领，宽度 10.5cm。

（10）无搭门，翻驳领下止口处设拉链。

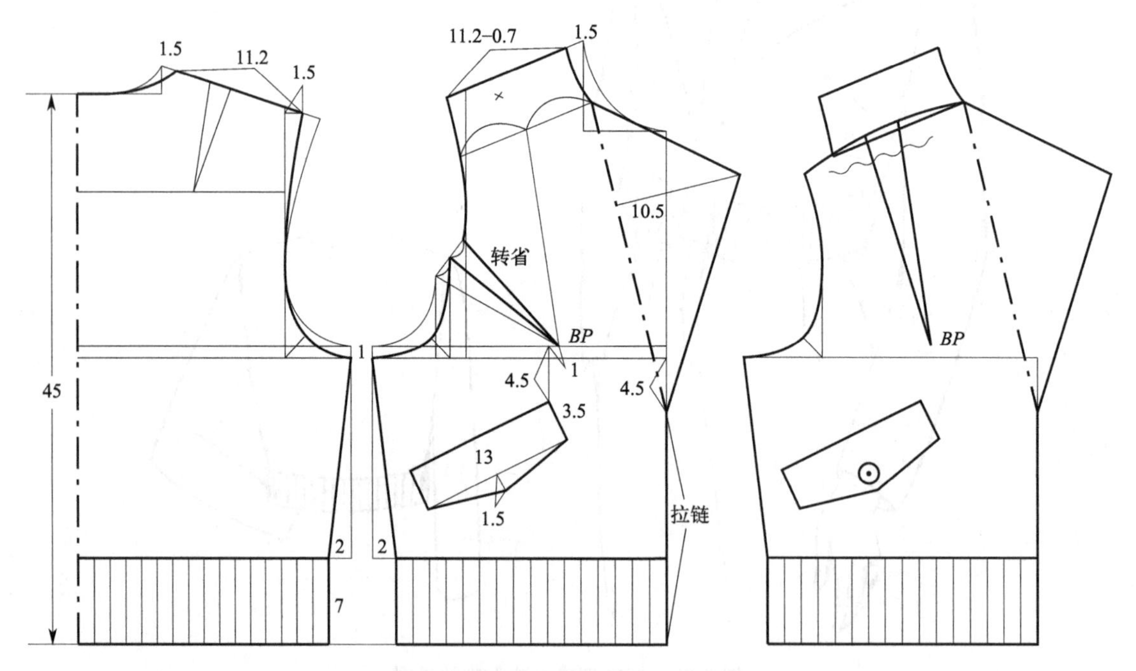

图 3-39　短夹克式女装上衣前后片结构制图

3. 短夹克式女装上衣袖子制图方法（图 3-40）

（1）袖长 52cm。

（2）袖山高的计算采用 $AH/2\times0.6$，袖山高所对应角为 37°。

（3）从袖山高点采用前 $AH/2$ 画斜线长取得前、后袖肥，通过辅助点画前后袖山弧线。

（4）收半袖口至 14cm。

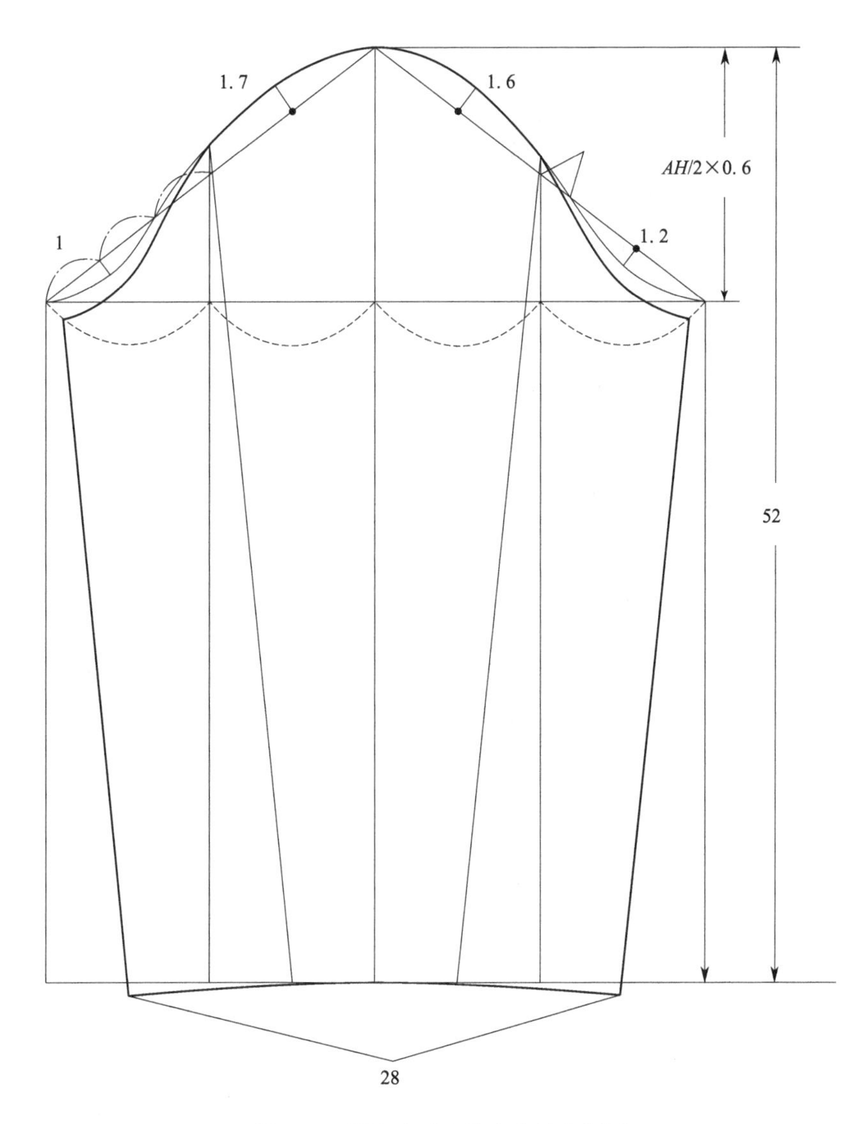

图 3-40　短夹克式女装上衣袖子制图

三、帔风袖式休闲女装上衣纸样设计

（一）帔风袖式休闲女装上衣制板方法

帔风（或称“帔”，通常为大领、宽袖，为对襟长袍形式，类似于现代披风或斗篷）袖式休闲女装上衣效果图如图 3-41 所示。

（二）成品规格

成品规格按国家号型 160/84A 确定，如表 3-18 所示。

表 3-18　帔风袖式休闲女装上衣成品规格　　单位：cm

部位	衣长	胸围	腰围	臀围	腰节	总肩宽	袖长
尺寸	62	94	74	96	38	38	54

此款为帔风袖式流行女装。里衣身为马甲形式，在公主线加出袖式帔风。腰部设省塑造出腰部曲线，在净胸围的基础上加放 10～12cm，腰围加放 6～8cm，臀围加放 8cm，后中片腰部设有装饰腰襻，下身配裙装或裤装。

图 3-41　帔风袖式休闲女装上衣效果图

（三）帔风袖式休闲女装上衣制图步骤

1. 制图方法（原型裁剪法）

首先按照号型 160/84A 型制文化式女子新原型图，然后依据原型制作纸样（具体方法如前文化式女子新原型制图）。

2. 帔风袖式休闲女装上衣前后片结构制图方法（图 3-42、图 3-43）

（1）将原型的前后片侧缝线分开画好，胸、腰线置于同一水平线。

（2）后衣片，从原型后中心线画衣长线 62cm。

（3）原型前后领宽各展宽 2cm。

（4）搭门宽 7cm，双排八枚扣。

（5）制图中 1/2 前后衣片总省量为 11cm，后片腰部占 60%，四个省，分别收掉 1.5cm、2cm、3.1cm、1.5cm 省量，其余由前片收掉。

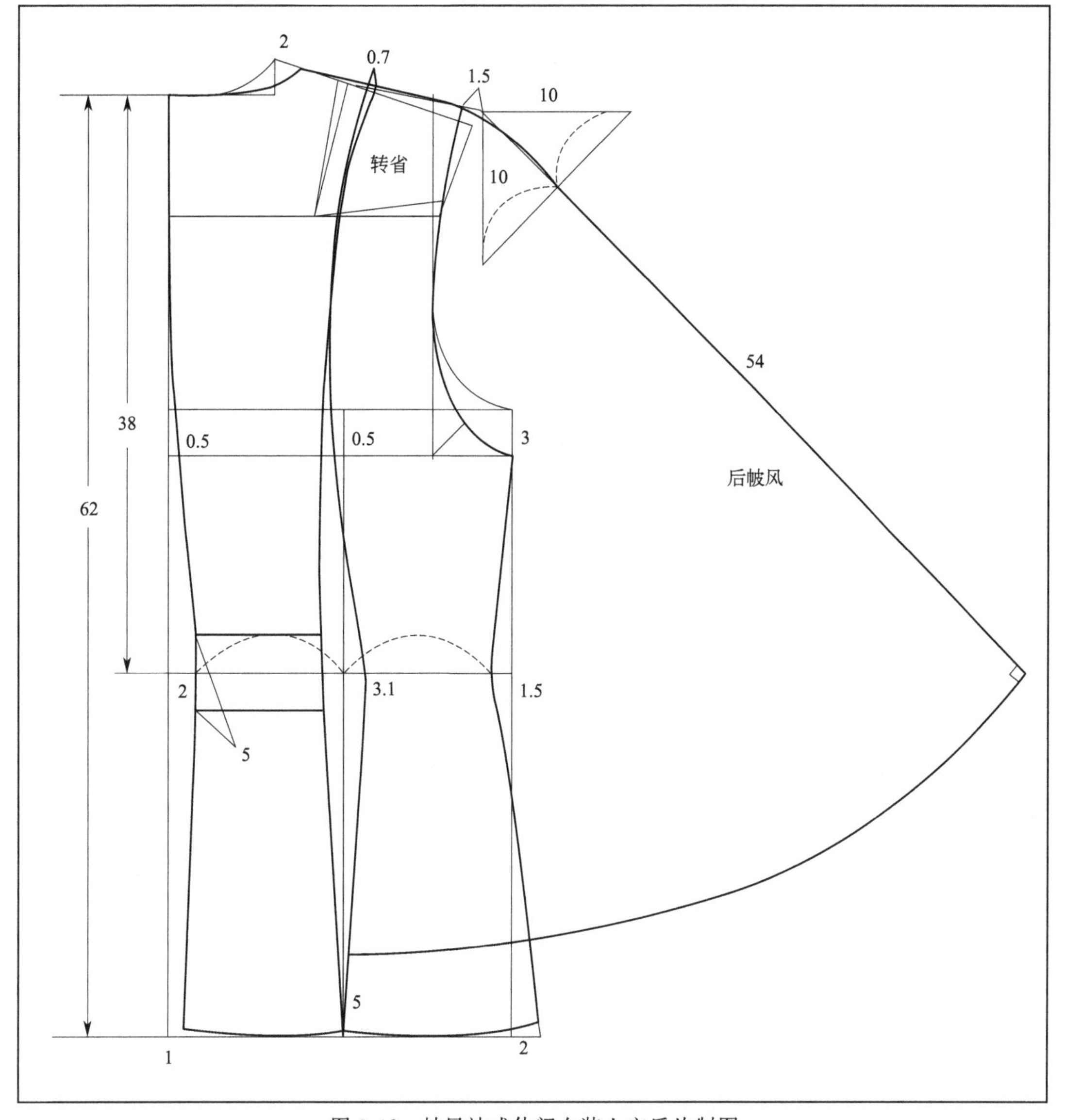

图 3-42　帔风袖式休闲女装上衣后片制图

（6）后片原型肩胛省保留 0.7cm 放至后公主线，其余转移至后袖窿由垫肩处理，垫肩厚度 1cm。

（7）下摆根据臀围尺寸适量放出侧缝和后中 1cm 及 2cm 摆量，以保证臀围松量。

（8）将前衣片胸凸省的 1/3 或 1/2 转至袖窿以保证袖窿的活动需要，剩余省量转移至公主线处理塑胸型。

（9）前中腰款式刀背分割线省位收省 2.9cm，侧缝收省 1.5cm。

（10）下摆放摆适量，搭门 7cm，双排直摆八枚扣。后中设 5cm 宽装饰腰带。

3. 帔风袖式休闲女装上衣袖子、领子制图方法（图 3-42～图 3-44）

（1）袖长 54cm。

（2）在前衣片肩点画等腰 10cm 的直角三角形，在斜边的 1/2 处下降 1cm，参照此点画袖长中线并作垂线至前公主线下摆上 5cm 作出前帔风袖。

（3）在后衣片肩点画等腰 10cm 的直角三角形，在斜边的 1/2 处参照此点画袖长中线并作垂线至后公主线下摆上 5cm 作出后帔风袖。

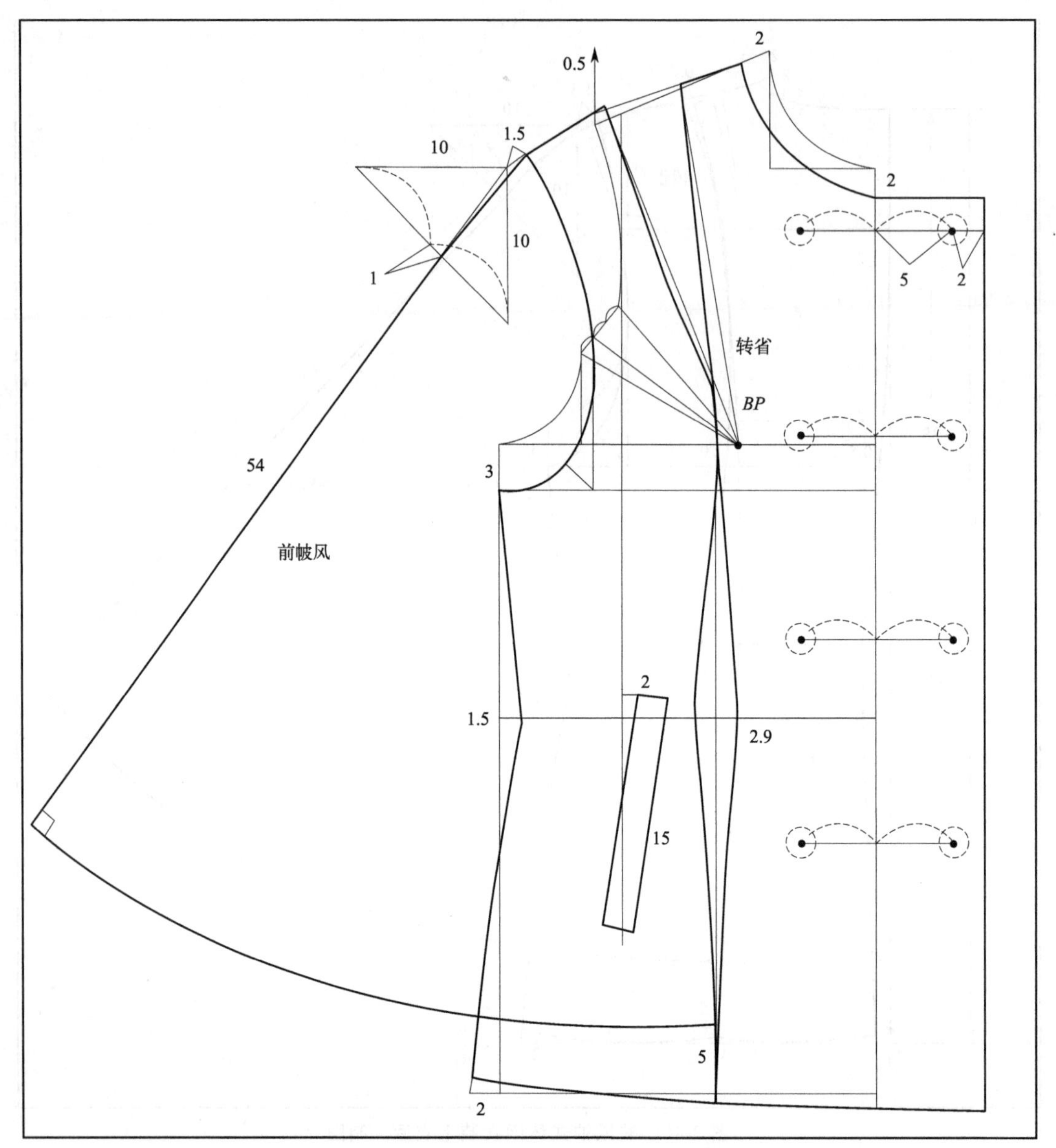

图 3-43 帔风袖式休闲女装上衣前片制图

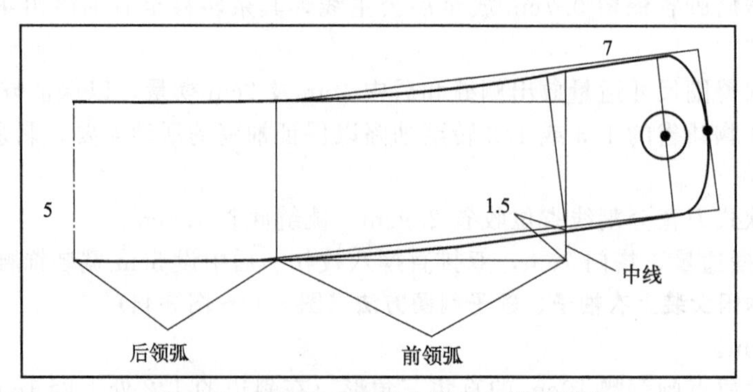

图 3-44 帔风袖式休闲女装上衣领子制图

（4）前后帔风袖缝至公主线处。

（5）立领宽 5cm，前中起翘 1.5cm。

第四节 各类型男装上衣纸样设计

相对于女装，男装款式变化要小得多，在掌握了男装基本结构制图的方法后，结合具体的造型特点及服装穿着的时间、地点、场合、环境的实际要求，进行各类男装的款式设计，便能按照男装构成形式，展开纸样设计的深化练习；同时，更能充分了解男女装结构构成的不同方法与规律。

男西服的结构要求有较高的规范性，因此制板中应注意形体的塑造，尤其是男性人体前胸和肩背部的立体状态及胸、腰、臀三围的比例关系。应创造出男性理想的倒梯形造型特点，同时在制图时注意胸高、胸腰差、臀腰差的处理，结构设计要为后续缝制、熨烫工艺创造出良好条件。

一、单排三枚扣平驳领男西服纸样设计

（一）单排三枚扣平驳领男西服制板方法

单排三枚扣平驳领男西服效果图如图 3-45 所示。

图 3-45 单排三枚扣平驳领男西服效果图

（二）成品规格

成品规格按国家号型170/88A确定，如表3-19所示。

表3-19 单排三枚扣平驳领男西服成品规格 单位：cm

部位	衣长	胸围	腰围	臀围	腰节	总肩宽	袖长	袖口	领大(衬衫)
尺寸	76	106	92	100	44	44.5	58.5	15	40

此款为单排扣平驳领男西服。可以理想化地塑造出男性人体体型特征，在净胸围的基础上加放18cm，腰围加放16cm，臀围加放10cm。与标准衬衫配合穿着，为取得较好的西服领大，在成品规格中设计了与之配套的标准衬衫领大40cm（颈根围加放2cm）。

如果要得到较修身的造型，胸围松量可加放12～14cm，主要应保证肩宽不能太窄，不然会有中性化造型特点。

（三）单排三枚扣平驳领男西服制图步骤

1. 单排三枚扣平驳领男西服基础结构制图方法（图3-46）

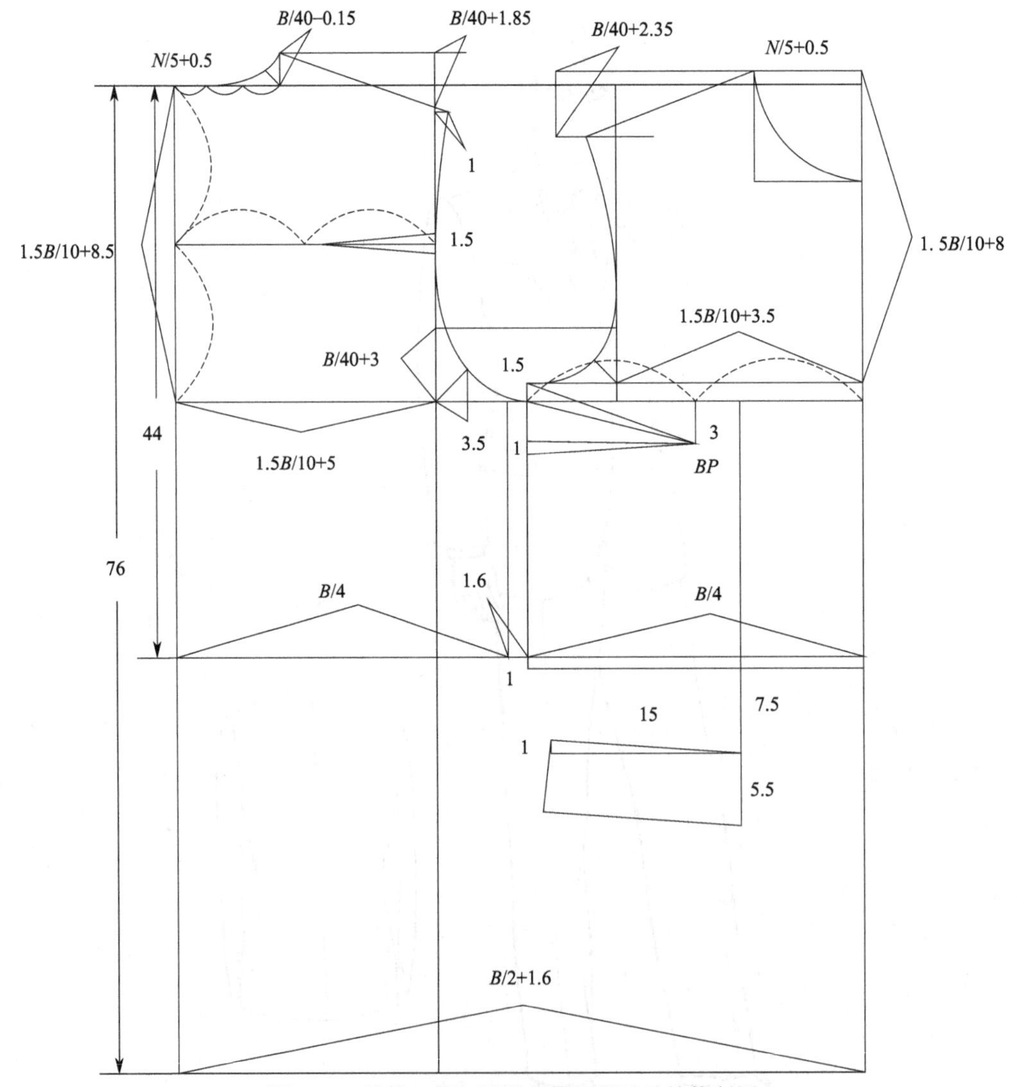

图3-46 单排三枚扣平驳领男西服基础结构制图

（1）纵向画后衣长76cm，横向$B/2+1.6$cm画矩形。

（2）纵向后袖窿深为 $1.5B/10+8.5$cm，以此确定画横向胸围线。

（3）后腰节长，从上平线向下的长度，尺寸计算公式为衣长/2+6cm。

（4）后背宽，其尺寸计算公式为 $1.5B/10+5$cm。

（5）前胸宽，其尺寸计算公式为 $1.5B/10+3.5$cm。

（6）从胸围线垂直向上 1.5cm，画前袖窿深 $1.5B/10+8$cm，以此画横向上平线。

（7）后领宽线，其尺寸计算公式为基本领围（衬衫领大）$N/5+0.5$cm。

（8）画后领深线，其尺寸计算公式为 $B/40-0.15$cm。

（9）画后落肩线，其尺寸计算公式为 $B/40+1.85$cm，冲肩 1cm 画后小肩线。

（10）画后袖窿与前袖窿弧的辅助线，尺寸计算公式为 $B/40+3$cm。画后袖窿弧线，背宽横线设肩胛省 1.5cm。

（11）前领宽线，其尺寸计算公式为基本领围（衬衫领大）$N/5+0.5$cm。

（12）前落肩线，其尺寸计算公式为 $B/40+2.35$cm，前小肩线长同后小肩线。

（13）前侧缝设胸凸省共 2.5cm，胸围线以上 1.5cm，胸下侧缝 3cm 处设 1cm 省量。

（14）前口袋位为前胸宽的 1/2，腰节线下 7.5cm，袋长 15cm，袋宽 5.5cm。

2. 单排三枚扣平驳领男西服衣片结构制图方法（图 3-47）

（1）将后袖窿肩胛省转移至小肩 0.7cm，袖隆处保留 1cm 省，肩线上提 1cm，重新修正肩线，最终后落肩线。其尺寸计算公式为 $B/40+1.35$cm（包括垫肩量 1.5cm 左右），修正后袖窿弧线。

（2）将前片胸围线以上 1.5cm 的胸凸省的 0.5cm 放至前袖窿处作为松量，剩余 1cm 省作撇胸，即转移至前中线。

（3）前肩点上提 1cm，重新修正前肩线长要参照后小肩线长实际长减 0.7cm，最终前落肩线。其尺寸计算公式为 $B/40+1.35$cm（包括垫肩量 1.5cm 左右），修正前袖窿弧线。

（4）依据 1∶2 的比例制图的胸腰差量 9.6cm 分配省量，后中腰收 2.5cm。背宽延长线腰部收 4.5cm，腋下片腰部收 2cm，前中腰收 0.6cm。

（5）将侧缝的省转移至前中腰省位，与前中腰 0.6cm 合并为 1.6cm。

（6）通过以上转省方法在袋口处打开 0.5cm 省，前省量 1.5cm，修正转省后的前腋下片分割线。

（7）搭门宽 2cm，设三枚扣，依据辅助线画圆摆。

（8）画驳领，设上驳口线起始点计算方法为 2/3 底领宽，即从颈侧点自然延长 1.7cm，下驳口位为第一扣位。前衣片领深 4cm，设串口线，并且设驳口宽 8cm，将驳领止口线画圆顺。

（9）画领子，前衣片领深线顺延其长为后领口弧线长，将此线倒伏 20°后画后领宽线 6cm。其底领 2.5cm，翻领 3.5cm，设驳领宽 4cm，领尖 3.5cm，然后画顺领外口弧线，同时修正领下口弧线。

（10）距离前宽垂线 2.5cm 参照胸围线画船头形手巾袋，袋宽 2.5cm，长 10cm，起翘 1.5cm，交于胸围线。依据驳领设插花眼，2.5cm 长。

3. 单排三枚扣平驳领男西服袖子基础结构制图方法（图 3-48）

（1）按袖长尺寸，画上下平行线。

（2）袖肘长度计算公式为袖长/2+5cm，画袖肘线。

（3）袖山高尺寸计算公式为 $AH/2\times0.7$ 或参照前后袖窿平均深度的 5/6（即前肩端点至胸围线的垂线长加后肩端点至胸围线的垂线长的 $1/2\times5/6$）。两种公式所形成的袖山高与袖窿圆高哪个越接近，越符合结构设计的合理性。

（4）以 $AH/2$ 从袖山高点画斜线交于袖肥基础线来确定实际袖肥量。此线与袖肥线形成的夹角约为 45°。

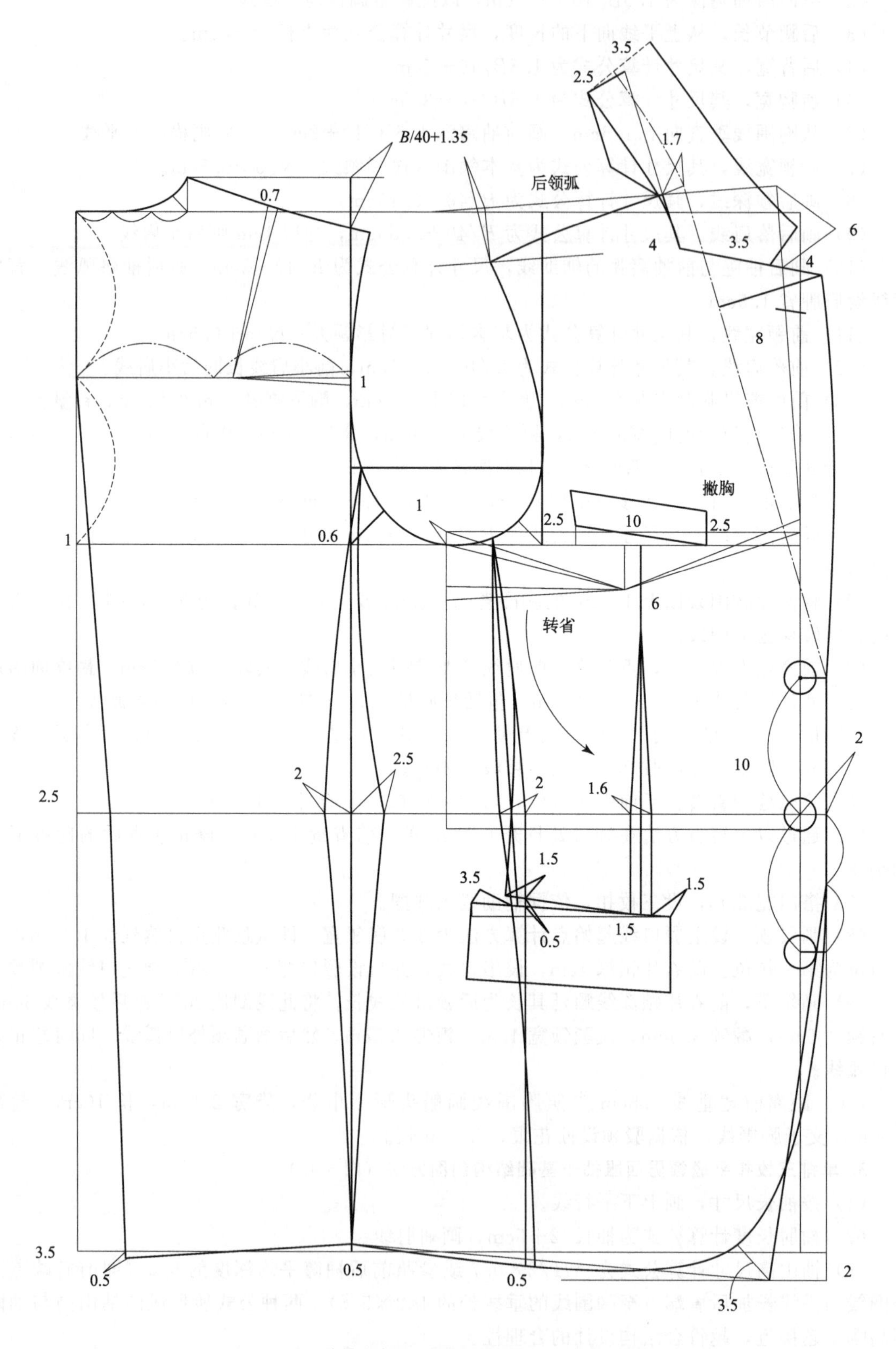

图 3-47　单排三枚扣平驳领男西服衣片结构制图

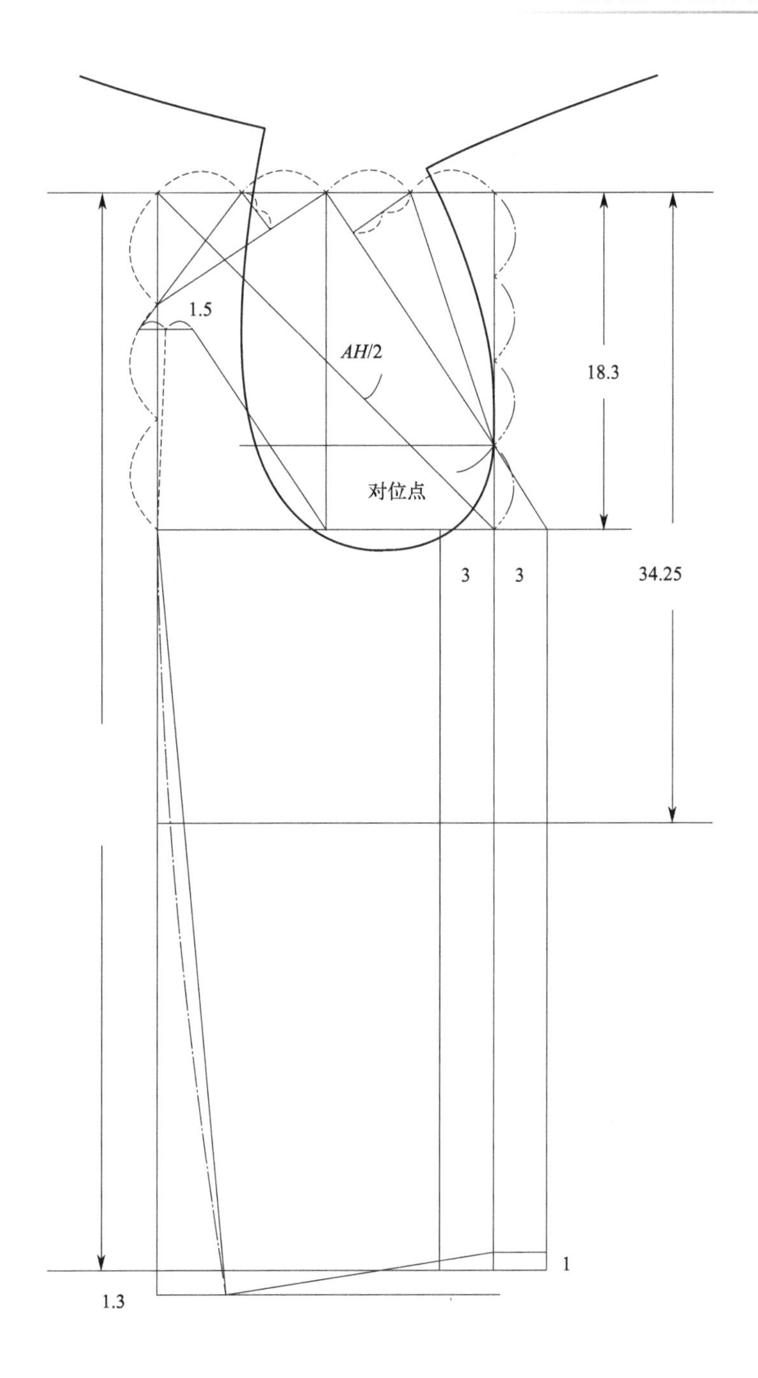

图 3-48　单排三枚扣平驳领男西服袖子基础结构线

(5) 画大袖前缝线（辅助线），由前袖肥前移 3cm。

(6) 画小袖前缝线，由前袖肥后移 3cm。

(7) 将前袖山高分 4 等份作为辅助点。

(8) 在上平线上将袖肥分 4 等份作为辅助点。

(9) 将后袖山高分 3 等份作为辅助点。

(10) 在后袖山高 2/3 处点平行向里进大小袖互借 1.5cm，画小袖弧辅助线。

(11) 从下平线下移 1.3cm 处画平行线。

(12) 在大袖前缝线上提 1cm，前袖肥中线上提 1cm，两点相连，再从中线点画袖口长

15cm 线交于下平线。

（13）连接后袖肥点与袖口后端点。

4. 单排三枚扣平驳领男西服袖子结构完成线（图 3-49）

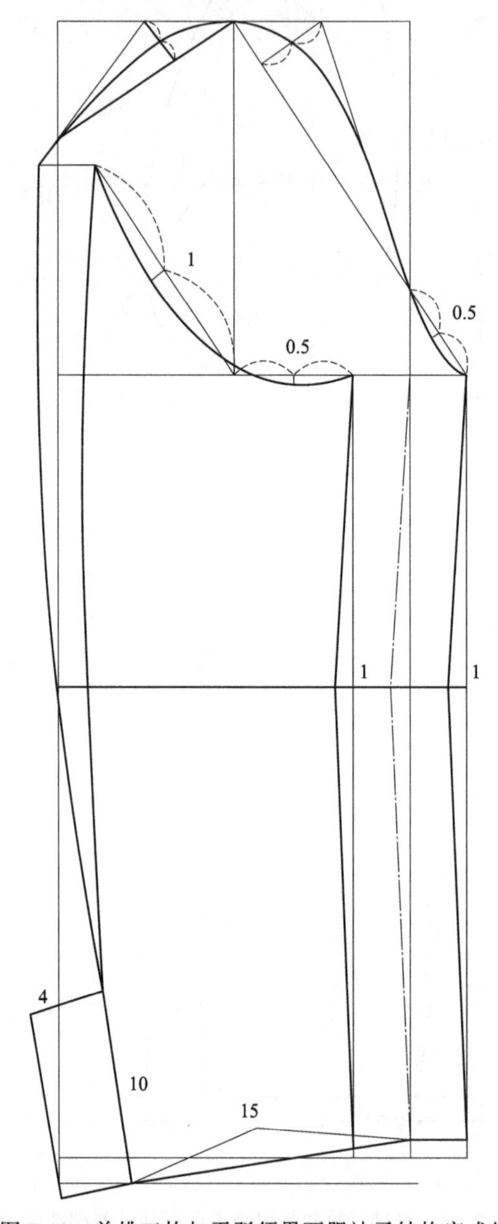

图 3-49 单排三枚扣平驳领男西服袖子结构完成线

（1）按辅助线画前袖山弧线。前袖山高 4 等份的下 1/4 辅助点为绱袖对位点。

（2）按辅助线画后袖山弧线。上平线袖山高中点前移 0.5～1cm 为绱袖时与肩点的对位点。

（3）前袖肘处进 1cm，画大袖前袖缝弧线。

（4）按辅助线画后袖缝弧线，袖开衩长 10cm，宽 4cm。

（5）前袖肘处进 1cm，画小袖前袖缝弧线。

（6）按辅助线将小袖山弧线画顺。

（7）袖开衩长 10cm，宽 4cm。

二、双排扣戗驳领男西服纸样设计

（一）双排扣戗驳领男西服制板方法

双排扣戗驳领男西服效果图如图 3-50 所示。

图 3-50　双排扣戗驳领男西服效果图

（二）成品规格

成品规格按国家号型 170/88A 确定，如表 3-20 所示。

表 3-20　双排扣戗驳领男西服成品规格　　单位：cm

部位	衣长	胸围	腰围	臀围	腰节	总肩宽	袖长	袖口	领大(衬衫)
尺寸	76	108	94	100	44	45.5	58.5	15	40

此款为双排扣戗驳领男西服。可以理想化地塑造出男性人体 T 形体型特征，在净胸围的基础上加放 18～20cm，腰围加放 16cm，臀围加放 10cm。与标准衬衫配合穿着，为取得较好的西服领大，在成品规格中设计了标准衬衫领大 40cm（颈根围加放 2cm）。

（三）制图步骤

双排扣戗驳领男西服制图如图 3-51 所示。

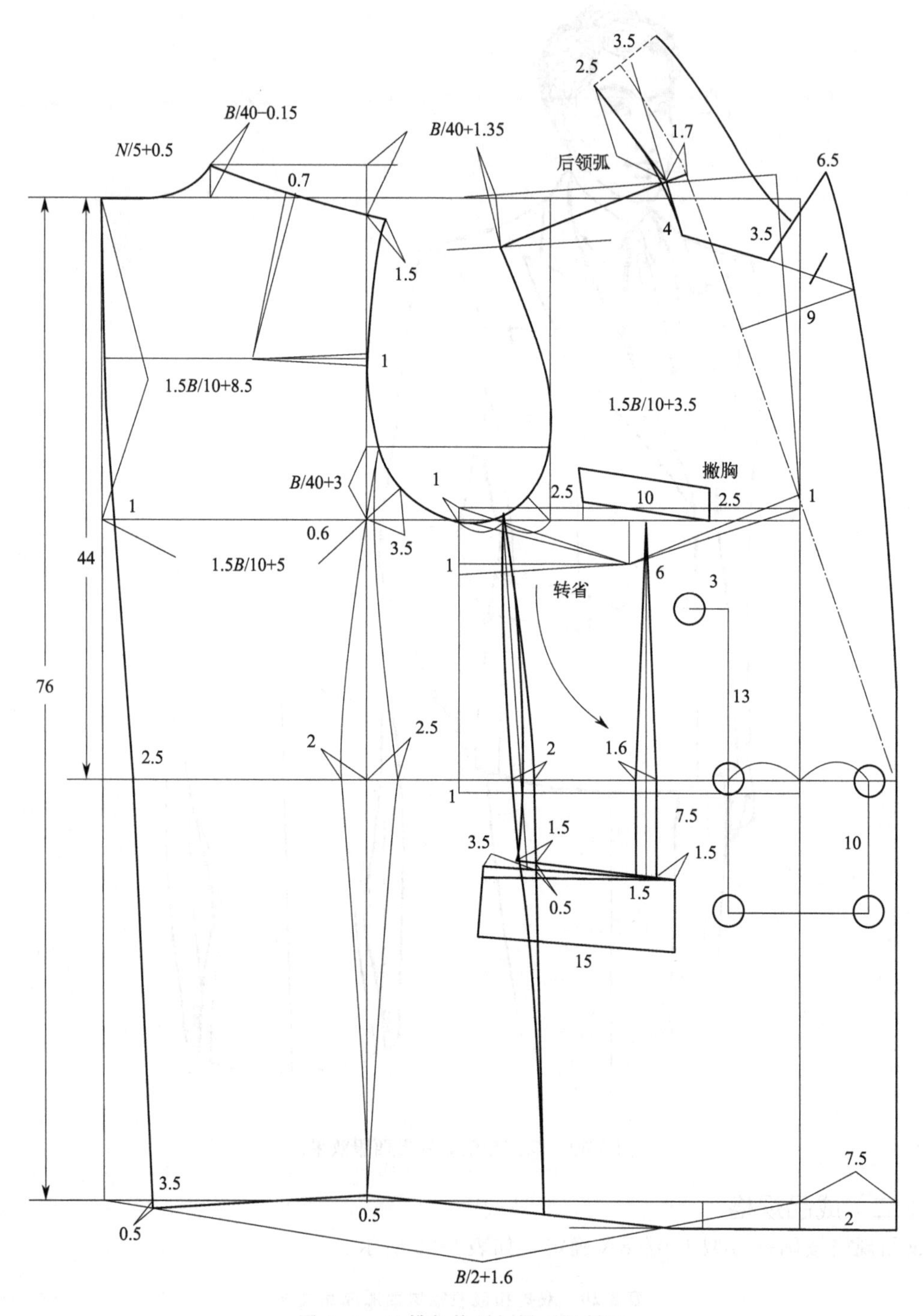

图 3-51　双排扣戗驳领男西服制图

双排扣戗驳领男西服基础结构与前面单排三枚扣平驳领男西服基本相同，可参照。

（1）纵向画后衣长 76cm，横向 $B/2+1.6$cm 画矩形。

（2）后袖窿深为 $1.5B/10+8.5$cm，画横向胸围线。

（3）后腰节长，从上平线向下的长度，尺寸计算公式为衣长/2+6cm。

（4）后背宽，其尺寸计算公式为 $1.5B/10+5$cm。

（5）前胸宽，其尺寸计算公式为 $1.5B/10+3.5$cm。

（6）前袖窿深为 $1.5B/10+8$cm，画横向胸围线。

（7）后领宽线，其尺寸计算公式为基本领围（衬衫领大）$N/5+0.5$cm。

（8）画后领深线，其尺寸计算公式为 $B/40-0.15$cm。

（9）画后落肩线，其尺寸计算公式为 $B/40+1.35$cm，冲肩 1cm 画后小肩线，肩省 0.7cm（包括垫肩量 1.5cm 左右）。

（10）画后袖窿与前袖窿弧的辅助线，尺寸计算公式为 $B/40+3$cm。画后袖窿弧线，背宽横线设肩胛省 1cm。

（11）前领宽线，其尺寸计算公式为基本领围（衬衫领大）$N/5+0.5$cm。

（12）前落肩线，其尺寸计算公式为 $B/40+1.35$cm，前小肩线长为后小肩线长减 0.7cm（包括垫肩量 1.5cm 左右）。

（13）前侧缝设胸凸省共 2.5cm，胸围线以上设 1.5cm 省，侧缝胸下 3cm 处有 1cm 省。将前片胸围线以上 1.5cm 的胸凸省的 0.5cm 放至前袖窿处作为松量，剩余 1cm 省作撇胸，即将省转移至前中线，前中线倾倒后上平线抬起 2cm，前领宽展宽。在前胸围中线抬起 2cm 呈垂线，上平线同时抬起 2cm 并作垂线。

（14）前口袋位为前胸宽的 1/2，腰节线下 7.5cm，袋长 15cm，袋宽 5.5cm。

（15）依据 1∶2 的比例制图的胸腰差量 9.6cm 分配省量，后中腰收 2.5cm，背宽延长线腰部收 4.5cm，腋下片腰部收 2cm，前中腰收 0.6cm。

（16）将侧缝的省转移至前中腰省位，与前中腰 0.6cm 合并为 1.6cm。

（17）通过以上转省方法在袋口处打开 0.5cm 省，前省量 1.5cm，修正转省后的前腋下片分割线。

（18）搭门宽 7.5cm，设四枚扣。

（19）画驳领，设上驳口线起始点计算方法为 2/3 底领宽，即 1.7cm 为颈侧点延长的量，下驳口位为第一扣位。前衣片领深 4cm，设串口线，并且设驳口宽 9cm，画戗驳领尖长 6.5cm，画顺戗驳领止口弧线。

（20）画领子，前衣片颈侧点顺延向上。其长为后领口弧线长，将此线倒伏 20°后，画后领宽线 6cm，其底领 2.5cm，翻领 3.5cm，设驳领宽 4cm，领尖 3.5cm，然后画顺领外口弧线，同时修正领下口弧线。

（21）距离前宽垂线横行 2.5cm，参照胸围线画船头形手巾袋，高 2.5cm，长 10cm，起翘 1.5cm，交于胸围线。

（22）依据驳领设插花眼，2.5cm 长。

三、单排一枚扣平驳领男西服纸样设计

（一）单排一粒扣戗驳领男西服制板方法

单排一粒扣戗驳领男西服效果图如图 3-52 所示。

（二）成品规格

成品规格按国家号型 175/92A 确定，如表 3-21 所示。

图 3-52 单排一粒扣戗驳领男西服效果图

表 3-21 单排一粒扣戗驳领男西服成品规格 单位：cm

部位	衣长	胸围	腰围	臀围	后腰节	总肩宽	袖长	袖口	领大(衬衫)
尺寸	78	108	96	107	45	47	65	15	42.5

此款为男西服，理想化地塑造出V字倒梯形立体感较强的西服造型男性人体体型特征，强调后背宽厚度。因此，相比同一胸围的西服，此款总肩宽较宽，前宽则相应较窄，在净胸围92cm的基础上加放16cm，净腰围82cm加放14cm，净臀围94cm加放13cm。成品胸腰差小，适应于A型至C型体，有较大的穿着范围。与标准衬衫配合穿着时，为取得较好的西服领形，在成品规格中设计了标准衬衫领大42.5cm。

（三）单排一粒扣戗驳领男西服制图步骤

单排一粒扣戗驳领男西服结构制图方法如图 3-53 所示。

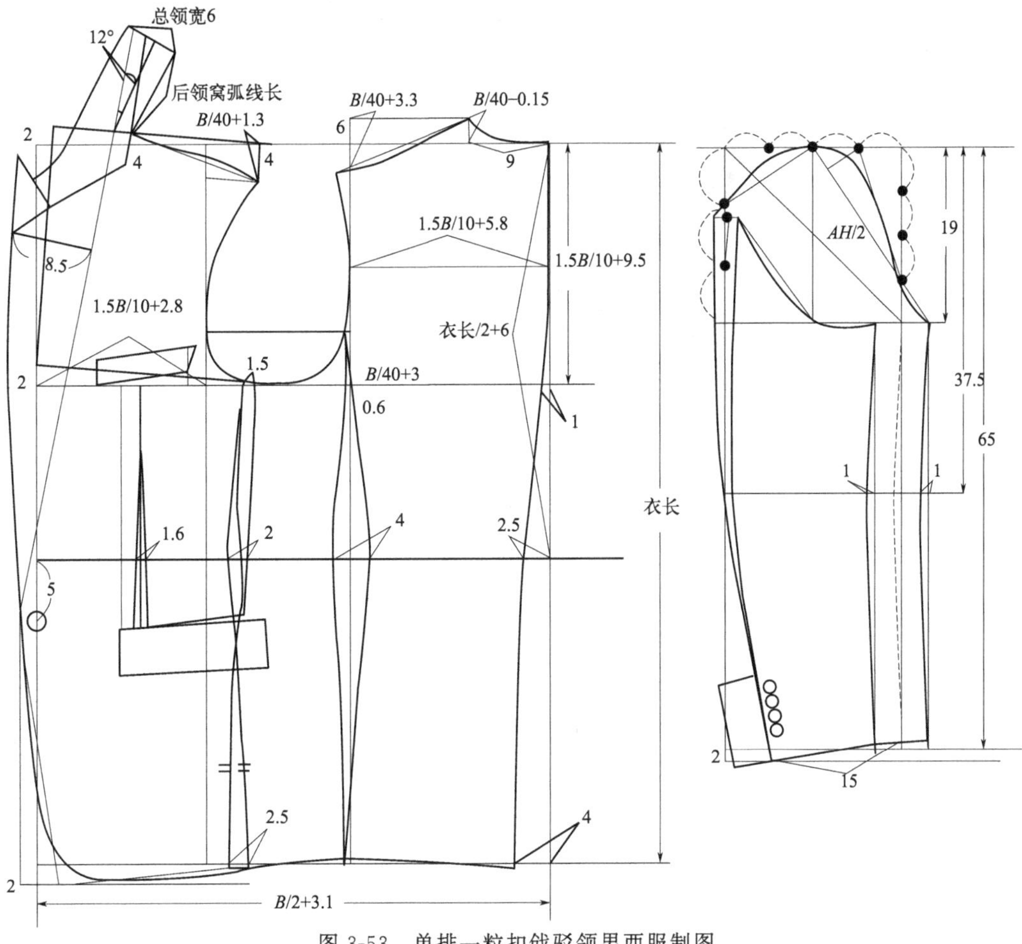

图 3-53　单排一粒扣戗驳领男西服制图

（1）后衣长 78cm。

（2）胸围为 $B/2+3.1$cm（省），腋下设 1.5cm 省。

（3）袖窿深，其尺寸计算公式为 $1.5B/10+9.5$cm，强调袖窿深与袖窿底宽的理想比例。

（4）后腰节长，从上平线向下的长度，尺寸计算公式为衣长/2＋6cm。

（5）后背宽，其尺寸计算公式为 $1.5B/10+5.8$cm。

（6）前胸宽，其尺寸计算公式为 $1.5B/10+2.8$cm。

（7）前中线做撇胸处理，以袖窿谷点（$B/4$）为基准，将前胸围及中线向上倾倒，在前胸围中线抬起 2cm 呈垂线，上平线同时抬起 2cm 并作垂线。

（8）后领宽线，其尺寸计算公式为基本领围（衬衫领大）/5＋0.5cm。

（9）画后领深线，其尺寸计算公式为 $B/40-0.15$cm。

（10）画后落肩线，其尺寸计算公式为 $B/40+3.3$cm（包括垫肩量 1.5cm 左右）。

（11）前落肩线，其尺寸计算公式为 $B/40+1.3$cm（包括垫肩量 1.5cm 左右）。前肩缝向后借量。

（12）画后袖窿与前袖窿弧的辅助线，尺寸计算公式为 $B/40+3$cm。

（13）袖子采用高袖山的计算方法 $AH/2\times0.7$（袖子的详细构成参照前一款，这里略）。

（14）驳领及领子制图参考前一款双排扣戗驳领制图，这里略。

四、单排三粒扣平驳领贴袋式休闲男西服纸样设计

（一）单排三粒扣平驳领贴袋式休闲男西服制板方法

单排三粒扣平驳领贴袋式休闲男西服效果图如图 3-54 所示。

图 3-54　单排三粒扣平驳领贴袋式休闲男西服效果图

（二）成品规格

成品规格按国家号型 170/88A 确定，如表 3-22 所示。

表 3-22　单排三粒扣平驳领贴袋式休闲男西服成品规格　　单位：cm

部位	衣长	胸围	腰围	臀围	腰节	总肩宽	袖长	袖口	领大(衬衫)
尺寸	74	106	90.2	98.5	43	44	60	15	40

此款为休闲男西服。具有生活西服造型，强调舒适自然，前宽则相应较窄，在净胸围88cm的基础上加放18cm，净腰围74cm加放18.2cm，净臀围90cm加放8.5cm。成品胸腰差15.8cm，适应较大的穿着范围。与标准衬衫配合穿着，在成品规格中设计了标准衬衫领大。

（三）单排三粒扣平驳领贴袋式休闲男西服制图步骤

单排三粒扣平驳领贴袋式休闲男西服制图如图3-55所示。

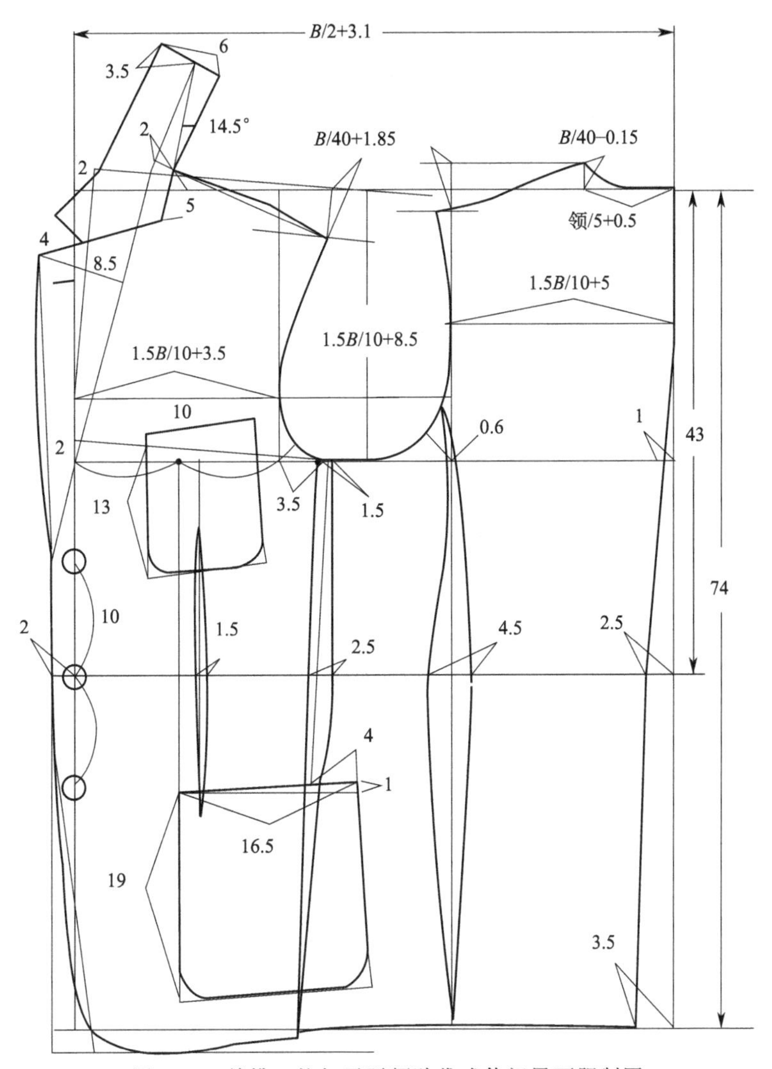

图3-55　单排三粒扣平驳领贴袋式休闲男西服制图

（1）后衣长74cm。

（2）胸围为$B/2+3.1$cm（省），其中袖窿底加1.5cm为腰围扩展了松量。

（3）袖窿深，其尺寸计算公式为$1.5B/10+8.5$cm。

（4）后腰节长，从上平线向下的长度，尺寸计算公式为衣长$/2+6$cm。

（5）后背宽，其尺寸计算公式为$1.5B/10+5$cm。

（6）前胸宽，其尺寸计算公式为$1.5B/10+3.5$cm。

（7）前中线做撇胸处理，以袖窿谷点（$B/4$）为基准，将前胸围及中线向上倾倒，在前胸围中线抬起2cm呈垂线，上平线同时抬起2cm并作垂线。

（8）后领宽线，其尺寸计算公式为基本领围（衬衫领大）$/5+0.5$cm。

（9）画后领深线，其尺寸计算公式为$B/40-0.15$cm。

（10）画后落肩线，其尺寸计算公式为 $B/40+1.85$cm（包括垫肩量 1.5cm 左右）。

（11）前落肩线，其尺寸计算公式为 $B/40+1.85$cm（包括垫肩量 1.5cm 左右）。

（12）画后袖窿与前袖窿弧的辅助线，尺寸计算公式为 $B/40+3$cm。

（13）袖子采用高袖山的计算方法为 $AH/2\times0.7$。具体画法同前画单排三枚扣平驳领男西服袖子结构制图方法（袖子的详细构成参照前一款制图，这里略）。

（14）驳领宽 8.5cm，领尖及驳尖各为 4cm。总领宽 6cm，底领 2.5cm，翻领 3.5cm，倒伏角为 14.5°，具体见图 3-55。

五、户外插肩袖运动服纸样设计

（一）户外插肩袖运动服制板方法

户外插肩袖运动服效果图如图 3-56 所示。

图 3-56　户外插肩袖运动服效果图

（二）成品规格

成品规格按国家号型 175/92B 确定，如表 3-23 所示。

表 3-23　户外插肩袖运动服成品规格　　单位：cm

部位	衣长	胸围	摆围	领围	总肩宽	袖长	袖口
尺寸	72	120	114	50	46.5	62	14

此款式采用插肩袖结构，通过袖子与上衣身分割线的组合与面料色彩的变化进行造型设计。号型选择175/92B，为适合冬季里层穿着较厚的要求，胸围加放量为28cm，下摆略收，有立领和可脱卸的防护帽子。

（三）户外插肩袖运动服制图步骤

1. 户外插肩袖运动服基础结构制图方法（图3-57）

（1）按衣长尺寸画上下平行线。

（2）袖窿深，其尺寸计算公式为$B/5+8$cm，画胸围横向线。

（3）前、后片胸围肥为$B/4$，画侧缝垂线。

（4）确立前胸宽及后背宽，然后作垂线，其尺寸计算公式分别为$B/5-2$cm和$B/5-0.5$cm。

（5）后领宽，其尺寸计算公式为$N/5-0.2$cm。

（6）后领深，其尺寸计算公式为$B/40-0.15$cm，画后领窝弧线。

（7）后落肩，其尺寸计算公式为$B/40+1.85$cm。

（8）从后背宽冲肩量1.5cm处连接后颈侧点为后小肩斜线。

（9）画前领宽线，其尺寸为后领宽－0.2cm。

（10）画前领深，其尺寸为前领宽＋0.5cm，画前领窝弧线。

（11）前落肩，其尺寸计算公式为$B/40+2.35$cm。

（12）从前颈侧点，以后小肩实际尺寸－0.5cm的量画至落肩线为前小肩线。

（13）从前、后肩端点起画前后袖窿弧线。

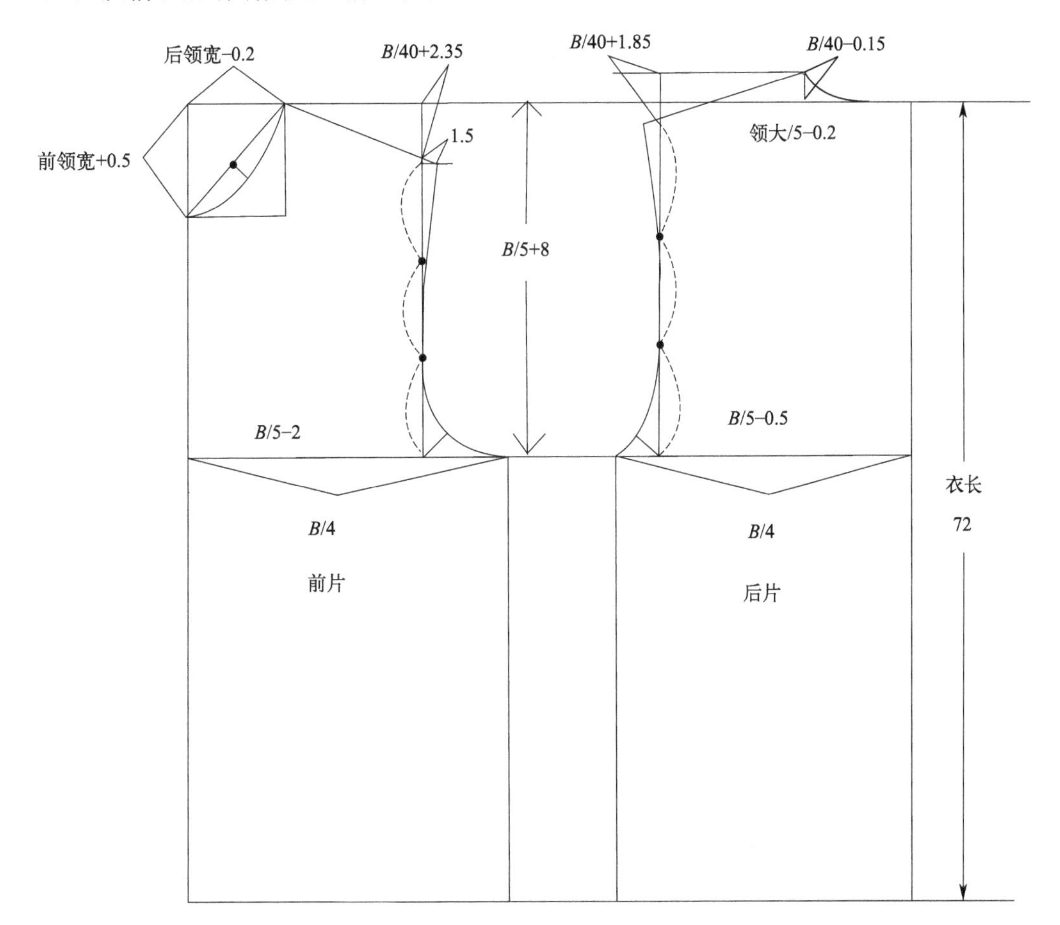

图3-57　户外插肩袖运动服基础结构制图

2. 户外插肩袖运动服前片结构完成线（图 3-58）

（1）从前肩点自然顺延画线 15cm，作垂线 3cm，从肩点过此点画袖长，作袖口垂线，袖口尺寸+2.5cm。

（2）从前肩端点参照前 $AH/2$ 点画斜线，其长为前袖窿弧。

（3）从此点作垂向袖中线的垂线得到袖山高尺寸。

（4）再从此点连接袖口获得袖下线。

（5）在前领口弧 5cm 处至前宽垂线画插肩袖分割线，再参照袖窿底弧画袖子底弧线使其相等。

（6）按照款式图将衣身上部与袖子作造型分割线，可任意设计。

（7）前下部设计有拉链式斜插口袋，长 17cm，左右片对称。

（8）前左片中心线设计有拉链，并且设计挡襟，其宽度为 5cm。

（9）前左片袖子部设计隐形拉链口袋一个，长度 14cm。

（10）衣片下摆侧缝各收 1～1.5cm，底摆部设计有可调节的拉绳。

（11）袖口设可调节的橡筋和袖襻。

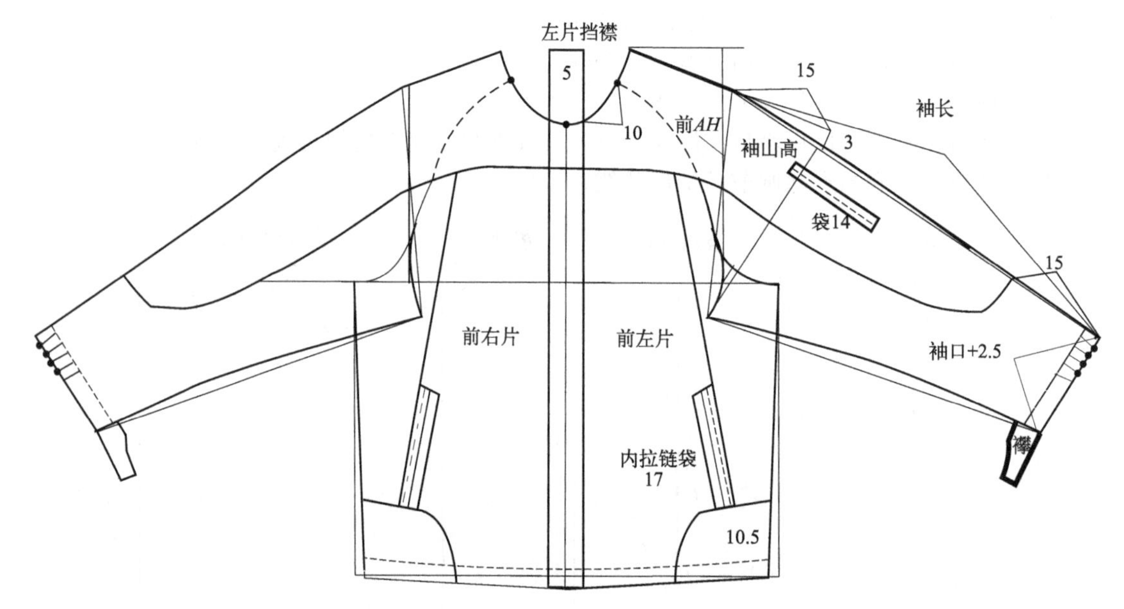

图 3-58　户外插肩袖运动服前片结构完成线

3. 户外插肩袖运动服后片结构完成线（图 3-59）

（1）从后肩点自然顺延画线 15cm，作垂线 2.1cm（其比例为前片辅助线 3cm 的 70%），从肩点过此点画袖长，作袖口垂线，袖口尺寸+3.5cm。

（2）从后肩端点参照前袖山高画垂线为后袖肥线，从后肩点以后袖窿弧长作斜线交于后袖肥线取得后袖肥实际尺寸。

（3）再从此点连接袖口获得袖下线。

（4）在后领口弧 3cm 处至后宽垂线画插肩袖分割线，再参照袖窿底弧画袖子底弧线使其相等。

（5）按照款式图将后衣身上部与袖子作造型分割线，与前身统一呼应。

（6）按照款式图画下部分割线。

（7）衣片下摆侧缝各收 1～1.5cm，底摆部设计有可调节的拉绳。

4. 秋冬季户外插肩袖运动服两片帽子、领子结构完成线（图 3-60、图 3-61）

（1）首先参照前领口画帽子基础线，高 35cm，宽 25cm，作矩形。

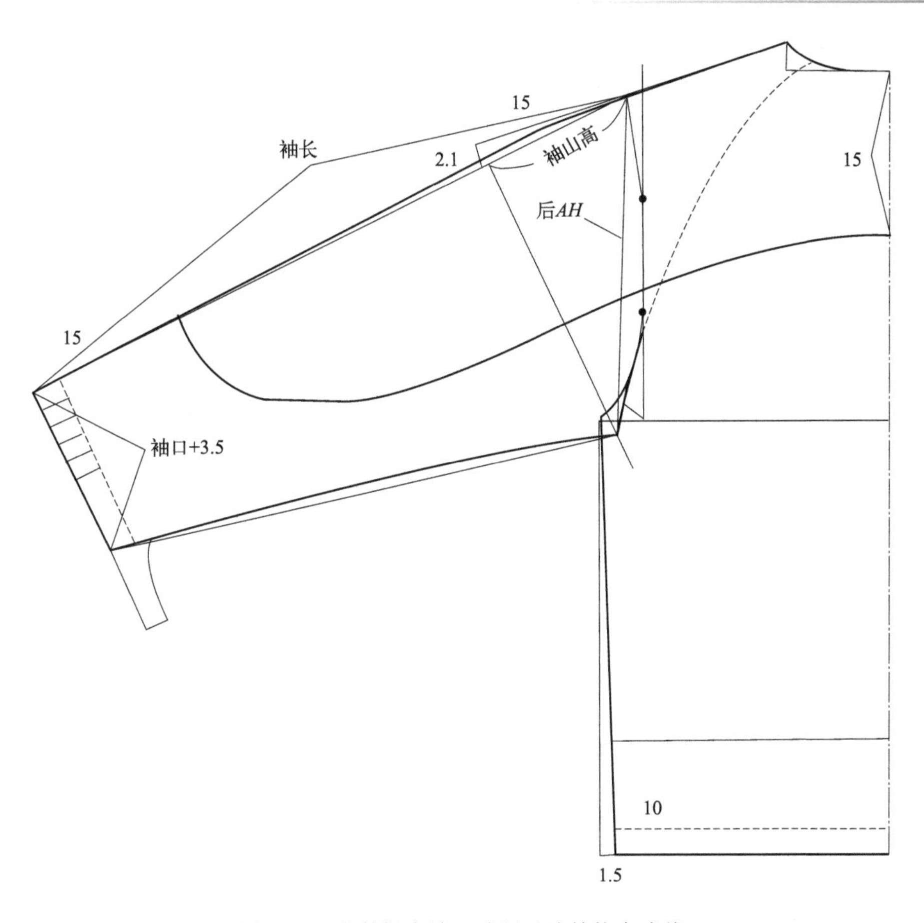

图 3-59　户外插肩袖运动服后片结构完成线

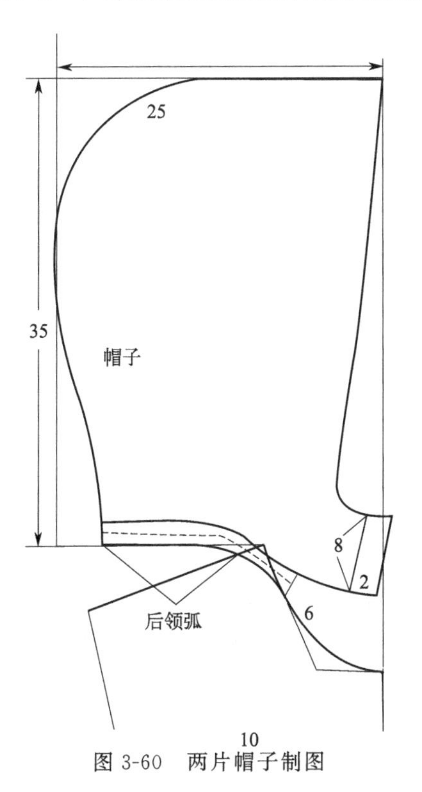

图 3-60　两片帽子制图

(2) 帽下口依据后领口尺寸在颈侧点画顺畅。

(3) 根据两片帽子造型画帽子中心线的弧形。

(4) 帽下设计有拉链至领口 10cm 处，并且设有拉链挡襟，高 2.5cm。

(5) 立领首先依据前后领口弧线长和领高 9cm 画基础线矩形。

(6) 前领端起翘 2cm，上口贴近脖子，修正画顺领上下口线。

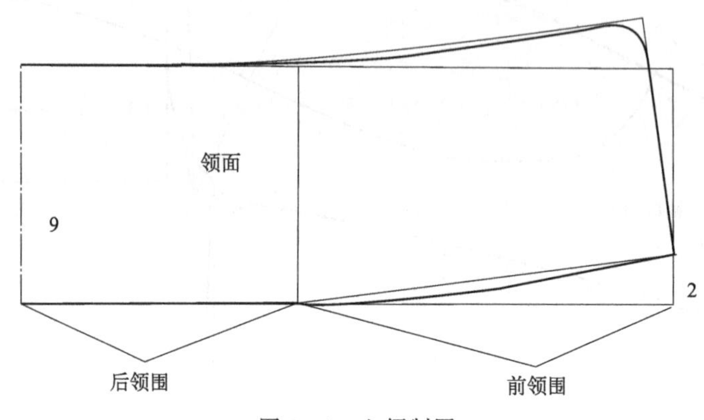

图 3-61 立领制图

六、男摩托夹克服纸样设计

(一) 男摩托夹克服制板方法

男摩托夹克服效果图如图 3-62 所示。

(二) 成品规格

成品规格按国家号型 170/88A 确定，如表 3-24 所示。

表 3-24 男摩托夹克服成品规格 单位：cm

部位	衣长	胸围	总肩宽	领大	袖长	袖口
尺寸	55	104	44.5	46	62	30

男摩托夹克服衣长较短，立领前片止口设拉链，袖子有装饰线拉链设计。胸围加放 16cm，下摆 94cm 收紧，袖长为全臂长加放 6.5cm。属于皮质材料。

(三) 男摩托夹克服制图步骤

1. 男摩托夹克服结构制图方法（图 3-63）

(1) 按后衣长尺寸 55cm 画上下平行线。

(2) 后袖窿深，其尺寸计算公式为 $B/5+6.7$cm，画胸围横向线。前袖窿深，其尺寸计算公式为 $B/5+5.7$cm，画胸围横向线。

(3) 前、后片胸围肥为 $B/4$，画侧缝垂线，下摆侧缝各收进 2.5cm。

(4) 画前胸宽及后背宽，并作垂线，其尺寸计算公式分别为 $1.5B/10+3.5$cm 和 $1.5B/10+5$cm。

(5) 后领宽，其尺寸计算公式为 $N/5-0.2$cm，前领宽 $N/5-0.5$cm。

(6) 后领深，其尺寸计算公式为 $B/40-0.15$cm，画后领窝弧线。

(7) 后落肩，其尺寸计算公式为 $B/40+1.35$cm。

(8) 从后背宽冲肩量 1.5cm 处连接后颈侧点为后小肩斜线。

(9) 画前领宽线，其尺寸为后领宽−0.2cm。

(10) 画前领深，其尺寸为前领宽+0.5cm，画前领窝弧线。

(11) 前落肩，其尺寸计算公式为 $B/40+1.85$cm。

图 3-62　男摩托夹克服效果图

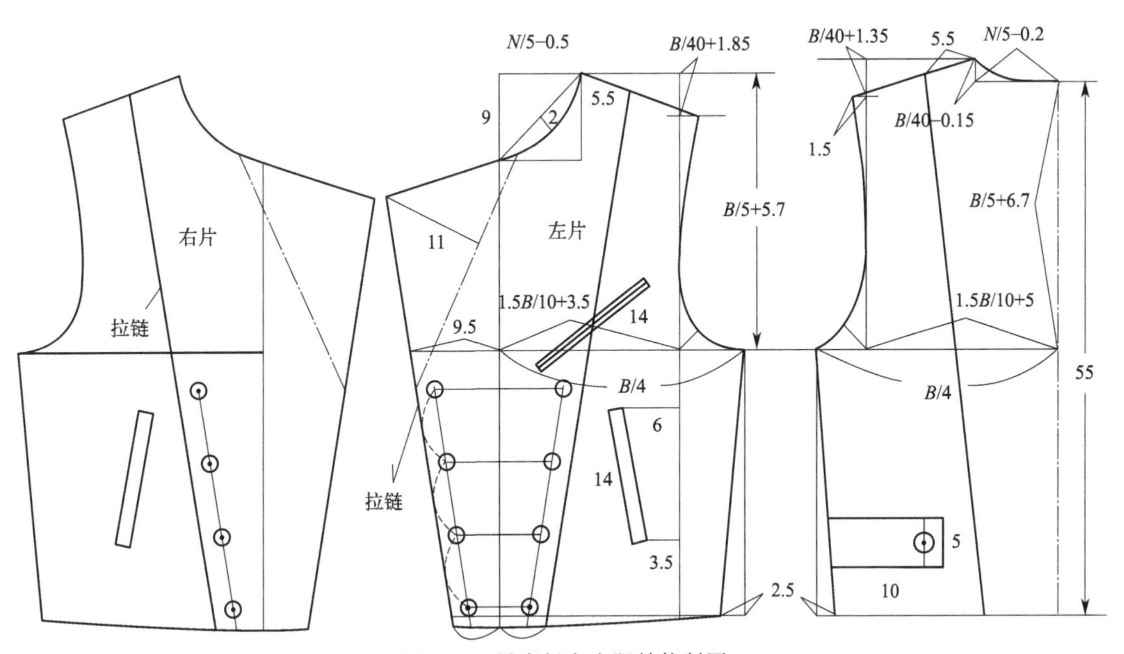

图 3-63　男摩托夹克服结构制图

（12）从前颈侧点，以后小肩实际尺寸－0.5cm的量画至落肩线为前小肩线。

（13）从前、后肩端点起画前后袖窿弧线。

（14）前片搭门下摆处为5cm宽，胸围线处9.5cm，以此画斜线为止口线，驳领宽11cm。

（15）前小肩颈侧点下5.5cm与下摆5cm连接处画斜线，左右片对称。

（16）前止口设拉链，胸围线下设装饰扣，双排八枚扣。口袋长14cm，左片两个袋，右片一个斜插袋。

（17）后衣片设斜向分割线与前片呼应设计，下摆设装饰襻，长10cm，宽5cm。

2. 男摩托夹克服袖子制图方法（图3-64）

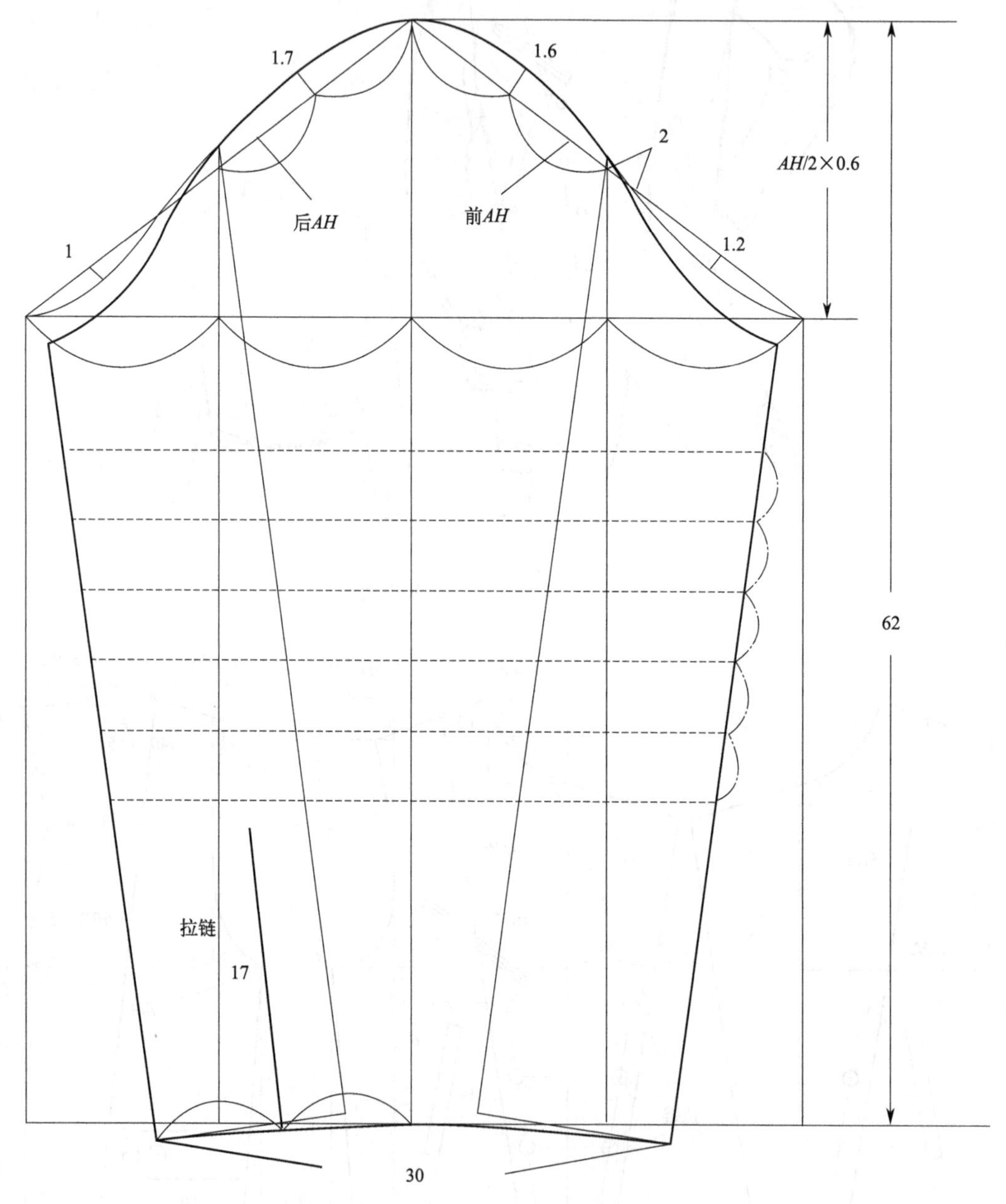

图3-64 男摩托夹克服袖子结构制图

（1）按一片袖长62cm画长度线。

（2）袖山高计算公式为$AH/2\times0.6$（袖山高所对应的基础线的角为37°）。采用前后

$AH/2$ 各交于袖肥基础线后取得实际袖肥，画袖长侧缝线基础线。

（3）参照斜线上的辅助线画袖山弧线。

（4）前后袖肥线等分，参照此线收至袖口 30cm。

（5）后袖口处设拉链，长 17cm。

（6）袖中部设装饰明线 6～7 条。

3. 男摩托夹克服领子制图方法（图 3-65）

（1）立领首先依据前后领口弧线长和领高 5cm 画基础线矩形。

（2）前领端起翘 1.5cm，上口贴近脖子，修正画顺领上下口线。

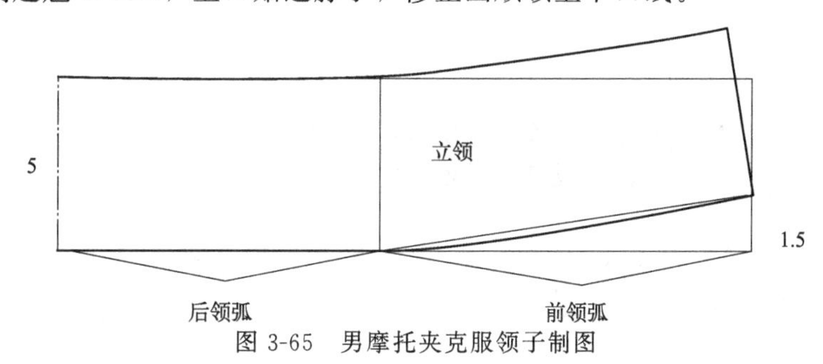

图 3-65　男摩托夹克服领子制图

第一节　连身类女装的结构特点与纸样设计

所谓连身类女装是指上下身连接成一件的服装，款式品类很多，其中生活类有连衣裙、工装、休闲装等，礼服类有旗袍、晚礼服、婚纱等。连身类女装结构很复杂，呈多元化的形式。有较贴体紧身的形式，同时也有一般或较宽松的形式。在结构处理上要针对不同造型的要求，确定好相应的规格尺寸和各个部位的舒适量。尤其对较为紧身合体的款式，对其三维人体的曲面变化塑造要求较高，除在考虑具体人的不同形态特征的同时，也要做相应的修饰和夸张的处理。在结构制图过程中，尤其礼服应尽量结合立体裁剪方法经反复修正才能取得正确的纸样。

第二节　生活装连衣裙的纸样设计

一、合体无领短袖连衣裙纸样设计

（一）合体无领短袖连衣裙制板方法

合体无领短袖连衣裙效果图如图 4-1 所示。

（二）成品规格

成品规格按国家号型 160/84A 确定，如表 4-1 所示。

表 4-1　合体无领短袖连衣裙成品规格　　单位：cm

部位	衣长	胸围	腰围	臀围	腰节	总肩宽	袖长	袖口
尺寸	98.5	94	74	96	38	38	22	30

此款为三围较紧身的合体式连衣裙，是连衣裙结构设计的基础型，变化的款式可由此衍生。腰部设省塑造出腰部曲线，在净胸围 84cm 的基础上加放 6～10cm，净腰围 68cm 加放 6～8cm，净臀围 90cm 加放 6～8cm，可作为基础连衣裙的结构，以此展开各类款式连衣裙的纸样设计。

图 4-1　合体无领短袖连衣裙效果图

（三）制图步骤

1. 制图方法（原型裁剪法）

首先按照号型 160/84A 型制文化式女子新原型图，然后依据原型制作纸样（具体方法如前文化式女子新原型制图）。

2. 合体无领短袖连衣裙前后片结构制图方法（图 4-2）

（1）将原型的前后片侧缝线分开画好，胸、腰线置于同一水平线。

（2）后衣片，从原型后中心线下 1.5cm 画衣长线 98.5cm。

（3）前后领宽各展宽 1.5cm，前领开深 3cm。

（4）后小肩肩胛省只保留 0.5cm 省量，其余忽略，冲肩 1.5cm 确定后肩点。

（5）制图中 1/2 前后衣片总省量为 11cm，后片腰部占 60%，3 个省，分别收掉 1.5cm、3.6cm、1.5cm 省量，其余由前片收掉。

（6）臀高 17.5cm，后片臀围肥 $H/4-0.5$cm。

（7）后片下摆依据臀围顺延放摆后起翘 1cm，取直角。

（8）前小肩宽为后小肩实际尺寸减 0.5cm。

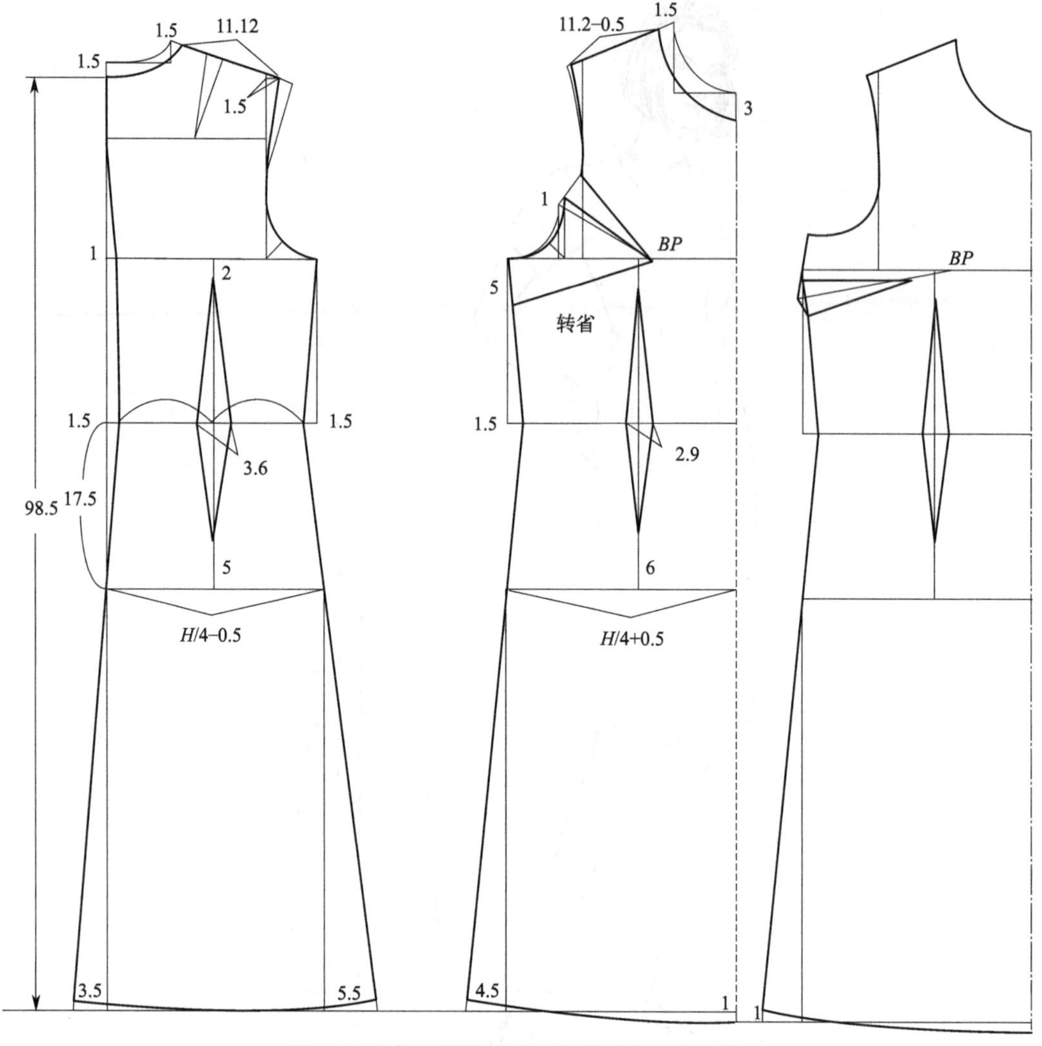

图 4-2　合体无领短袖连衣裙前后片结构制图

（9）胸凸省 1cm 放至前袖窿为松量，其余省量转移至前侧缝设侧缝胸省。

（10）前片占前后衣片总省量的 40%，两个省分别为 1.5cm 和 2.9cm。

（11）臀高 17.5cm，前片臀围肥 $H/4+0.5$cm。

（12）前片下摆依据臀围顺延放摆后起翘 1cm，取直角。

（13）侧缝或后中设拉链开口。

3. 合体无领短袖连衣裙袖子结构制图方法（图 4-3）

（1）袖长 22cm。

（2）袖山高的计算采用 $AH/2\times0.6$，即袖山高所对应角度为 37°。

（3）从袖山高点采用前、后 AH 画斜线长交于基础袖肥线取得前、后袖肥，通过辅助点画前后袖山弧线。

（4）收袖口，短袖口 30cm。

二、平领有腰贴上下身缩褶连衣裙纸样设计

（一）平领有腰贴上下身缩褶连衣裙制板方法

平领有腰贴上下身缩褶连衣裙效果图如图 4-4 所示。

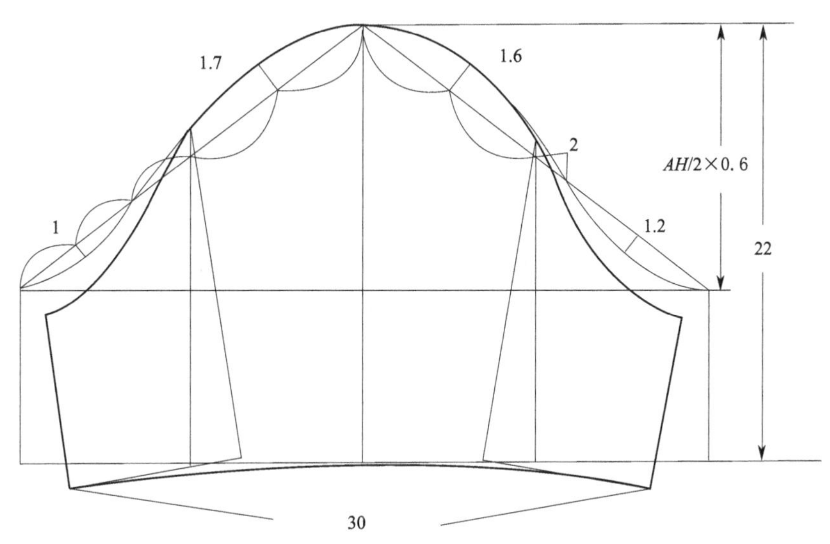

图 4-3　合体无领短袖连衣裙袖子结构制图

图 4-4　平领有腰贴上下身缩褶连衣裙效果图

（二）成品规格

成品规格按国家号型 160/84A 确定，如表 4-2 所示。

表 4-2　平领有腰贴上下身缩褶连衣裙成品规格　　单位：cm

部位	衣长	胸围	腰围	腰节	总肩宽	袖长	袖口	袖头宽
尺寸	96.5	94	72	38	38	56	20	6

此款为连衣裙。为腰部设计有腰贴，上下身分开，通过省的转移将省量在腰部展开缩褶的造型。领子为平领形式，长灯笼袖。在净胸围 84cm 的基础上加放 10cm，净腰围 68cm 加放 4cm，属于休闲生活装式连衣裙。

（三）制图步骤

1. 制图方法（原型裁剪法）

首先按照号型 160/84A 型制文化式女子新原型图，然后依据原型制作纸样（具体方法如前文化式女子新原型制图）。

2. 平领有腰贴上下身缩褶连衣裙前后片结构制图方法（图 4-5）

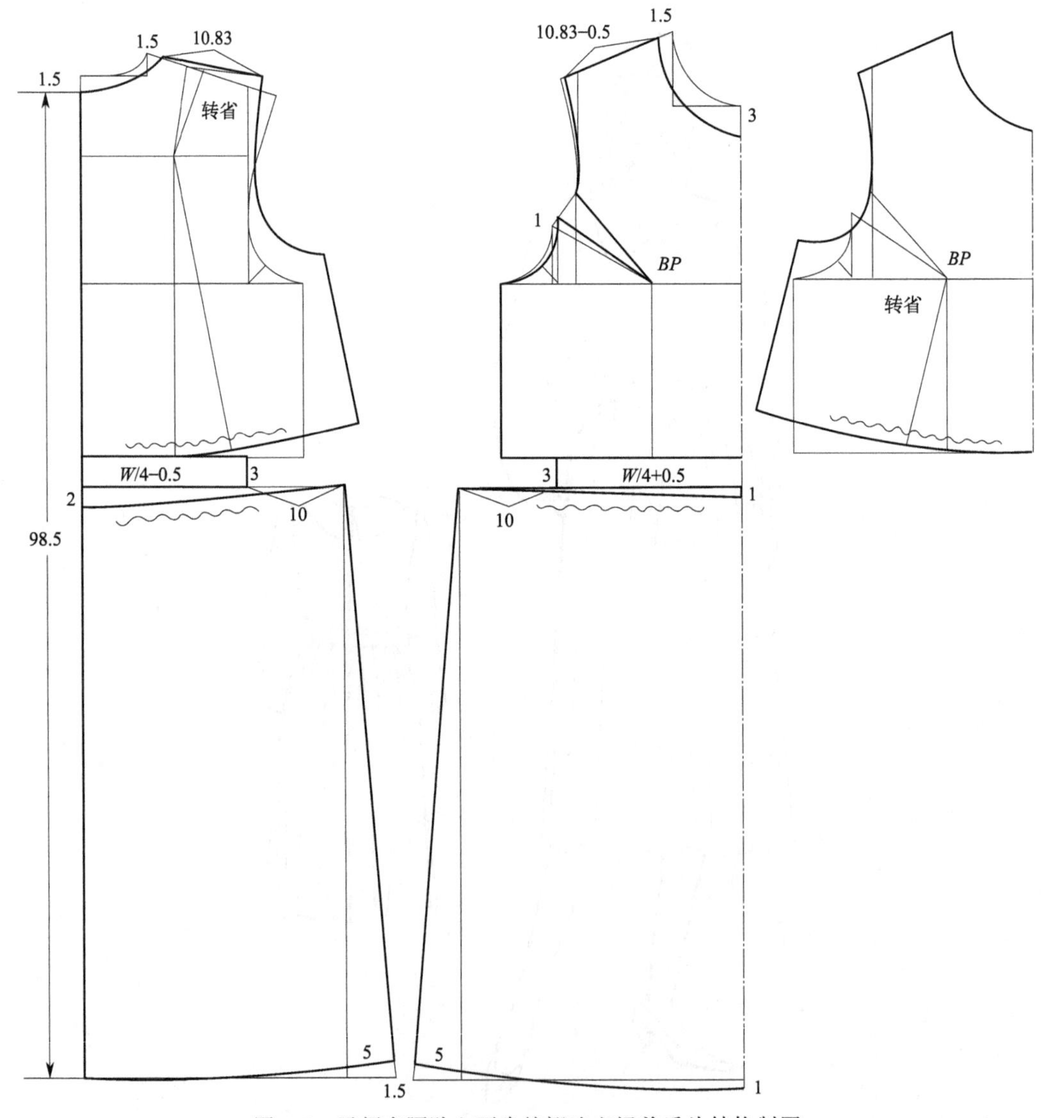

图 4-5　平领有腰贴上下身缩褶连衣裙前后片结构制图

(1) 将原型的前后片侧缝线分开画好，胸、腰线置于同一水平线。

(2) 后衣片，从原型后中心线下 1.5cm 画衣长线 98.5cm，实际尺寸 98.5cm－2.0cm＝96.5cm。

(3) 前后领宽各展宽 1.5cm，前领开深 3cm。

(4) 腰部设腰贴宽 3cm，后片腰围 $W/4-0.5$cm。

(5) 后小肩肩胛省保留 0.5cm，其余全部转移至腰部作为缩褶量。

(6) 前片腰部设腰贴宽 3cm，前片腰围 $W/4+0.5$cm。

(7) 前片胸凸省 1cm 放至袖窿作为松量，其余全部省转移至腰部作为缩褶量。

(8) 前小肩为后小肩实际尺寸减 0.5cm。

(9) 前片裙中腰下翘 1cm，腰部放褶 10cm，侧缝下摆放 5cm。

(10) 后中设拉链至腰下 15cm。

3. 平领有腰贴上下身缩褶连衣裙袖子结构制图方法（图 4-6）

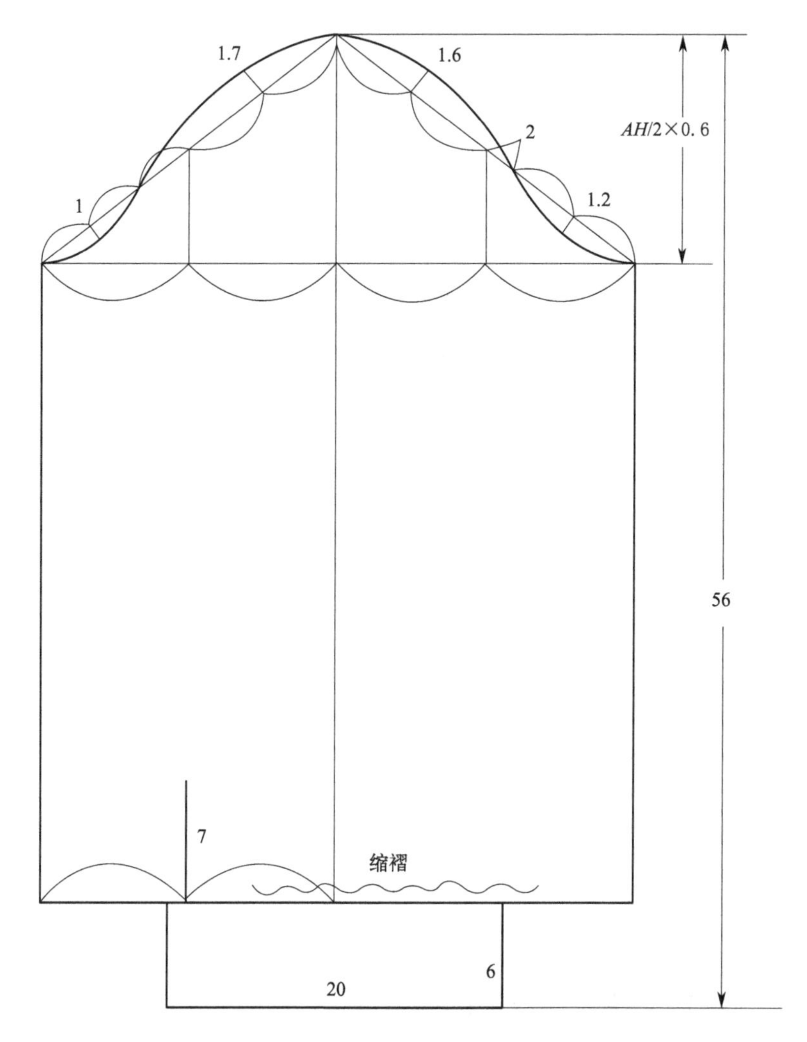

图 4-6　平领有腰贴上下身缩褶连衣裙袖子结构制图

(1) 袖口缩褶的灯笼袖，袖长 56cm。

(2) 袖山高的计算采用 $AH/2\times0.6$。

(3) 从袖山高点采用前、后 AH 画斜线长交于基础袖肥线取得前、后实际袖肥，通过辅助点画前后袖山弧线。

（4）袖头宽 6cm，袖口 20cm。

（5）袖开衩 7cm。

4. 平领有腰贴上下身缩褶连衣裙领子结构制图方法（图 4-7）

（1）将前后片颈侧点对合，肩线在肩端点重合 1.5cm。

（2）在后领深处参照领子造型画平领后领尖长 11cm。

（3）在前领深处参照领子造型画平领前领尖长 11cm。

（4）外领口自然画圆顺。

（5）拷贝出领形。

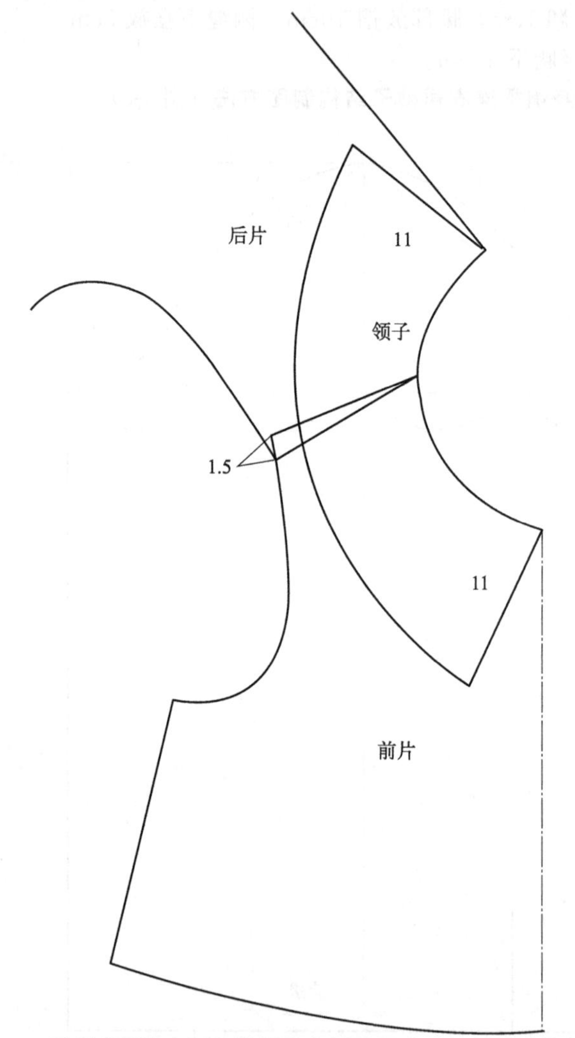

图 4-7　平领有腰贴上下身缩褶连衣裙平领造型的领子结构制图

三、泡泡袖刀背式 V 字领连衣裙纸样设计

（一）泡泡袖刀背式 V 字领连衣裙制板方法

泡泡袖刀背式 V 字领连衣裙效果图如图 4-8 所示。

（二）成品规格

成品规格按国家号型 160/84A 确定，如表 4-3 所示。

图 4-8　泡泡袖刀背式 V 字领连衣裙效果图

表 4-3　泡泡袖刀背式 V 字领连衣裙成品规格　　单位：cm

部位	衣长	胸围	腰围	臀围	腰节	总肩宽	袖长	袖口
尺寸	98.5	94	74	96	38	37	24.5	28

此款为三围较合体，裙摆较大，泡泡袖刀背式 V 字领连衣裙。腰部设省塑造出腰部曲线，在净胸围 84cm 的基础上加放 10cm，净腰围 68cm 加放 6cm，净臀围 90cm 加放 8cm，裙摆通

过刀背分割线放出合理的摆量。其是较经典的连衣裙款式和结构。

（三）制图步骤

1. 制图方法（原型裁剪法）

首先按照号型 160/84A 型制文化式女子新原型图，然后依据原型制作纸样（具体方法如前文化式女子新原型制图）。

2. 泡泡袖刀背式 V 字领连衣裙前后片结构制图方法（图 4-9）

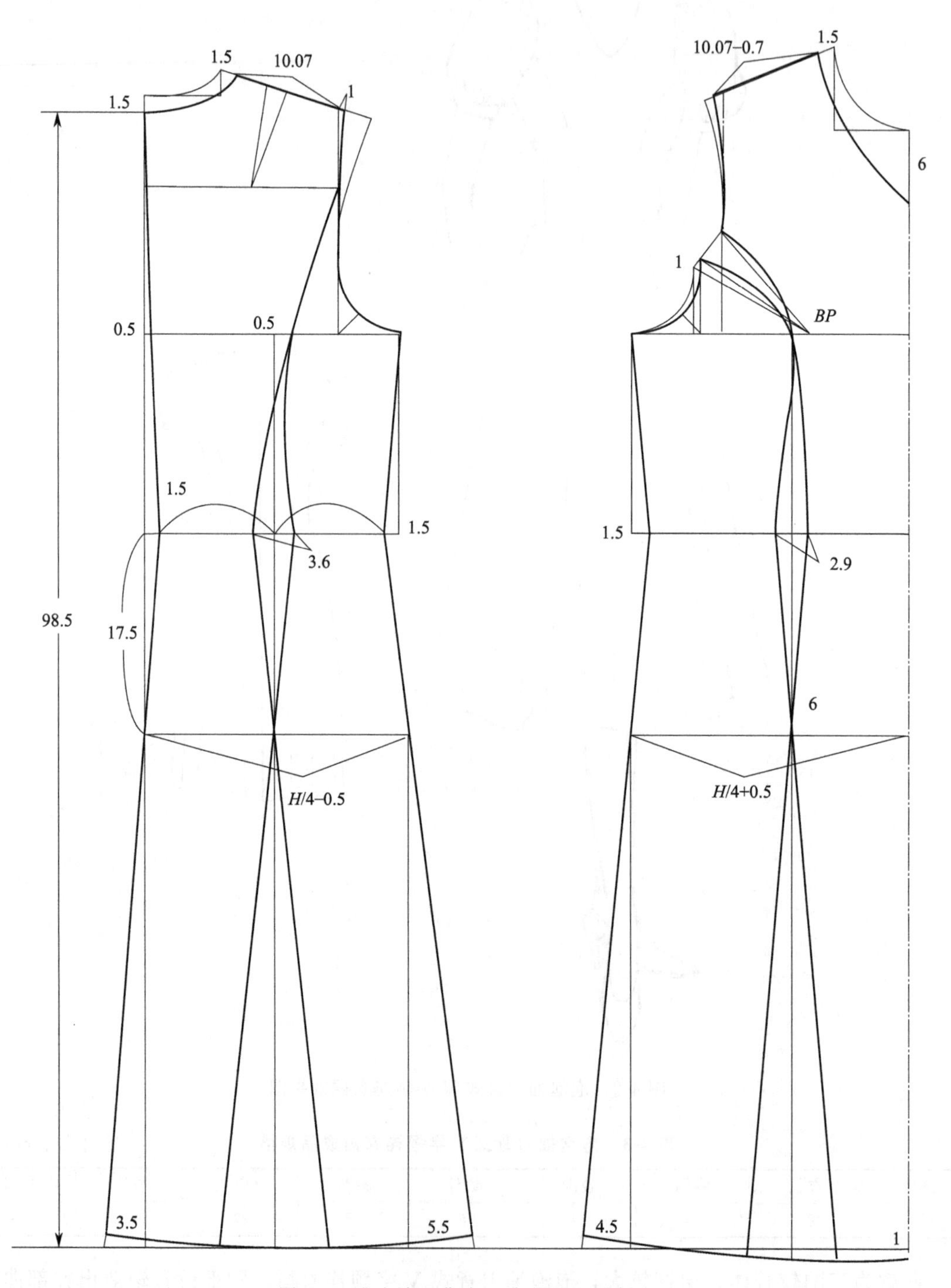

图 4-9　泡泡袖刀背式 V 字领连衣裙制图

（1）将原型的前后片侧缝线分开画好，胸、腰线置于同一水平线。

（2）后衣片，从原型后中心线下 1.5cm 画衣长线 98.5cm。

（3）前后领宽各展宽 1.5cm，前领开深 6cm 形成 V 字领。

（4）后小肩原型肩胛省只保留 0.7cm 省量，其余忽略。冲肩 1cm 确定后肩点。

（5）制图中 1/2 前后衣片总省量为 11cm，后片腰部占 60%，三个省，分别收掉 1.5cm、3.6cm、1.5cm 省量，其余由前片收掉。

（6）臀高 17.5cm，后片臀围肥为 $H/4-0.5$cm。

（7）后中及侧缝下摆依据臀围顺延放摆后起翘 1cm，取直角。

（8）后片刀背与后中腰省自然画顺，依据臀围顺延放摆后起翘 1cm，取直角。

（9）前小肩宽为后小肩实际尺寸减 0.7cm。

（10）胸凸省 1cm 放至前袖窿为松量，其余省量作刀背缝处理塑造乳胸。

（11）前片占前后衣片总省量的 40%，两个省分别为 1.5cm 和 2.9cm。

（12）臀高 17.5cm，前片臀围肥为 $H/4+0.5$cm。

（13）前片下摆依据臀围顺延放摆后起翘 1cm，取直角。

（14）前片刀背与前中腰省自然画顺，依据臀围顺延放摆后起翘 1cm，取直角。

（15）侧缝或后中设拉链。

3. 泡泡袖刀背式 V 字领连衣裙袖子结构制图方法（图 4-10）

（1）袖长 24.5cm，袖口 28cm，袖克夫宽 2.5cm，袖开衩 7cm。

（2）袖山高的计算采用 $AH/2\times0.6$。

（3）从袖山高点采用前、后 AH 画斜线长交于基础袖肥线取得前、后袖肥，通过辅助点画前后袖山弧线。

（4）袖中心线与前后袖肥线采用纸样剪开的方法，将袖山打开 7cm 左右，作为泡泡袖缩褶造型量。

（5）袖口依据袖克夫自然缩褶。

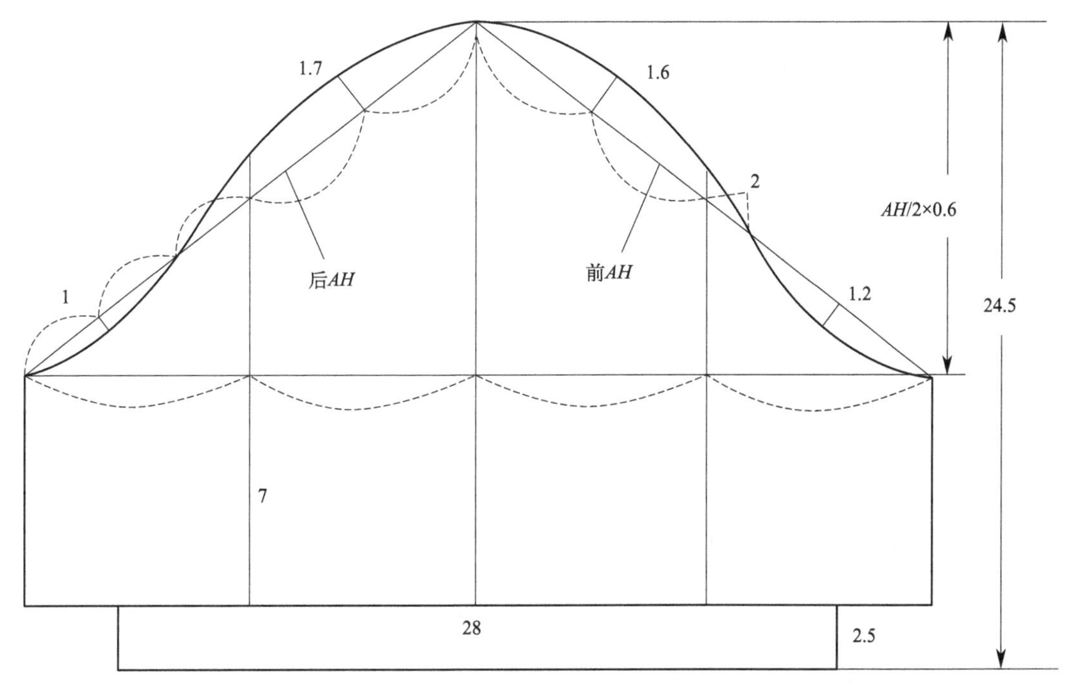

图 4-10

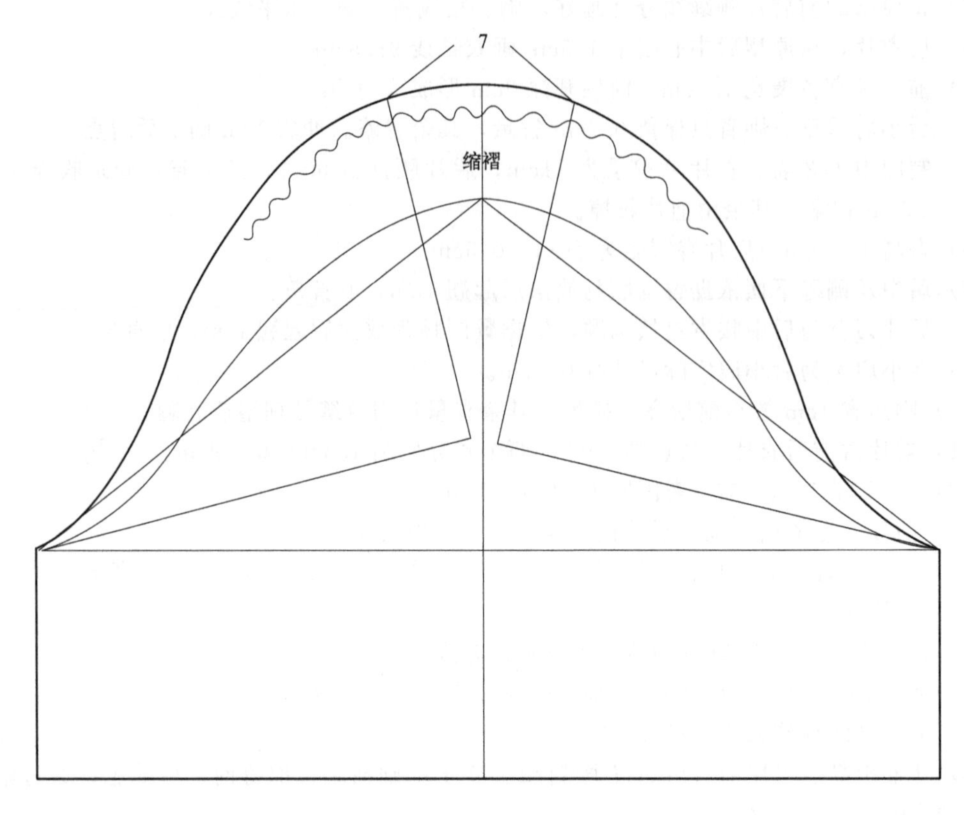

图 4-10　泡泡袖刀背式 V 字领连衣裙袖子制图

第三节　旗袍及礼服类的纸样设计

一、大襟式传统旗袍纸样设计

（一）大襟式传统旗袍制板方法

大襟式传统旗袍效果图如图 4-11 所示。

（二）成品规格

成品规格按国家号型 160/84A 确定，如表 4-4 所示。

表 4-4　大襟式传统旗袍成品规格　　单位：cm

规格	衣长	胸围	腰围	臀围	总肩宽	后腰节	袖长	袖口	领大
尺寸	110	88	70	96	37	38	52	13	36.5

立领装袖大襟式旗袍也称改良旗袍，此款式强调三围的合体性，是东方女性在礼仪场合穿着的服装，一般适合标准体型的人穿着。此款适合中青年女性身高 160cm、胸围 84cm 及腰围 66cm 左右标准体，也适合室内或运动较少的穿着场合。可采用真丝、织锦缎类面料。

衣长为总体高的 65%左右，净胸围 84cm 加放 4cm，净腰围 66cm 加放 4cm，净臀围 90cm 加放 6cm，腰节为背长 38cm，袖长为全臂长 50.5cm 加放 1.5cm。

（三）制图步骤

首先按照号型 160/84A 制作文化式女子新原型图，然后依据原型制作纸样。

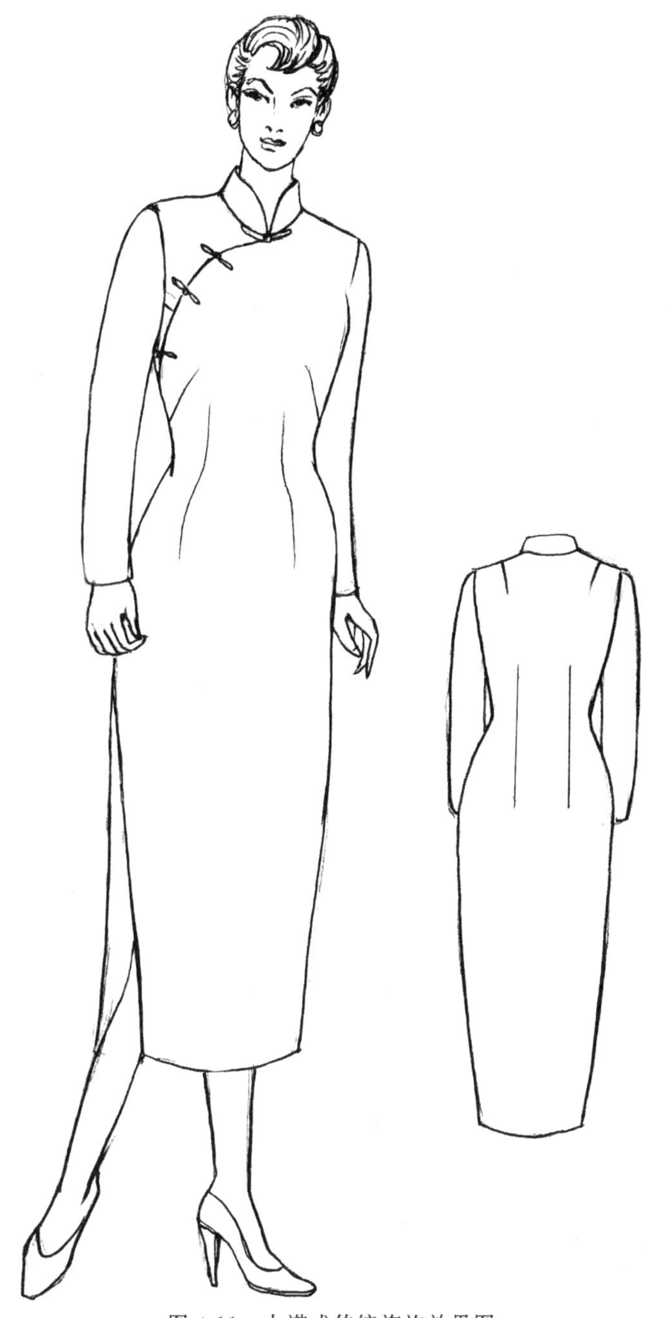

图 4-11　大襟式传统旗袍效果图

1. 大襟式传统旗袍前后片基础结构制图方法（图 4-12）

（1）将原型的侧缝线分开画好，腰线置于同一水平线。

（2）从后中心线画衣长线 110cm。

（3）腰线向下 17～17.5cm 画臀围线。前片臀围肥为 $H/4+0.5$cm，后片臀围肥为 $H/4-0.5$cm。

（4）原型的前后片胸围各减掉 2cm，以保障符合旗袍胸围尺寸。

（5）前胸宽与后背宽各减掉 1cm（即参照 $B/4$ 减少量的 50%），以保障符合与胸围的松量比例尺寸关系。

（6）后片原型小肩减掉 1cm，以符合旗袍肩宽尺寸，修正后袖窿弧线。

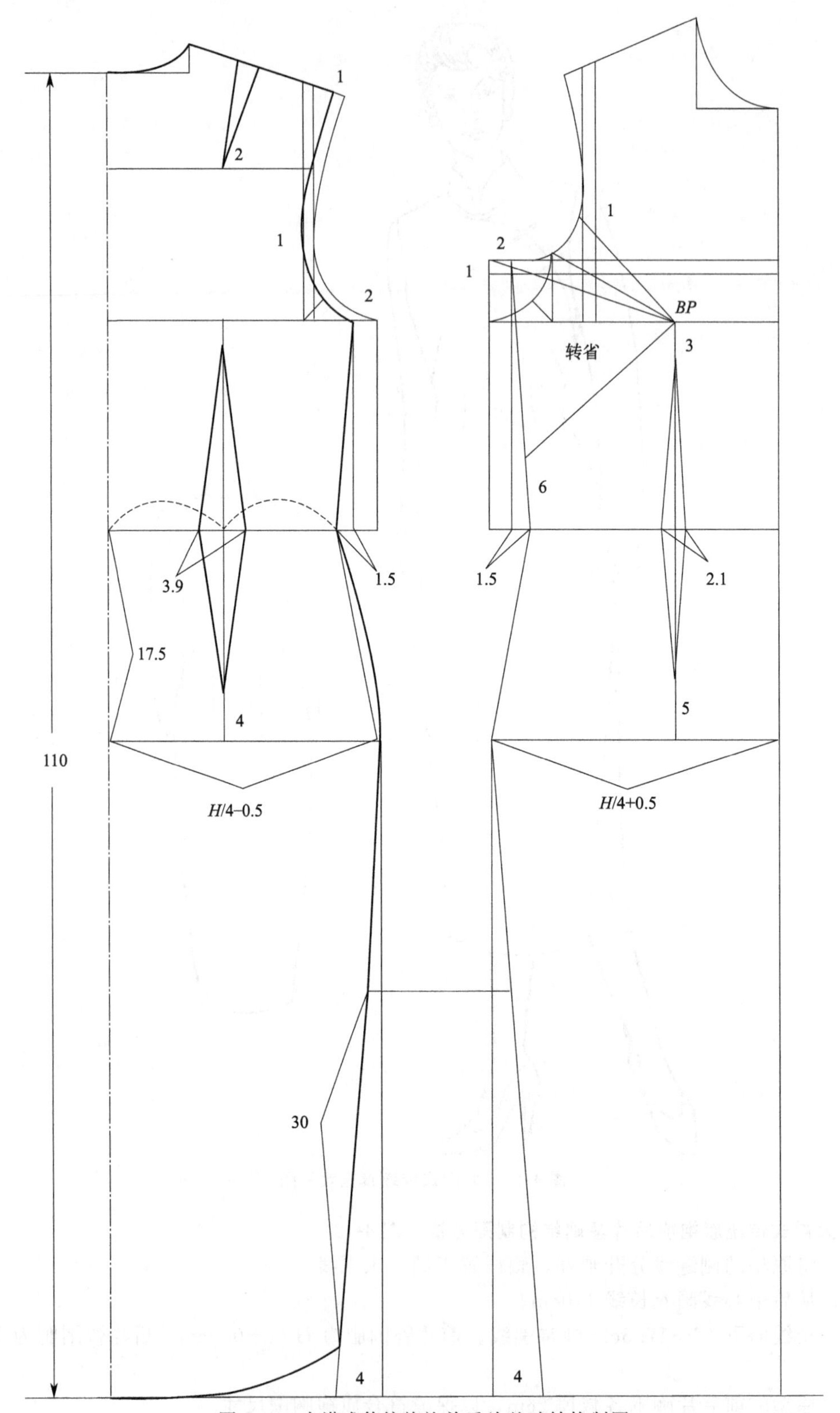

图 4-12　大襟式传统旗袍前后片基础结构制图

(7) 后肩省保留不动，省尖缩短 2cm。

(8) 按照 1/2 胸腰差的 60%，后片共收省 5.4cm，侧缝收 1.5cm，中腰收 3.9cm。

（9）后片侧缝下摆收进 4cm，起翘 4cm 画圆摆，侧缝开衩 30cm 左右。

（10）将前片袖窿处的胸凸省转移至侧缝，从腰节线向上 6cm 处设胸省。

（11）前片胸围线下移 1cm 保障前袖窿弧活动量。

（12）按照 1/2 胸腰差的 40%，共收 3.6cm 省；侧缝收 1.5cm，中腰收 2.1cm。

（13）画前片侧缝基础线下摆收进 4cm。

2. 大襟式传统旗袍前大襟及底襟基础结构制图（图 4-13）

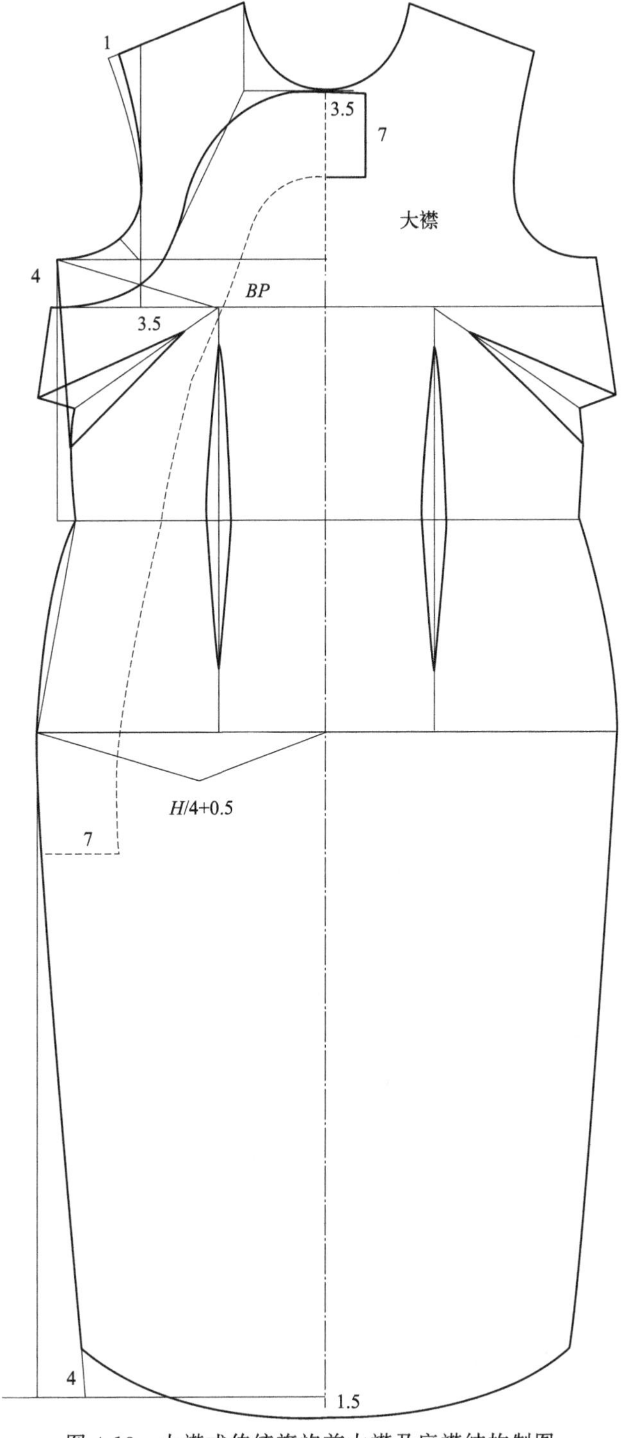

图 4-13　大襟式传统旗袍前大襟及底襟结构制图

（1）从前领口深处参照辅助线将大襟造型线画好。

（2）依据 BP 点将胸凸省转移至右侧缝，修正好侧缝省。

（3）前中线下移 1.5cm，下摆侧缝起翘 4cm，画顺前下摆弧线。

（4）在前领深横向展开 3.5cm，宽 7cm，再参照大襟画弧线至臀围下 10cm，宽 7cm。

3. 大襟式传统旗袍底襟结构完成制图（图 4-14）

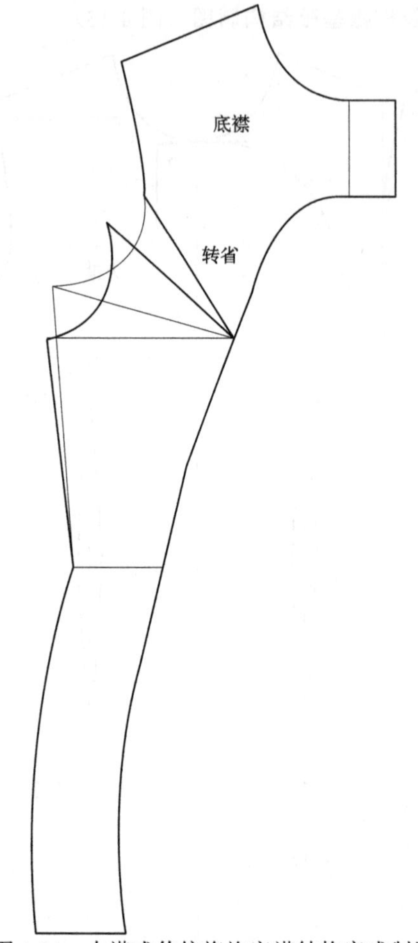

图 4-14 大襟式传统旗袍底襟结构完成制图

（1）将底襟基础结构图拷贝出来。

（2）依据 BP 点将胸凸省转移至袖窿处，修正好省。

4. 大襟式传统旗袍领子制图（图 4-15）

（1）将测量的 1/2 后领口弧线 7.7cm 和前领口弧线 12.2cm 形成的直线与立领高 5cm 画成矩形，为制图辅助线。

（2）前中线起翘 2cm 以修正领上口弧线，使其减短并避免过于靠近脖子，使其更符合中式立领造型。

5. 大襟式传统旗袍袖子制图（图 4-16）

（1）袖长 52cm。

（2）袖山高的计算公式为 $AH/2\times0.6=12.8$cm。

（3）从袖山高点采用前 AH 画斜线长取得前袖肥，后 $AH+1$ 画斜线长取得后袖肥。通过辅助点画前后袖山弧线。

（4）袖肘，从袖山高点向下为袖长/2＋3cm＝29cm。

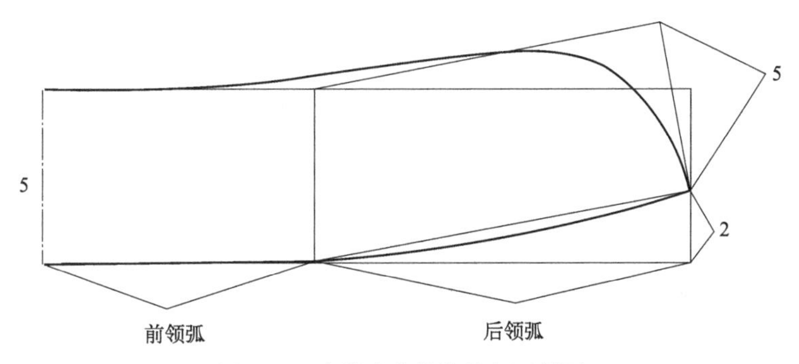

图 4-15　大襟式传统旗袍领子制图

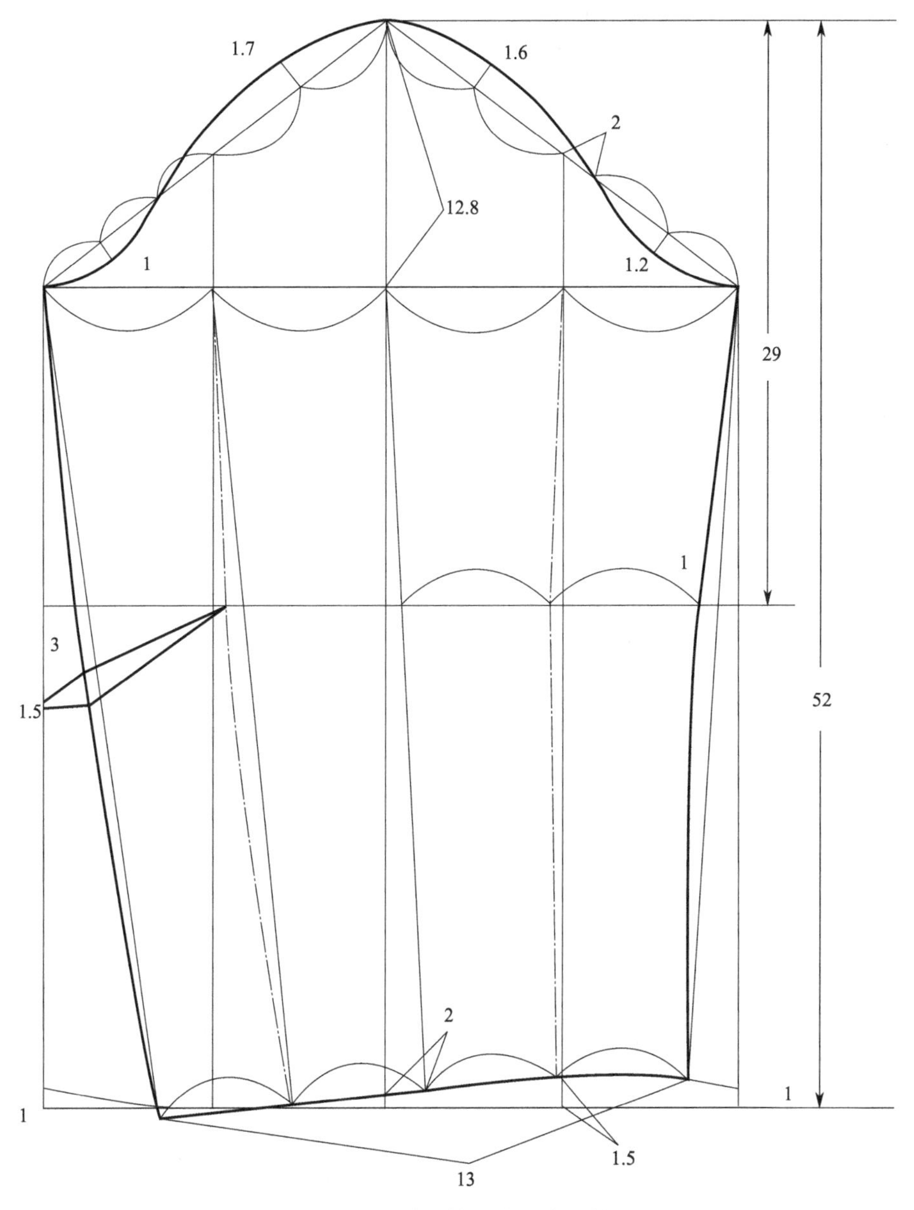

图 4-16　大襟式传统旗袍袖子制图

（5）在一片袖形基础中线前倾 2cm，以辅助线画袖口，分为 4 等份；画前后袖缝线基础线，前袖缝在袖肘处收 1cm，后袖缝画弧线。

（6）袖口 13cm。

（7）在后袖缝处设袖肘省 1.5cm，修正前后袖缝使其相等。

二、一滴水式无袖晚装旗袍纸样设计

（一）一滴水式无袖晚装旗袍制板方法

一滴水式无袖晚装旗袍效果图如图 4-17 所示。

图 4-17　一滴水式无袖晚装旗袍效果图

（二）成品规格

成品规格按国家号型 160/84A 制定，如表 4-5 所示。

表 4-5　一滴水式无袖晚装旗袍成品规格　　单位：cm

部位	衣长	胸围	腰围	臀围	腰节	总肩宽	领大
尺寸	110	88	72	96	38	35	36.5

一滴水式无袖晚装旗袍，其档次与晚礼服相同，是东方人在礼仪场合穿着的服装，一般适合较标准体型的人穿着，非常强调人体三围的合体性。

此款旗袍适合中青年女性身高 160cm、胸围 84cm 左右标准体，也适合室内或礼仪活动的穿着场合。可采用真丝缎类面料。

衣长为总体高的 65％左右，净胸围 84cm 加放 4cm，净腰围 68cm 加放 4cm，净臀围 90cm 加放 6cm，后腰节为背长 38cm。

（三）制图步骤

1. 一滴水式无袖晚装旗袍基础制图方法（图 4-18）

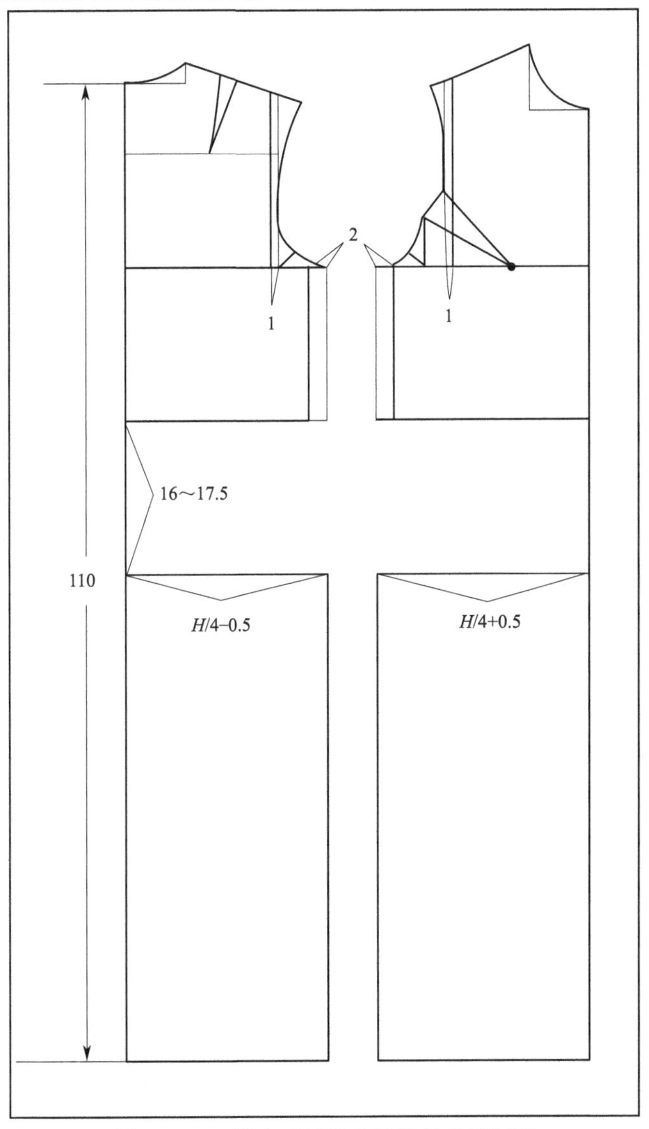

图 4-18　一滴水式无袖晚装旗袍基础制图

此款采用原型制图法制作纸样，与上款旗袍的造型区别在于胸部的立体感更强，纸样中的前后腰节差增大，比照传统旗袍胸省量扩大，胸部有相应修饰。

首先按照号型 160/84A 制文化式女子新原型图，然后依据原型制作纸样。

（1）将原型的侧缝线分开画好，腰线置于同一水平线。

（2）从后中心线画衣长线 110cm。

（3）腰线向下 17～17.5cm 找到臀高再画臀围线。前片臀围肥为 $H/4+0.5$cm，后片臀围肥为 $H/4-0.5$cm。

（4）原型的前后片胸围各减掉 2cm，以保障符合旗袍胸围尺寸。

（5）前胸宽与后背宽各减掉 1cm（即胸围的 1/4 减少量的 50%），以保障符合与胸围的松量比例尺寸关系。

2. 一滴水式无袖晚装旗袍结构制图（图 4-19）

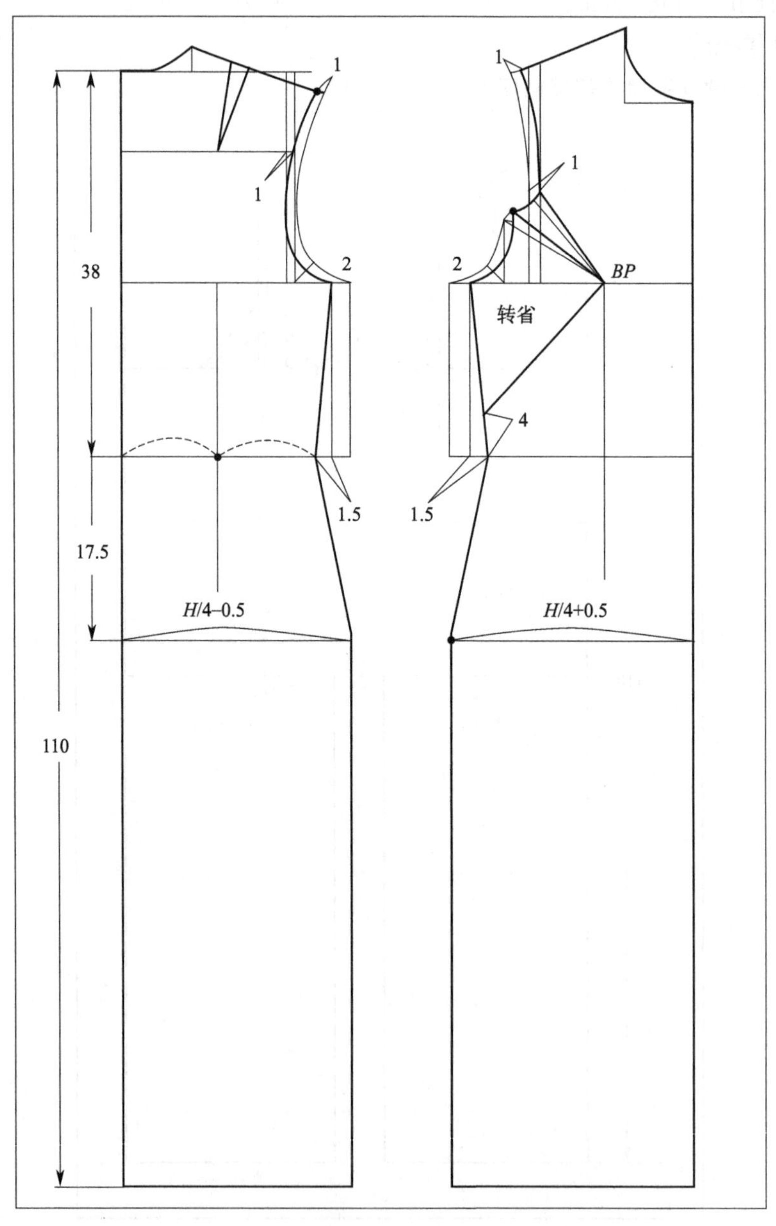

图 4-19　一滴水式无袖晚装旗袍结构制图

（1）根据成品尺寸计算的胸腰差为（$B-W$）/2＝8cm，后片收60％省，前片收40％省。分配给侧缝各收1.5cm省。连接胸、腰、臀侧缝基础线。

（2）设后中腰省位置为后片腰肥的1/2，前片参照BP点设置前中腰省位置。前片侧缝腰部向上4cm处与BP点连接设置侧缝胸省位置。

3. 一滴水式无袖晚装旗袍结构制图完成线（图4-20）

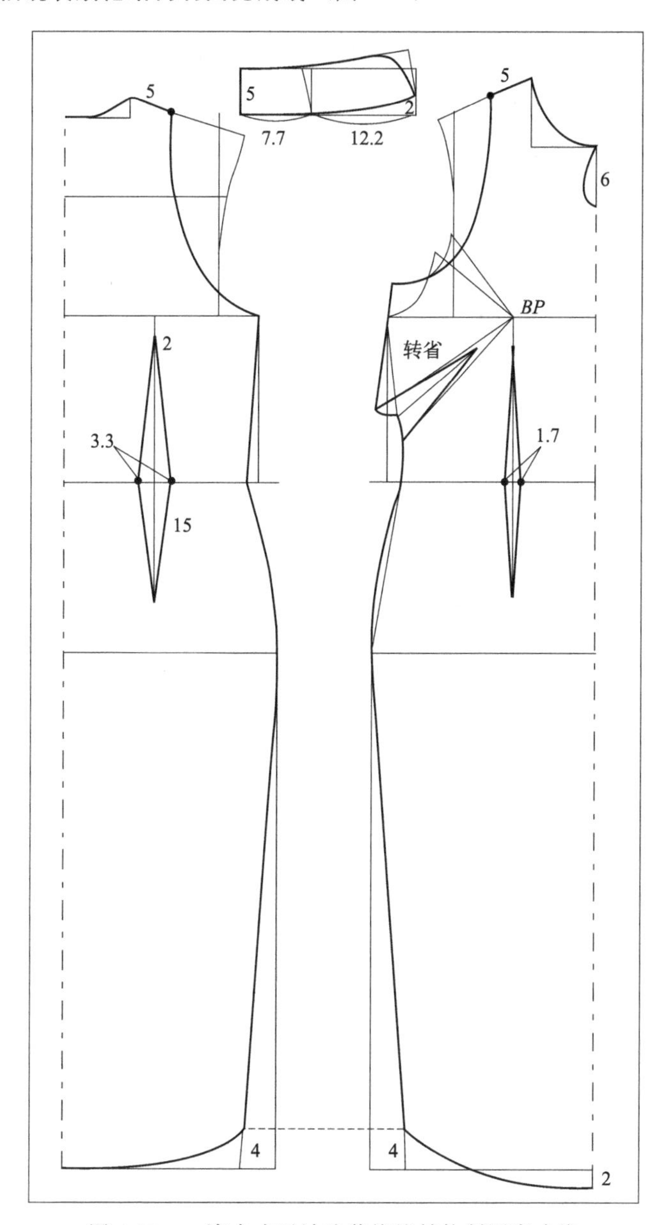

图4-20　一滴水式无袖晚装旗袍结构制图完成线

（1）后片后中线，画成点画线为连裁线，后中腰省3.3cm。

（2）后小肩长5cm，根据款式图修正后袖窿造型线。

（3）后下摆侧缝收4cm，起翘4cm画下摆弧线。

（4）前片将原型的袖窿上的胸凸省转移至侧缝，前中腰省收1.7cm。

（5）前下摆侧缝收4cm，起翘4cm，前中线为点画线下翘2cm画下摆弧线。

（6）前小肩长5cm，根据款式图修正前袖窿造型线。前领口中下6cm画一滴水造型。

4. 一滴水式无袖晚装旗袍领子制图

(1) 将测量的1/2后领口弧线7.7cm和前领口弧线12.2cm形成的直线与立领高5cm画成矩形，为制图辅助线。

(2) 前中线起翘2cm，以修正领上口弧线，使其减短并避免过于靠近脖子，使其更符合中式立领造型。

三、较舒适的生活装连身小短袖式旗袍纸样设计

(一) 较舒适的生活装连身小短袖式旗袍制板方法

较舒适的生活装连身小短袖式旗袍效果图如图4-21所示。

图4-21 较舒适的生活装连身小短袖式旗袍效果图

(二) 成品规格

成品规格按国家号型160/84A确定，如表4-6所示。

表4-6 较舒适的生活装连身小短袖式旗袍成品规格 单位：cm

部位	衣长	胸围	腰围	臀围	腰节	总肩宽	领大
尺寸	98.5	94	74	96	38	37	36.5

现代旗袍大都较紧身，应用于礼仪场合。此款是适合生活中穿着的多样化旗袍，三围松量加放比礼服类旗袍要多，以适合较多的活动需要。

衣长为总体高的60%左右，净胸围84cm加放10cm，净腰围68cm加放6cm，净臀围90cm加放6cm，后腰节为背长38cm。

（三）制图步骤

1. 较舒适的生活装连身小短袖式旗袍制图方法（图4-22）

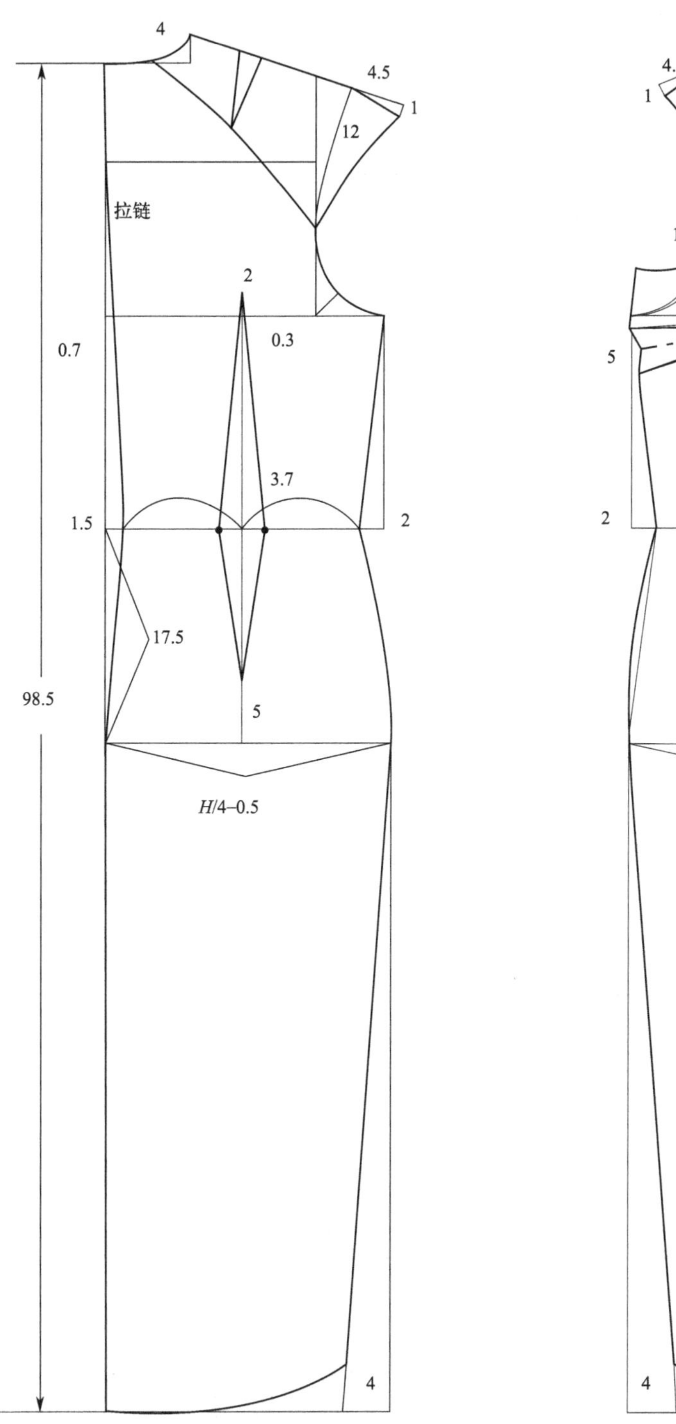

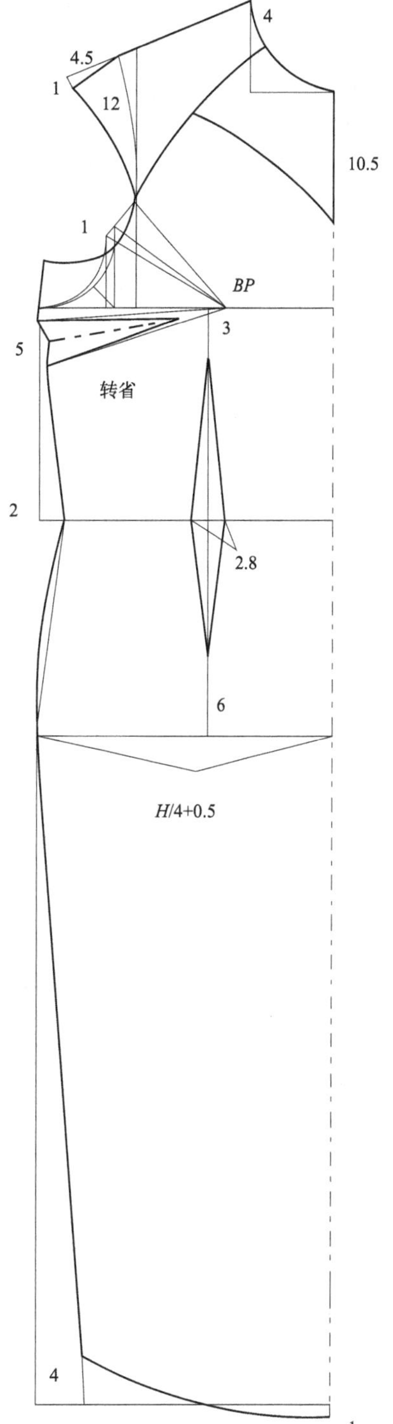

图4-22　较舒适的生活装连身小短袖式旗袍制图

首先按照号型 160/84A 制文化式女子新原型图，然后依据原型制作纸样。

（1）将原型的侧缝线分开画好，腰线置于同一水平线。

（2）从后中心线画衣长线 98.5cm。

（3）腰线向下 17～17.5cm 找到臀高再画臀围线。前片臀围肥为 $H/4+0.5$cm，后片臀围肥为 $H/4-0.5$cm。

（4）原型的后片胸围通过收省共减掉 1cm，以保障符合旗袍胸围尺寸。

（5）后小肩线自然延长 4.5cm 后垂直下落 1cm，在后袖窿弧线 12cm 处画后小袖，再通过后领口弧下 4cm 处画款式分割线。

（6）前小肩线自然延长 4.5cm 后垂直下落 1cm，在前袖窿弧线 12cm 处画前小袖，再通过前领口弧下 4cm 处画款式分割线。前领中下 10.5cm 处画造型分割线。

（7）前片原型袖窿上的胸凸省 1cm 放至袖窿作为弧线里的活动量。

（8）根据制图中的胸腰差 12cm，后片收 60%省，共 7.2cm 省；前片收 40%省，共 4.8cm 省。前后片分配给侧缝各收 2cm 省。连接胸、腰、臀侧缝基础线。

（9）设后腰省 1.5cm，后片中腰省 3.7cm，前片参照 *BP* 点设置前中腰省位置，省量 2.8cm。

（10）前片侧缝胸围线向下 5cm 处与 *BP* 点连接设置侧缝胸省位置，将胸凸省转移此处。

（11）下摆前后收进 4cm，起翘 4cm 画顺圆摆。

2. 较舒适的生活装连身小短袖式旗袍领子制图方法（图 4-23）

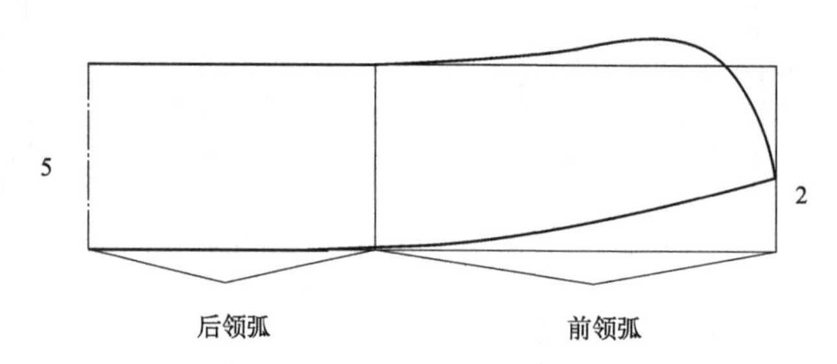

图 4-23　较舒适的生活装连身小短袖式旗袍领子制图

（1）将测量的 1/2 后领口弧线和前领口弧线形成的直线与立领高 5cm 画成矩形，为制图辅助线。

（2）前中线起翘 2cm，以修正领上口弧线，使其减短并避免过于靠近脖子，使其更符合中式立领造型。

四、紧身后下摆拖地鱼尾裙式晚礼服纸样设计

（一）紧身后下摆拖地鱼尾裙式晚礼服制板方法

紧身后下摆拖地鱼尾裙式晚礼服效果图如图 4-24 所示。

（二）成品规格

成品规格按国家号型 160/84A 确定，如表 4-7 所示。

表 4-7　紧身后下摆拖地鱼尾裙式晚礼服成品规格　　单位：cm

部位	基础裙衣长	胸围	腰围	臀围	腰节
尺寸	120	88	70	96	38

此款是三围紧身露肩，下摆拖地多片鱼尾裙式的晚礼服。在净胸围 84cm 的基础上加放 4cm，净腰围 68cm 加放 2～3cm，臀围 90cm 加放 6cm 舒适量，通过腰部设计分割的七片裙式款式线及省量，可以非常简洁地修饰出人体胸、腰、臀部的理想造型曲线，后下摆展开拖地，

图 4-24　紧身后下摆拖地鱼尾裙式晚礼服效果图

前摆至地面。

（三）制图步骤

1. 紧身后下摆拖地鱼尾裙式晚礼服制图方法（原型裁剪法）

首先按照号型 160/84A 型制文化式女子新原型图，然后依据原型制作纸样（具体方法如前文化式女子新原型制图）。

2. 紧身后下摆拖地鱼尾裙式晚礼服前后片基础结构制图方法（图 4-25）

（1）将原型的前后片侧缝线分开画好，腰线置于同一水平线。

（2）后衣片，从原型后中心线画衣片基础长线 120cm。

（3）参照原型胸围线上移 1.5cm，前、后片胸围肥各收进 2cm。

（4）制图上的胸腰差量为 9cm，后片收省 60％为 5.4cm，各为 1.5cm、2.4cm、1.5cm；前片收省 40％为 3.6cm，各为 1.5cm、2.1cm。

（5）前后肩部以胸围线为基准作露肩背款式造型线。

（6）前胸省为原型省量与前腰省连接画刀背弧线。

（7）参照后腰省画分割线。

（8）臀高为总体高/10＋1.5cm＝17.5cm，后片臀围肥为 H/4－0.5cm，前片臀围肥为 H/4＋0.5cm。

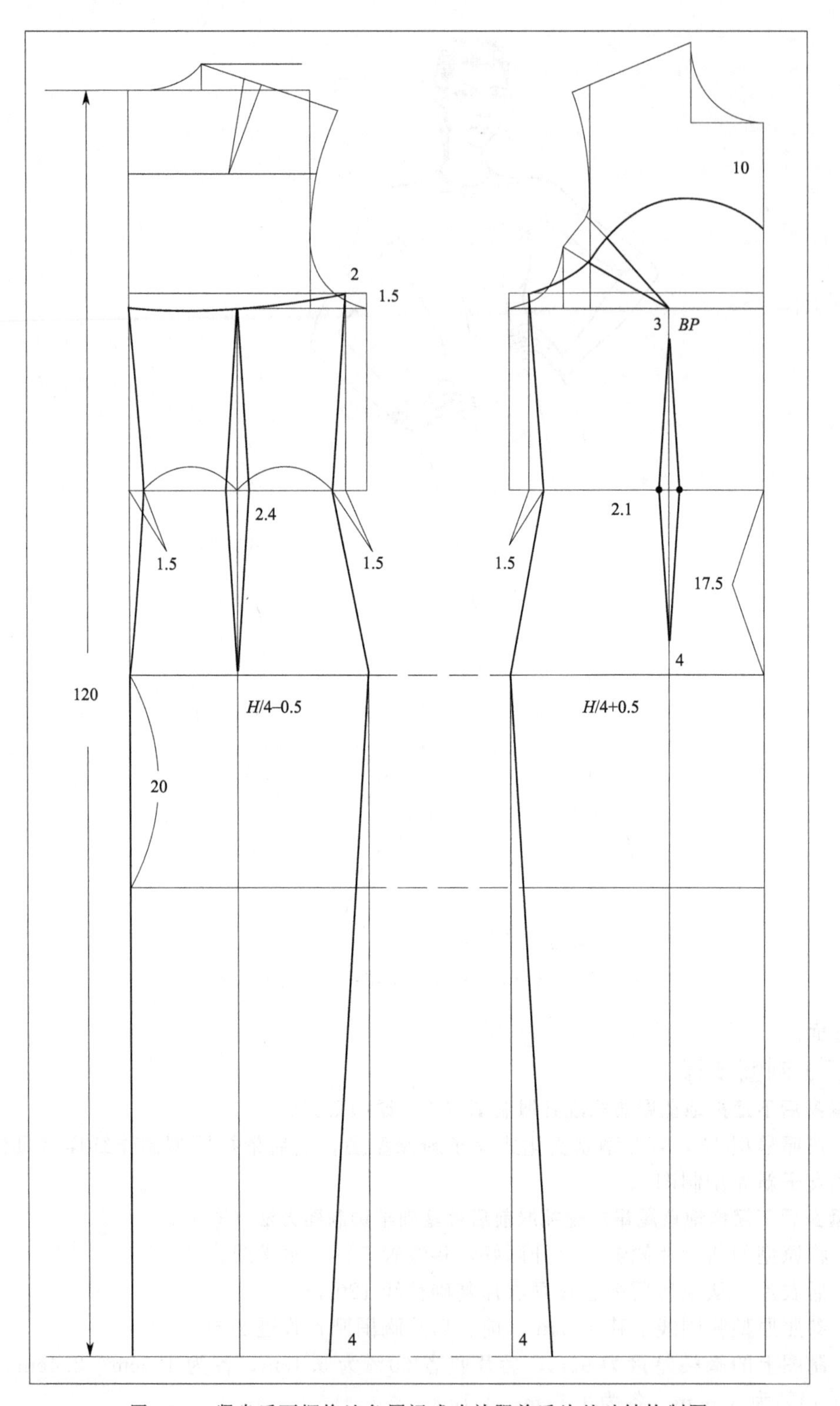

图 4-25　紧身后下摆拖地鱼尾裙式晚礼服前后片基础结构制图

(9) 下摆前后片侧缝各收进 4cm，画圆顺。

3. 紧身后下摆拖地鱼尾裙式晚礼服前后片裙摆结构完成线制图方法（图 4-26）

(1) 后片后中延长 10cm 拖地裙摆，在臀下 20cm 处展开摆，下摆裙侧缝展开 4cm，前片下摆裙侧缝展开 4cm。

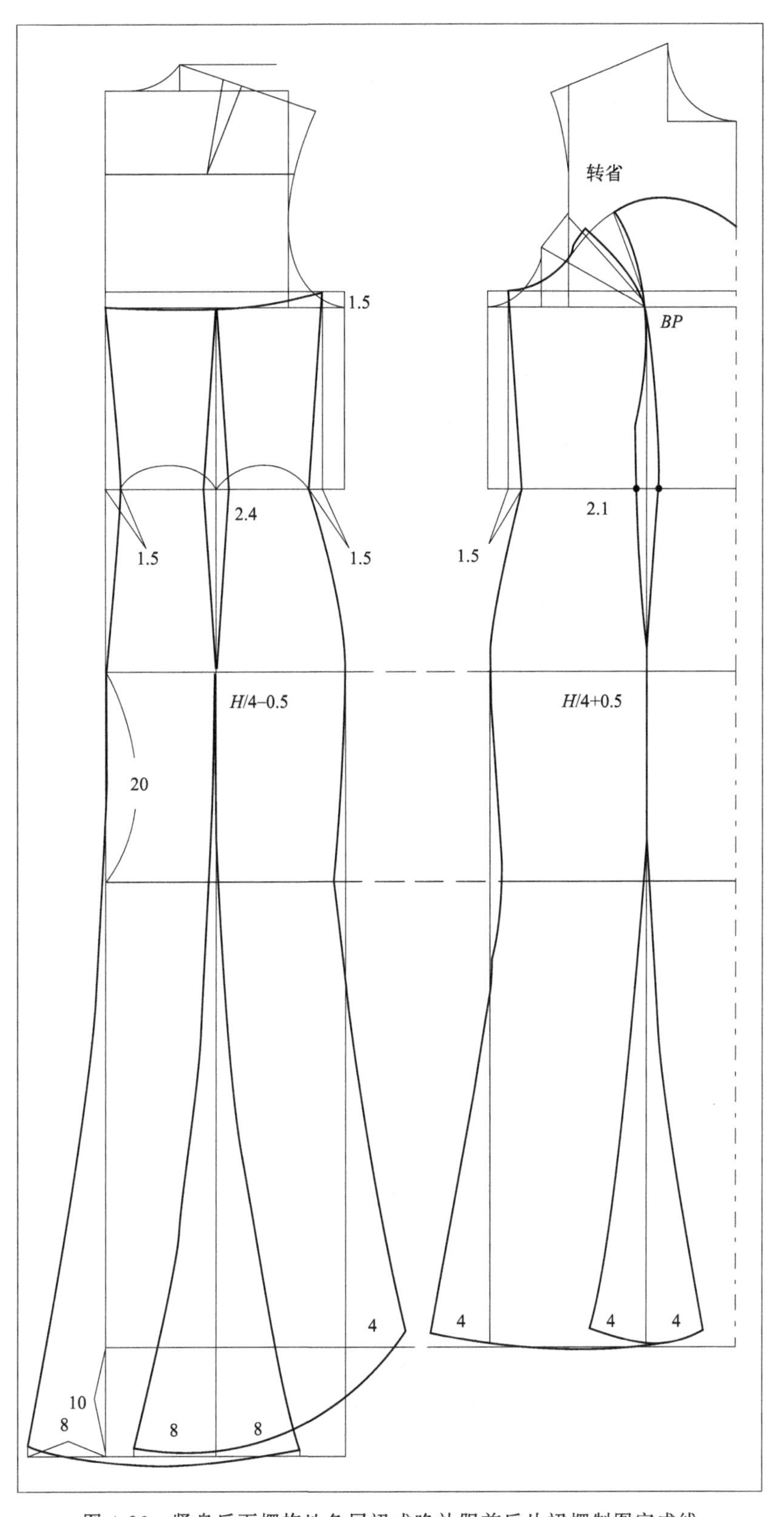

图 4-26　紧身后下摆拖地鱼尾裙式晚礼服前后片裙摆制图完成线

（2）后片后中展开 8cm，后片裙分割线下摆各展开 8cm，前片下摆裙分割线下摆各展开 4cm。根据造型摆量还可以再加放。

（3）将前后下摆弧线画圆顺。

五、吊带紧身后下摆拖地裙式晚礼服纸样设计

（一）吊带紧身后下摆拖地裙式晚礼服制板方法

吊带紧身后下摆拖地裙式晚礼服效果图如图 4-27 所示。

图 4-27 吊带紧身后下摆拖地裙式晚礼服效果图

（二）成品规格

成品规格按国家号型 160/84A 制定，如表 4-8 所示。

表 4-8 吊带紧身后下摆拖地裙式晚礼服成品规格 单位：cm

部位	基础裙衣长	胸围	腰围	臀围	腰节
尺寸	130	86	68	96	38

此款是三围紧身露肩，后片下摆拖地裙式的晚礼服。在净胸围 84cm 的基础上加放 2cm，净腰围 66cm 加放 2cm，臀围 90cm 加放 6cm 放松量，通过臀下部 20cm 前片收摆，后片设计分割四片裙式款式线并放出摆量拖地，前身露腿的款式造型。

（三）制图步骤

1. 吊带紧身后下摆拖地裙式晚礼服制图方法（原型裁剪法）

首先按照号型160/84A型制文化式女子新原型图，然后依据原型制作纸样（具体方法如前文化式女子新原型制图）。

2. 吊带紧身后下摆拖地裙式晚礼服前后片结构制图方法（图4-28）

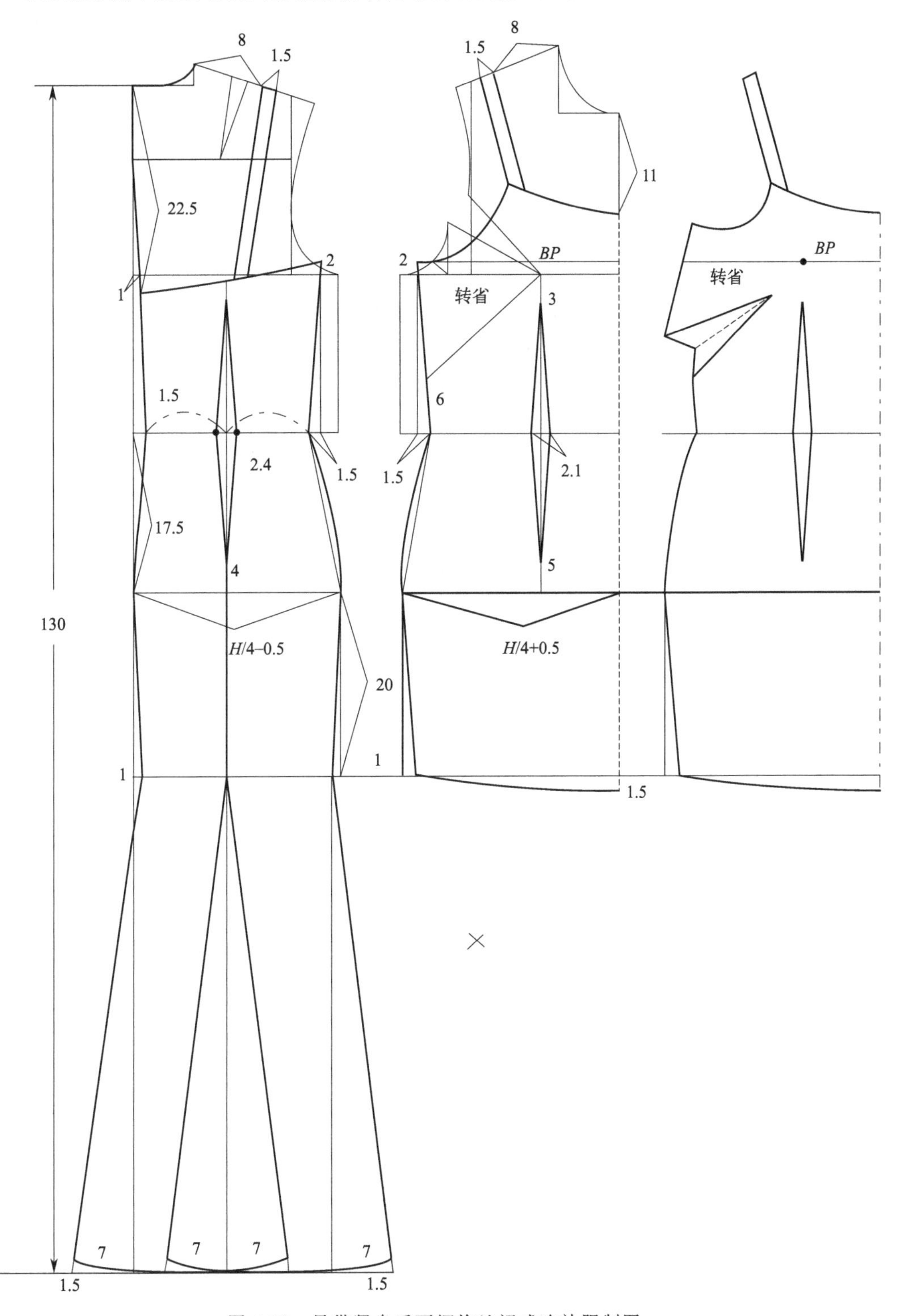

图4-28 吊带紧身后下摆拖地裙式晚礼服制图

（1）将原型的前后片侧缝线分开画好，腰线置于同一水平线。

（2）后衣片，从原型后中心线画衣片基础长线 130cm。

（3）参照原型胸围线上移 1.5cm，同时前后胸围肥各收进 2cm，后中线胸围收 1cm。

（4）制图上的胸腰差量为 9cm，后片收省 60％为 5.4cm，各为 1.5cm、2.4cm、1.5cm；前片收省 40％为 3.6cm，各为 1.5cm、2.1cm。

（5）前后肩部以胸围线为基准作露肩背款式造型线，前领深下移 11cm，后领深下移 22.5cm，吊带宽 1.5cm。

（6）前胸省为原型省量转移至侧缝线。

（7）臀高为总体高/10＋1.5cm＝17.5cm，后片臀围肥为 $H/4-0.5$cm，前片臀围肥为 $H/4+0.5$cm。

（8）前片臀下 20cm 收摆画圆顺。后片后下摆分割共四片，分别放摆 7cm 拖地。

六、胸部收褶紧身前后下摆拖地裙式晚礼服纸样设计

（一）胸部收褶紧身前后下摆拖地裙式晚礼服制板方法

胸部收褶紧身前后下摆拖地裙式晚礼服效果图如图 4-29 所示。

图 4-29　胸部收褶紧身前后下摆拖地裙式晚礼服效果图

（二）成品规格

成品规格按国家号型 160/84A 制定，如表 4-9 所示。

表 4-9 胸部收褶紧身前后下摆拖地裙式晚礼服成品规格 单位：cm

部位	基础裙衣长	胸围	腰围	臀围	腰节
尺寸	130	86	68	96	38

此款式是三围紧身露肩，前后片下摆拖地裙式的晚礼服。在净胸围 84cm 的基础上加放 2cm，净腰围 66cm 加放 2cm，臀围 90cm 加放 6cm 放松量。腰部分割后通过臀下部 20cm 再分割收摆，下部前后片通过纸样设计分割放出较大摆量的拖地造型。

（三）制图步骤

1. 胸部收褶紧身前后下摆拖地裙式晚礼服制图方法（原型裁剪法）

首先按照号型 160/84A 型制文化式女子新原型图，然后依据原型制作纸样（具体方法如前文化式女子新原型制图）。

2. 胸部收褶紧身前后下摆拖地裙式晚礼服前后片基础结构制图方法（图 4-30）

（1）将原型的前后片侧缝线分开画好，腰线置于同一水平线。

（2）后衣片，从原型后中心线画衣片基础长线 130cm。

（3）参照原型胸围线上移 1.5cm，同时前后胸围肥各收进 2cm，后中线胸围收 1cm。

（4）制图上的胸腰差量为 9cm，后片收省 60％为 5.4cm，各为 1.5cm、2.4cm、1.5cm；前片收省 40％为 3.6cm，各为 1.5cm、2.1cm。

（5）前后肩部以胸围线为基准作露肩背款式造型线，前领深下移 11cm，后领深下移 18.5cm，领宽展宽 6cm，小肩宽 5.5cm。

（6）臀高为总体高/10＋1.5cm＝17.5cm，后片臀围肥为 $H/4-0.5$cm，前片臀围肥为 $H/4+0.5$cm。

（7）前后片臀下 20cm 收摆画横向分割线，侧缝下摆放 7cm 基础摆量。

3. 胸部收褶紧身前后下摆拖地裙式晚礼服前后拖地裙部分制图方法（图 4-31）

（1）将后裙下部纸样分割拷贝下来后，上下分割 5 等份，下部裙摆平均打开 7cm 摆浪。

（2）将前裙下部纸样分割拷贝下来后，上下分割 5 等份，下部裙摆平均打开 7cm 摆浪。

4. 胸部收褶紧身前后下摆拖地裙式晚礼服前腰上节胸身部分制图方法（图 4-32）

（1）将前腰上节胸身部分纸样分割拷贝下来后，首先把前袖窿的胸凸省转移至前中线，同时再把前腰省也转移至前中线。

（2）将前中线按造型褶分割线从中心按 2cm 间隔共 8 条放射线设计好，然后将其剪开，平均打开 2cm 褶量，工艺制作时收成自然褶。

七、两层圆摆裙式小礼服纸样设计

（一）两层圆摆裙式小礼服制板方法

两层圆摆裙式小礼服效果图如图 4-33 所示。

（二）成品规格

成品规格按国家号型 160/84A 确定，如表 4-10 所示。

表 4-10 两层圆摆裙式小礼服成品规格 单位：cm

部位	衣长	胸围	腰围	腰节
尺寸	100	84	70	38

此款是紧身露肩，两层圆摆裙式小礼服。在净胸围 84cm 的基础上加放 4cm，净腰围 68cm 加放 2cm。为腰部以下分成双层 360°的圆摆裙。

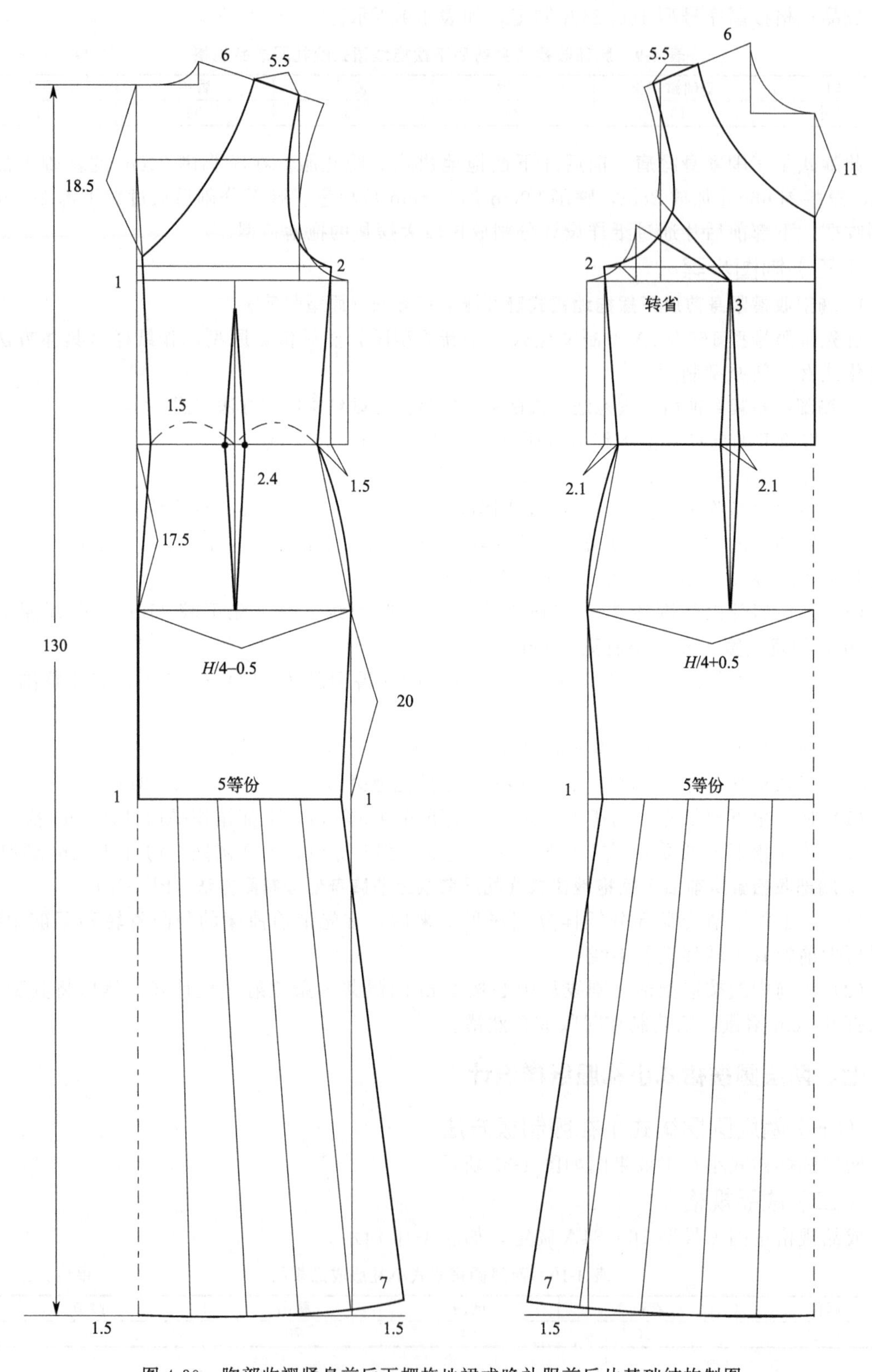

图 4-30　胸部收褶紧身前后下摆拖地裙式晚礼服前后片基础结构制图

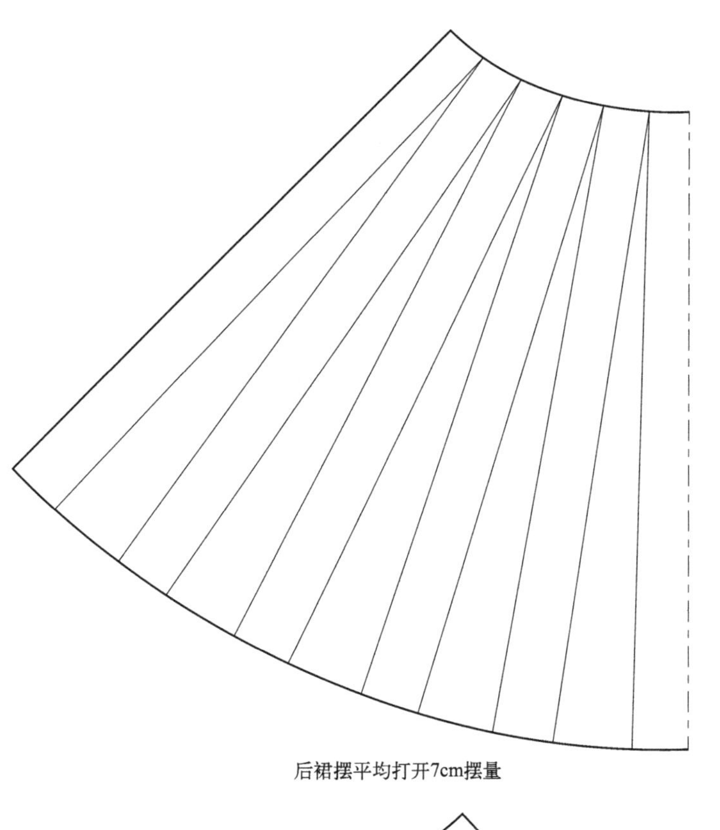

后裙摆平均打开7cm摆量

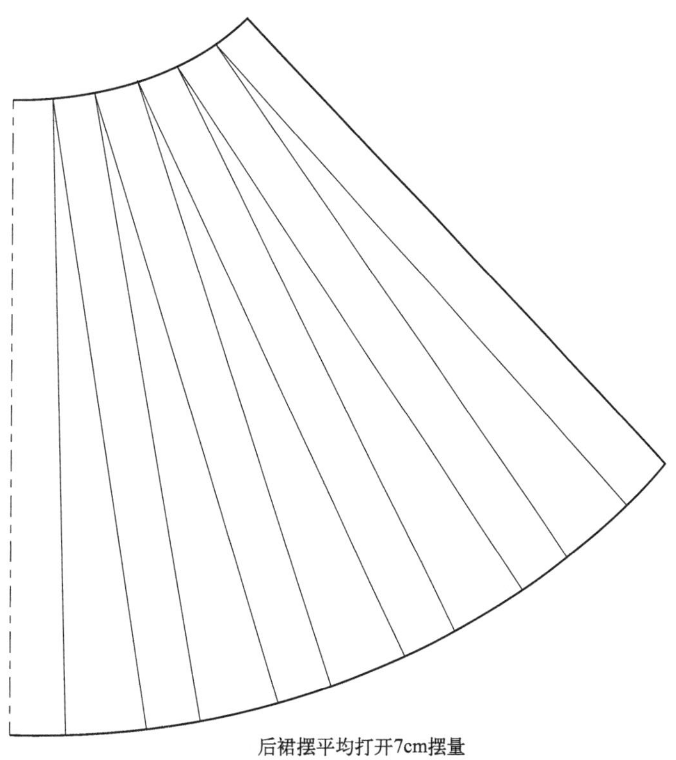

后裙摆平均打开7cm摆量

图 4-31　胸部收褶紧身前后下摆拖地裙式晚礼服前后拖地裙部分制图

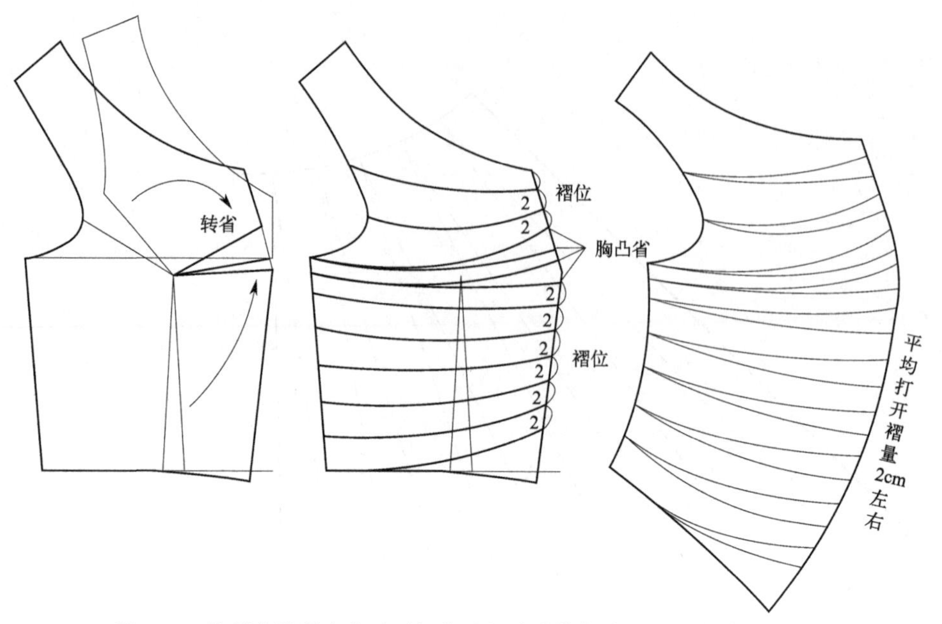

图 4-32　胸部收褶紧身前后下摆拖地裙式晚礼服前腰上节胸身部分制图

图 4-33　两层圆摆裙式小礼服效果图

（三）两层圆摆裙式小礼服制图步骤

1. 制图方法（原型裁剪法）

首先按照号型 160/84A 型制文化式女子新原型图，然后依据原型制作纸样（具体方法如前文化式女子新原型制图）。

2. 两层圆摆裙式小礼服前后片上衣部分结构制图方法（图 4-34）

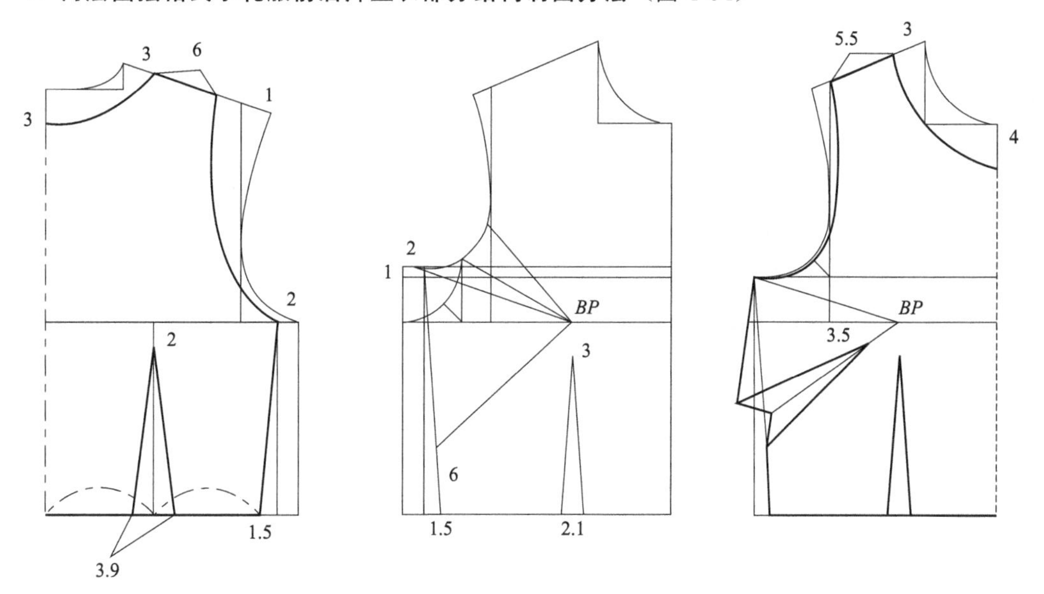

图 4-34　两层圆摆裙式小礼服前后片上衣部分结构制图

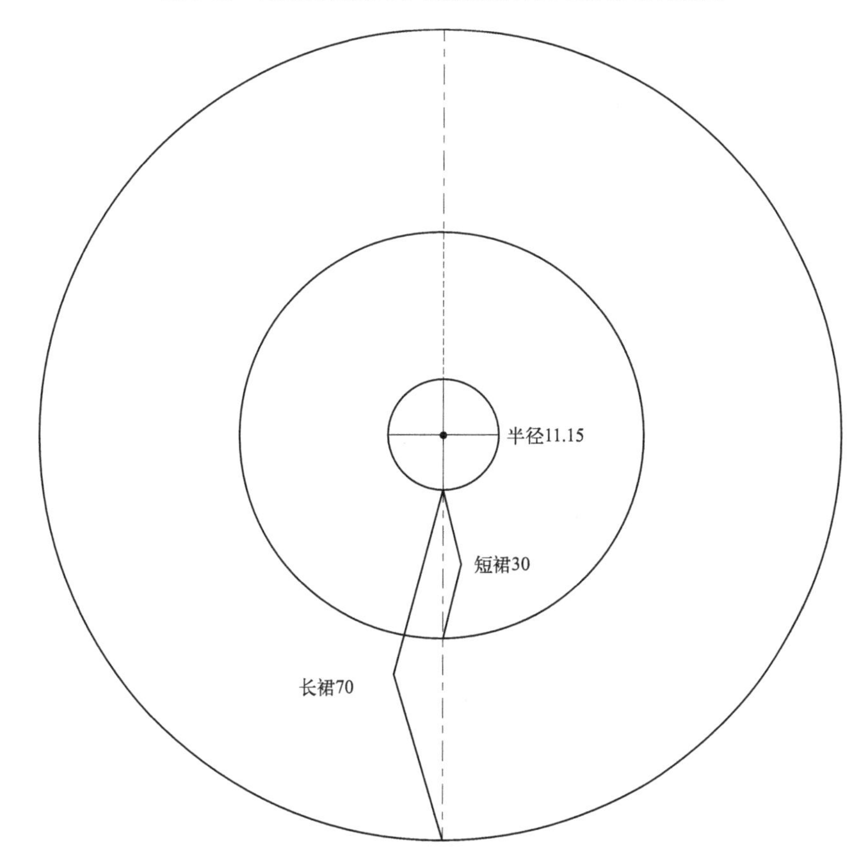

图 4-35　两层圆摆裙式小礼服裙子部分结构制图

（1）将原型的前后片侧缝线分开画好，腰线置于同一水平线。

（2）前后胸围肥各收进 2cm，后中线连裁一整片。

（3）前片将袖窿省转移至侧缝线，其中 1cm 放至袖窿为活动量。

（4）后领宽及领深各加宽和加深 3cm，后小肩长 6cm，修正袖窿弧线。

（5）前领宽及领深各加宽 3cm 和加深 4cm，前小肩长为后小肩长 6cm 减 0.5cm，修正袖窿弧线。

（6）制图上的胸腰差量为 9cm，后片收省 60%为 5.4cm，侧缝 1.5cm，中腰 3.9cm；前片收省 40%为 3.6cm，侧缝 1.5cm，中腰 2.1cm。

3. 两层圆摆裙式小礼服裙子部分结构制图方法（图 4-35）

（1）以成品的腰围尺寸为圆周长，求半径 70/6.28=11.15cm，以其半径 11.15cm 画内圆。

（2）上层裙长 30cm 画 360°圆摆。

（3）下层裙长 70cm 画 360°圆摆。

八、露肩背经典晚礼服纸样设计

（一）露肩背经典晚礼服制板方法

露肩背经典晚礼服效果图如图 4-36 所示。

图 4-36　露肩背经典晚礼服效果图

（二）成品规格

成品规格按国家号型 160/84A 确定，如表 4-11 所示。

表 4-11　露肩背经典晚礼服成品规格　　单位：cm

部位	基础裙衣长	胸围	腰围	臀围	腰节
尺寸	143	88	69	96	38

此款式是三围紧身露肩背，前后片下摆拖地裙式的晚礼服。在净胸围 84cm 的基础上加放 4cm，净腰围 66cm 加放 3cm，臀围加放 6cm 放松量。为保证臀围尺寸，下部前后片通过纸样纵向设计分割线放出较大摆量的拖地造型。

（三）制图步骤

1. 露肩背经典晚礼服制图方法（原型裁剪法）

首先按照号型 160/84A 型制文化式女子新原型图，然后依据原型制作纸样（具体方法如前文化式女子新原型制图）。

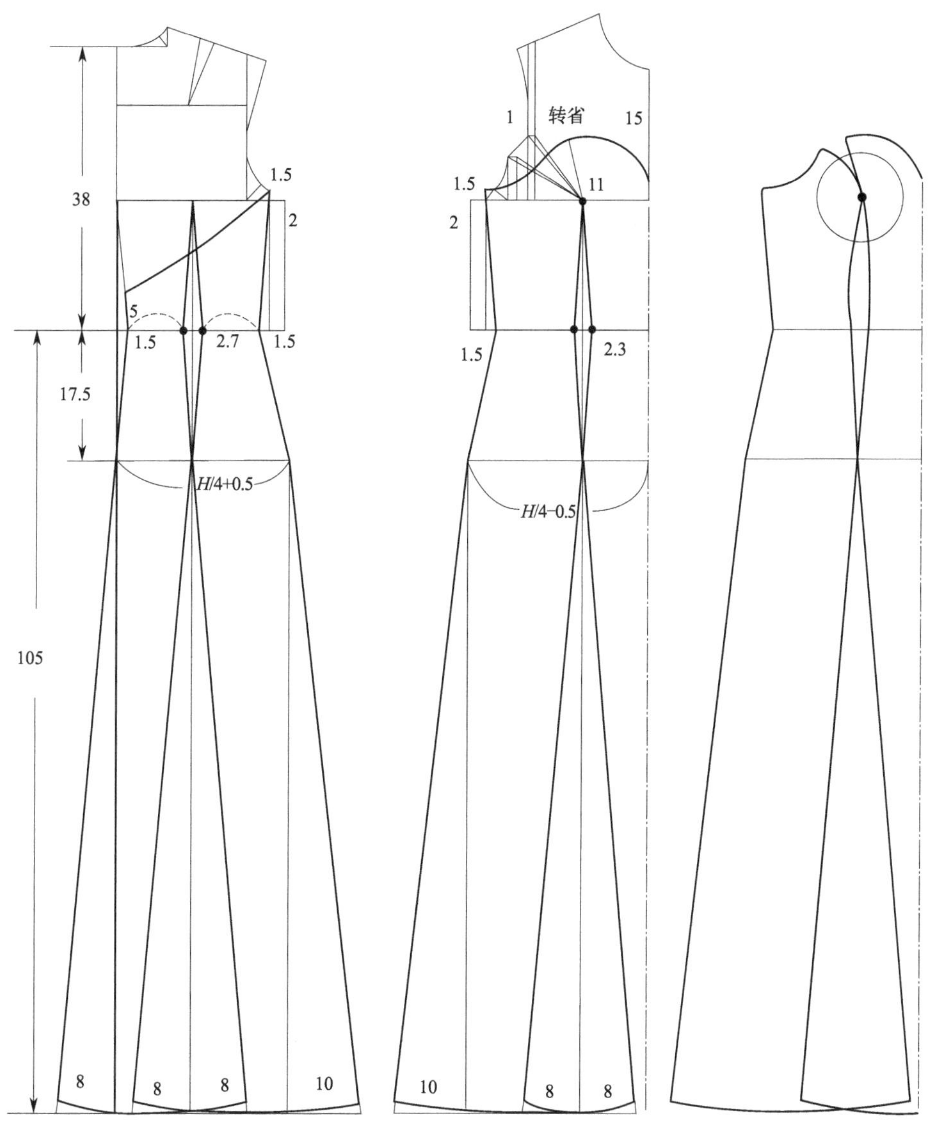

图 4-37　露肩背经典晚礼服前后片基础结构制图

2. 露肩背经典晚礼服前后片基础结构制图方法（图 4-37）

（1）将原型的前后片侧缝线分开画好，腰线置于同一水平线。

（2）后衣片，从原型后中心腰围线画衣片裙长线 105cm。

（3）参照原型胸围线上移 1.5cm，同时前后胸围肥各收进 2cm。

（4）制图上的胸腰差量为 9.5cm，后片收省 60%为 5.7cm，各为 1.5cm、2.7cm、1.5cm；前片收省 40%为 3.8cm，侧缝为 1.5cm，中腰为 2.3cm。

（5）前后肩部以胸围线为基准如图 4-37 所示，作露肩背款式造型线。

（6）前胸省为原型省量与前腰省连接，画刀背弧线。

（7）后片参照后腰省画分割线。

（8）臀高为总体高/10+1.5=17.5cm，后片臀围肥为 $H/4-0.5$cm，前片臀围肥为 $H/4+0.5$cm。

（9）下摆前后片侧缝各放出 10cm 摆量与臀围连接，画侧缝线，应顺畅。

（10）后中线放摆 8cm，后中腰分割线两侧各放 8cm，下摆底线画顺，各边角呈直角。

（11）前宽及胸省位各收进 1cm，重新确定袖窿的胸省量；胸围处依据前领口下移 15cm 的测量结果，画包裹前乳胸的造型弧形线。将袖窿处胸省转移于上部修正成弧形线，并与腰省画顺。

（12）前中腰分割线两侧各放 8cm，下摆底线画顺，各边角呈直角。

第四节　休闲连体服装类的纸样设计

一、无领系腰带连衣袖裙纸样设计

（一）无领系腰带连衣袖裙制板方法

无领系腰带连衣袖裙效果图如图 4-38 所示。

图 4-38　无领系腰带连衣袖裙效果图

（二）成品规格

成品规格按国家号型 160/84A 确定，如表 4-12 所示。

表 4-12　无领系腰带连衣袖裙成品规格　　单位：cm

部位	后衣裙长	胸围	腰围	臀围	腰节	袖长	袖口
尺寸	105	96	90	100	38	55	16

此款式是三围松身休闲连衣袖式服装。在净胸围 84cm 的基础上加放 12cm，净腰围基础型加放 22cm，臀围加放 10cm 放松量。下摆部前后片通过纸样转省自然设计，放出较大摆量。腰部通过系腰带获得休闲的造型。

（三）制图步骤

1. 无领系腰带连衣袖裙制图方法（原型裁剪法）

首先按照号型 160/84A 型制文化式女子新原型图，然后依据原型制作纸样（具体方法如前文化式女子新原型制图）。

2. 无领系腰带连衣袖裙前后片基础结构制图方法（图 4-39）。

（1）将原型的前后片侧缝线分开画好，腰线置于同一水平线。

（2）后衣片，从原型后中心画衣裙长线 105cm。

（3）参照原型前后片胸围线下移 1.5cm。

（4）后领宽展开 1cm，通过背宽冲肩 2cm 确定后肩端点。原型后肩省保留 1/3，其余省

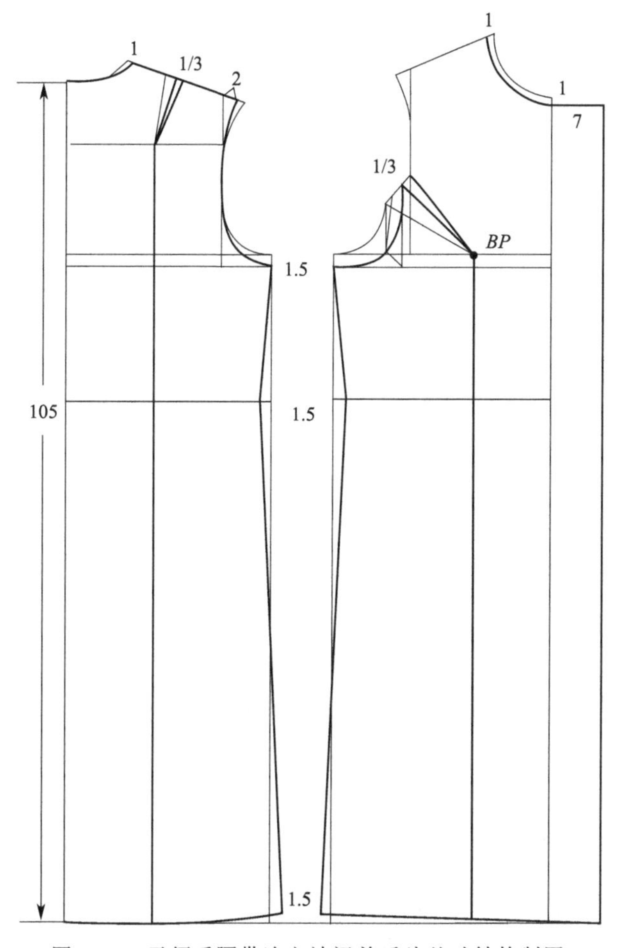

图 4-39　无领系腰带连衣袖裙前后片基础结构制图

略，从肩点修正后袖窿弧线。

（5）侧缝收省1.5cm，下摆放出1.5cm，从后肩端点作垂线。

（6）前片袖窿省保留1/3，修正袖窿弧线，其余置于袖窿。

（7）前领宽展宽1cm，领深开深1cm。搭门宽7cm，从 *BP* 点作垂线。

（8）腰侧收1.5cm省量，下摆放出1.5cm，修正下摆弧线。

3. 无领系腰带连衣袖裙前后衣片结构制图方法（图4-40）

（1）后片依据后肩端点设置的垂线通过纸样剪开，合并肩省下摆自然打开摆量。后中心线连裁。

（2）前片小肩斜线依据后小肩实际尺寸确定。

（3）前片依据前胸 *BP* 点设置的垂线通过纸样剪开，合并胸省下摆自然打开摆量。修正、修顺下摆弧线。

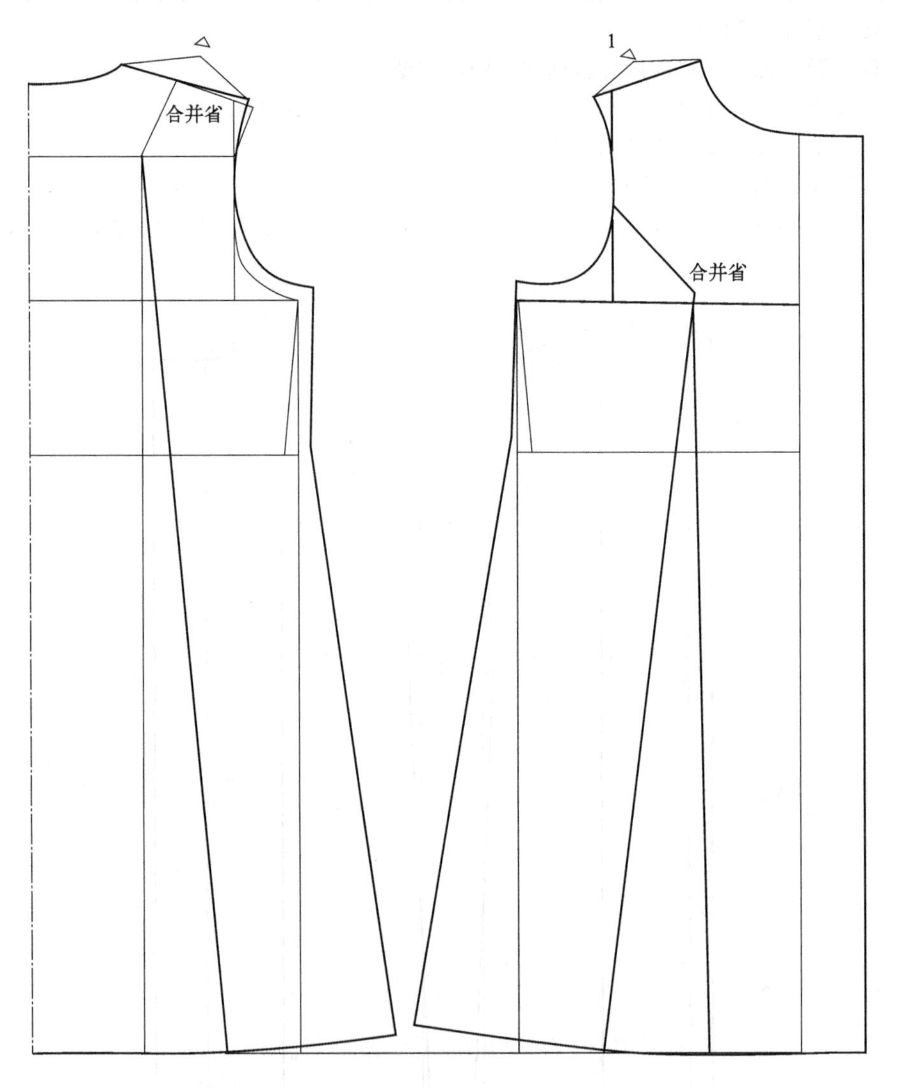

图4-40　无领系腰带连衣袖裙前后衣片结构制图

4. 无领系腰带连衣袖裙前后衣片连袖结构制图方法（图4-41）

（1）前片肩线点延长15cm作垂线3.5cm，以此点与肩点连线画袖长55cm，作袖口垂线16cm－1cm，参照胸下4cm位置画袖下缝线。

（2）后片肩线点延长 15cm 作垂线 3.5cm，以此点与肩点连线画袖长 55cm，作袖口垂线 16cm＋1cm，参照胸下 4cm 位置画袖下缝线。

（3）参照前宽垂线至腰围线下设置斜插袋长 15cm。前领口下 3cm，画双排八枚扣，横间距 6cm，纵向间距 18cm。

（4）腰带宽 4.5cm，长 110cm。

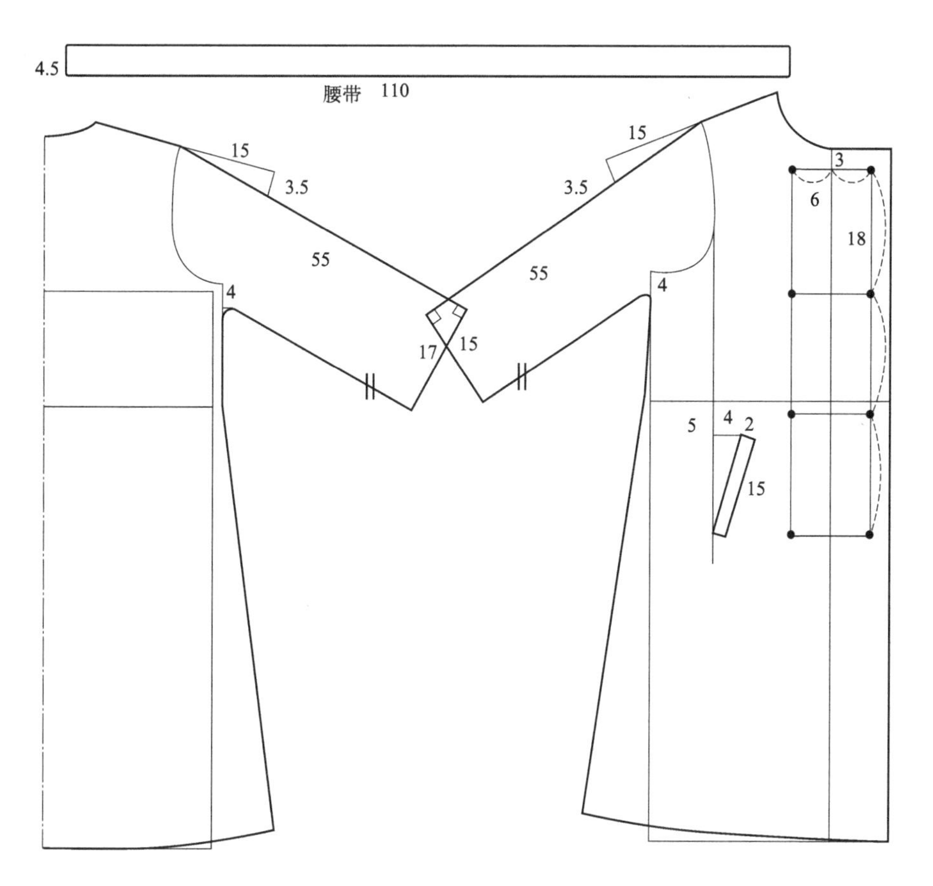

图 4-41 无领系腰带连衣袖裙前后衣片连袖结构制图

二、前开门收摆无领泡泡袖连衣裙纸样设计

（一）前开门收摆无领泡泡袖连衣裙制板方法

前开门收摆无领泡泡袖连衣裙效果图如图 4-42 所示。

（二）成品规格

成品规格按国家号型 160/84A 确定，如表 4-13 所示。

表 4-13 前开门收摆无领泡泡袖连衣裙成品规格　　单位：cm

部位	衣长	胸围	腰围	臀围	腰节	总肩宽	袖长	袖口
尺寸	110	94	74	96	38	37	24	32

此款式是三围合体休闲连衣泡泡袖式服装。在净胸围 84cm 的基础上加放 10cm，净腰围 68cm 加放 6cm，臀围 90cm 加放 6cm 放松量。下摆部前后片收摆量，前身开门获得休闲的造型。

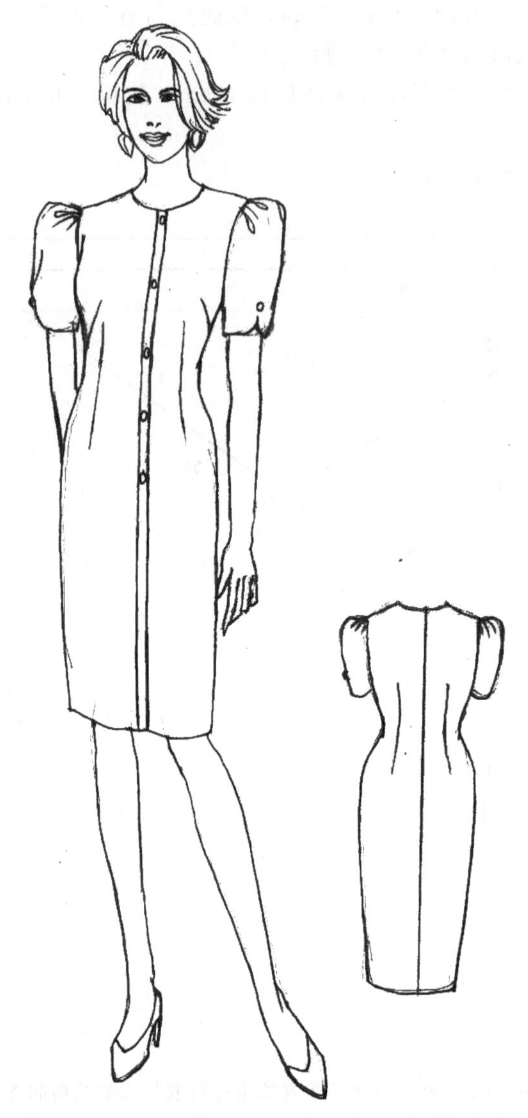

图 4-42　前开门收摆无领泡泡袖连衣裙效果图

（三）制图步骤

1. 前开门收摆无领泡泡袖连衣裙制图方法（原型裁剪法）

首先按照号型 160/84A 型制文化式女子新原型图，然后依据原型制作纸样（具体方法如前文化式女子新原型制图）。

2. 前开门收摆无领泡泡袖连衣裙前后片结构制图方法（图 4-43）。

(1) 将原型的前后片侧缝线分开画好，腰线置于同一水平线。

(2) 后衣片，从原型后领深下画衣长线 110cm。胸围线前后各下移 1cm。

(3) 后领深挖深 2cm，前后领宽各展宽 2cm，前领开深 3cm。

(4) 后小肩肩胛省只保留 0.7cm 省量，其余忽略。冲肩 1cm，确定后肩点。

(5) 图中 1/2 前后衣片总省量为 11cm，后片腰部占 60%共 6.6cm；3 个省分别收掉 2cm、3.1cm、1.5cm 省量，其余由前片收掉。

(6) 臀高 17.5cm，后片臀围肥 $H/4-0.5$cm。

(7) 后片下摆依据臀围顺延收摆 2cm。

（8）前片小肩宽为后小肩实际尺寸减 0.7cm。

（9）胸凸省 1/3 放置前袖窿为松量，其余省量转移至前侧缝设侧缝胸省。

（10）前片占前后衣片总省量的 40%，共 4.4cm；2 个省，分别为 1.5cm 和 2.9cm。

（11）臀高 17.5cm，前片臀围肥 $H/4+0.5$cm。

（12）前片下摆依据臀围顺延收 2cm 摆。

（13）前搭门 1.5cm，明门襟 3cm 宽，设五枚扣。

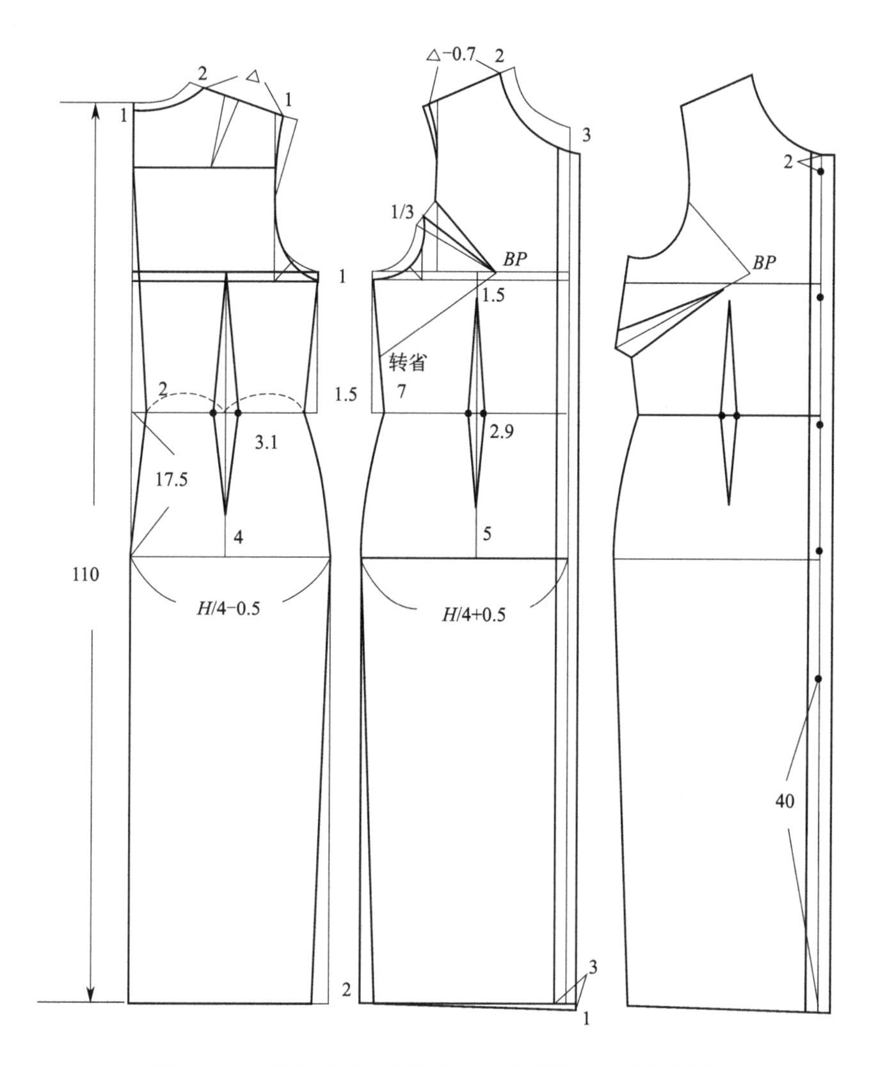

图 4-43　前开门收摆无领泡泡袖连衣裙前后片结构制图

3. 前开门收摆无领泡泡袖连衣裙袖子结构制图方法（图 4-44）

（1）袖长 24cm。

（2）袖山高的计算采用 $AH/2\times0.6$，即袖山高所对应角度为 37°。

（3）从袖山高点采用前、后 AH 画斜线长交于基础袖肥线，获得前、后袖肥，通过辅助点画前、后袖山弧线。

（4）收袖口，短袖口 32cm 中间弧形造型。

（5）袖中心线与前、后袖肥线采用纸样剪开的方法，将袖山两侧各打开 5cm 左右，作为泡泡袖缩褶造型量。前、后袖山分别各收两个 2.5cm 的倒褶。

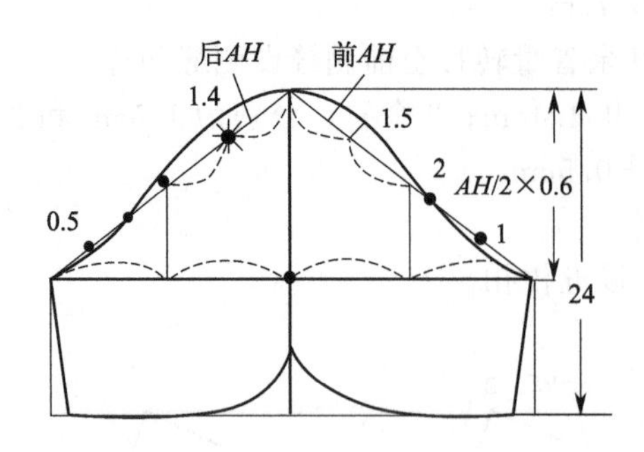

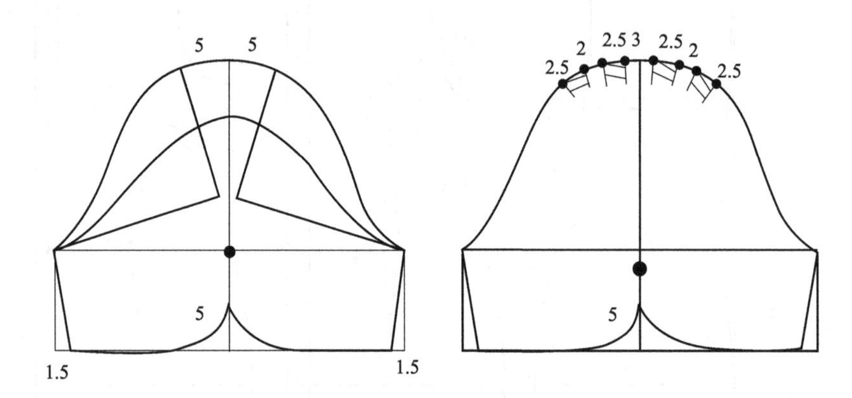

图 4-44　前开门收摆无领泡泡袖连衣裙袖子结构制图

三、无袖一字领前开门合体休闲连衣裙纸样设计

（一）无袖一字领前开门合体休闲连衣裙制板方法

无袖一字领前开门合体休闲连衣裙效果图如图 4-45 所示。

（二）成品规格

成品规格按国家号型 160/84A 确定，如表 4-14 所示。

表 4-14　无袖一字领前开门合体休闲连衣裙成品规格　　单位：cm

部位	衣长	胸围	腰围	臀围	腰节	总肩宽
尺寸	110	94	74	96	38	37.5

此款式是三围合体休闲连衣泡泡袖式服装。在净胸围 84 cm 的基础上加放 10cm，净腰围 68cm 加放 6cm，净臀围 90cm 加放 6cm 放松量。下摆部前后片收摆量，前身开搭门 5cm 获得休闲造型。

（三）制图步骤

1. 无袖一字领前开门合体休闲连衣裙制图方法（原型裁剪法）

首先按照号型 160/84A 型制文化式女子新原型图，然后依据原型制作纸样（具体方法如前文化式女子新原型制图）。

2. 无袖一字领前开门合体休闲连衣裙前后片基础结构制图方法（图 4-46）。

（1）将原型的前后片侧缝线分开画好，腰线置于同一水平线。

（2）后衣片，从原型后领深下画衣长线 110cm。

图 4-45　无袖一字领前开门合体休闲连衣裙效果图

（3）后领深下挖 1cm，前后领宽各展宽 8cm，前领开深 3cm，前搭门 5cm。修正前后领弧线。

（4）原型后肩胛省忽略，冲肩 1cm 确定后肩点。

（5）图中 1/2 前后衣片总省量为 11cm，后片腰部占 60%，共 6.6cm；3 个省，分别收掉 2cm、3.1cm、1.5cm 省量，其余由前片收掉。

（6）臀高 17.5cm，后片臀围肥 $H/4-0.5$cm。

（7）后片下摆依据臀围顺延收摆 2cm。

（8）前片小肩宽为后小肩实际尺寸。

（9）胸凸省 1/3 放置前袖窿为松量，其余省量转移至前侧缝，设侧缝胸省。

(10) 前片占前后衣片总省量的40%，共4.4cm；2个省，分别为1.5cm和2.9cm。

(11) 臀高17.5cm，前片臀围肥 $H/4+0.5$cm。

(12) 前片下摆依据臀围顺延收2cm摆。

(13) 前搭门下摆上25cm处，画弧形线造型。

3. 无袖一字领前开门合体休闲连衣裙前后片及领子结构制图方法（图4-47）。

(1) 前片依据侧缝设置的转省位置，将袖窿处的胸省转移在侧缝修正好省尖，距 BP 点3.5cm。

(2) 画前后一字领辅助线，首先将前后小肩斜线延长4cm，然后作一垂线2cm。

(3) 后领口深下6cm为后领宽，参照后领口及小肩线画领外口弧线，获得后领形。

(4) 参照前领口及前小肩线画前领外口款式线，获得前领形。

(5) 在前片搭门止口进2cm，前领口深下2cm处，画七枚扣，其间距为10cm。

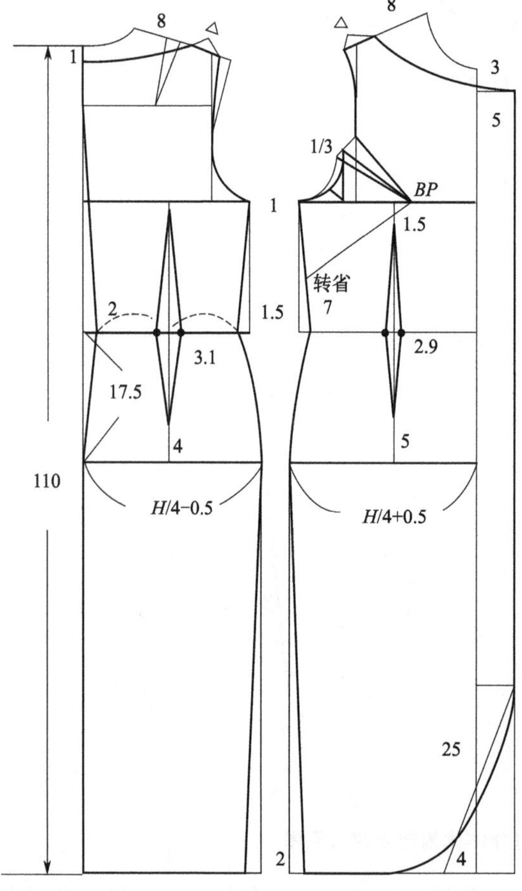

图4-46 无袖一字领前开门合体休闲连衣裙前后片基础结构制图

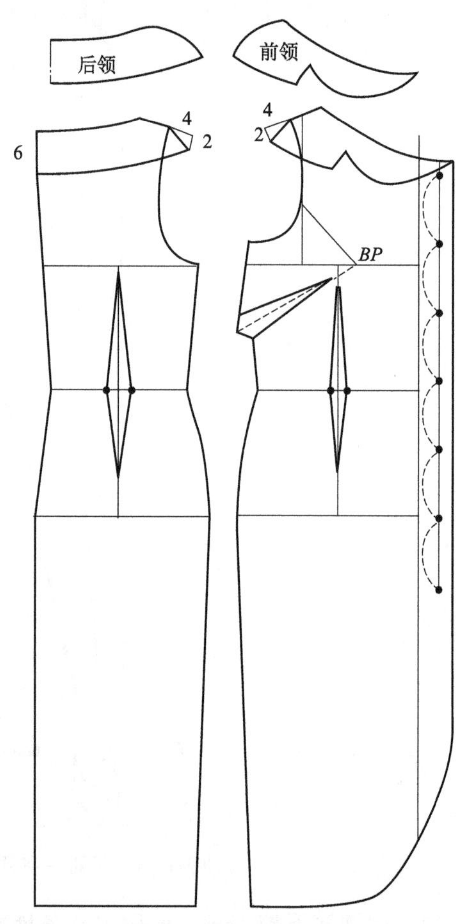

图4-47 无袖一字领前开门合体休闲连衣裙前后片及领子结构制图

第一节　男女大衣的结构特点与纸样设计

大衣也是时装的一种形式，其款式变化与时尚流行趋势密切相关，男女大衣款式品类很多，有生活装大衣、礼服大衣、休闲及职业装大衣等。此外，也分为长大衣、中长大衣等。设计时需要在充分了解男女人体的基础上，结合具体的穿着时间、地点、环境来决定造型特点。大衣是春秋冬季的实用服装，故在确立服装各个部位规格尺寸的时候，既要考虑时尚的特点，更要注重与其配套的其他服装之间的舒适性，从而结合服装结构构成方法获得正确的纸样。

第二节　女大衣的纸样设计

一、公主线单排扣西服领式长大衣纸样设计

（一）公主线单排扣西服领式长大衣制板方法

公主线单排扣西服领式长大衣效果图如图 5-1 所示。

（二）成品规格

成品规格按国家号型 160/84A 确定，如表 5-1 所示。

表 5-1　公主线单排扣西服领式长大衣成品规格　　单位：cm

部位	衣长	胸围	腰围	臀围	腰节	总肩宽	袖长	袖口
尺寸	105	100	82	102	38	40	54	14

此款为公主线四开身结构，上身较宽松的大西服领式女时装大衣，单排四枚扣，大摆和西服领是其设计特点，适合日常生活中穿着。在净胸围 84cm 的基础上加放 16cm，净腰围 68cm 加放 14cm，净臀围 90cm 加放 12cm，袖子采用高袖山一片袖及袖口省结构。可采用中厚毛纺、混纺面料等。

图 5-1　公主线单排扣西服领式长大衣效果图

（三）制图步骤

1. 制图方法（原型裁剪法）

首先按照号型 160/84A 型制文化式女子新原型图，然后依据原型制作纸样（具体方法如前文化式女子新原型制图）。

2. 公主线单排扣西服领式大衣前后片基础结构制图方法（图 5-2）

（1）将上衣原型画好，四开身结构。

（2）后衣片，从原型后中心线画衣长线 105cm。

（3）后片胸围线加放 2cm，前片胸围线加放 1cm，胸围线下移 2cm。

（4）前后宽各展开 0.75cm（占原型胸围增长量的 12.5%左右）。

（5）前后领宽各展宽 1.5cm。

（6）原型后肩点上移 1～1.5cm，后肩胛省保留 0.7cm 作后公主线省用。其余转移至后袖窿处，垫肩 1.5cm，冲肩 1.5cm 确定后肩点。

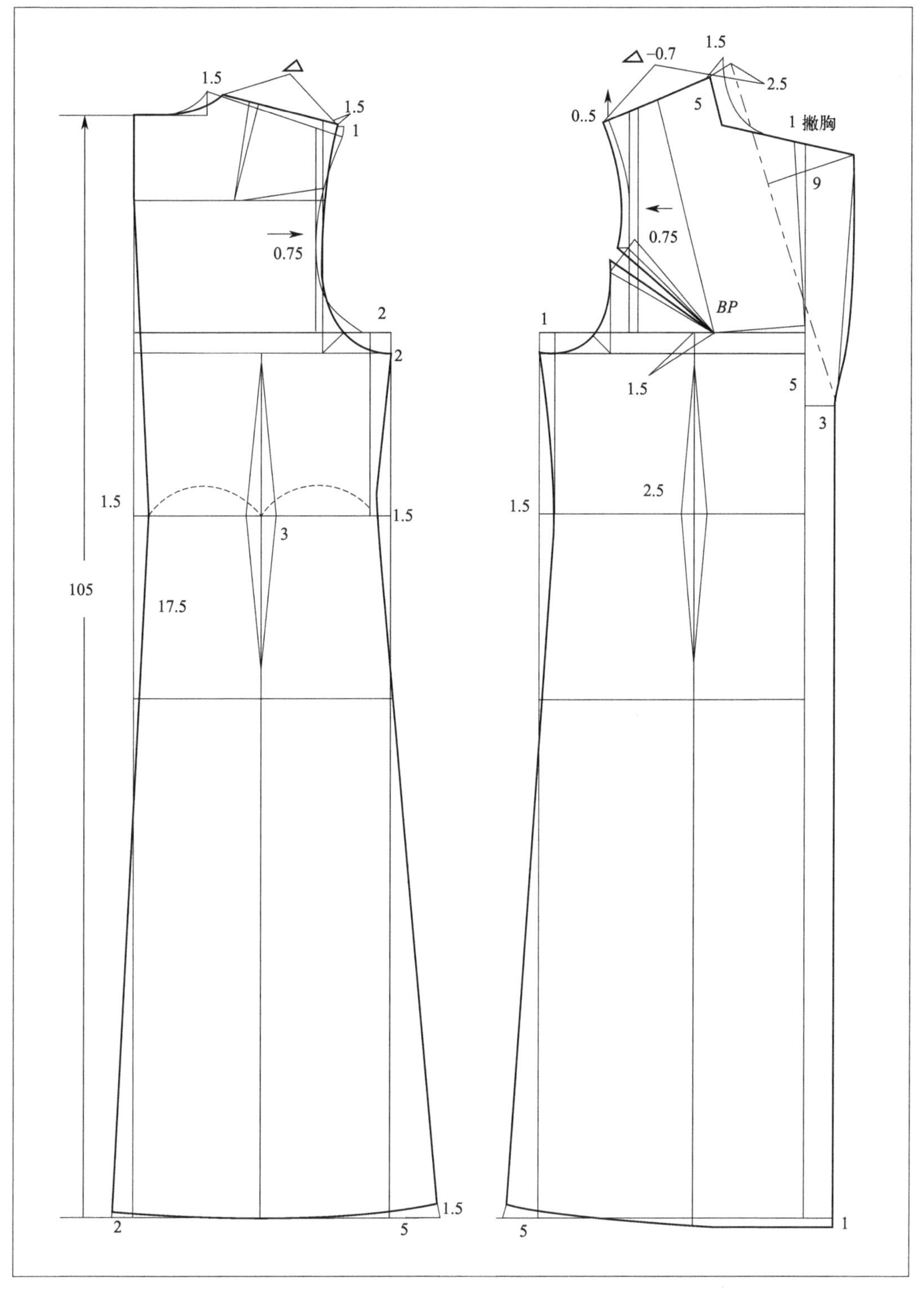

图 5-2　公主线单排扣西服领式大衣前后片基础结构制图

（7）前肩点上移 0.5～0.7cm，以后小肩实际尺寸的长度减 0.7cm 为前小肩长。

（8）制图中 1/2 前后衣片总省量为 10cm，后片腰部占 60％左右分别收掉 1.5cm、3cm、1.5cm。其余前片中腰收 1.5cm、2.5cm 省量。

（9）前衣片前中线作 1cm 撇胸，其余胸凸省的 1/3 转至袖窿以保证袖窿的活动需要，剩余省量转移至前小肩作公主线省。

（10）搭门 3cm，驳领宽 9cm。前后片侧缝放摆 5cm，后中放摆 2cm。

3. 公主线单排扣西服领式大衣前后片及领子结构制图方法（图 5-3）

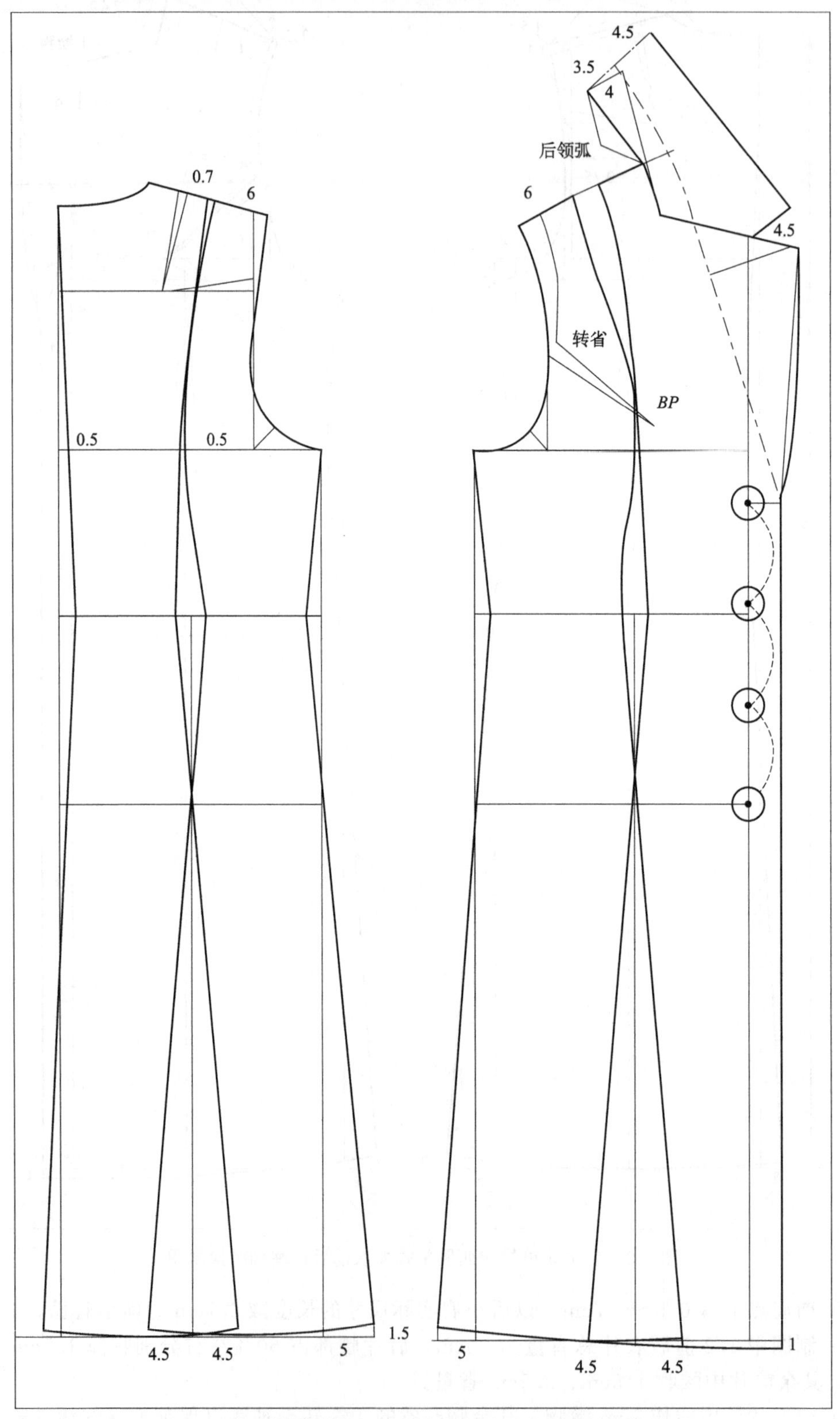

图 5-3　公主线单排扣西服领式大衣前后片及领子结构制图

（1）前后公主线上部与腰省自然画顺。

（2）前后公主线下摆各放出 4.5cm。

（3）总领宽 8cm，底领 3.5cm，翻领 4.5cm，倒伏量 4cm。

（4）驳嘴、领嘴宽 4.5cm。

（5）臀围线向上至下驳口位分为四枚扣。

4. 公主线单排扣西服领式大衣袖子结构制图方法（图 5-4）

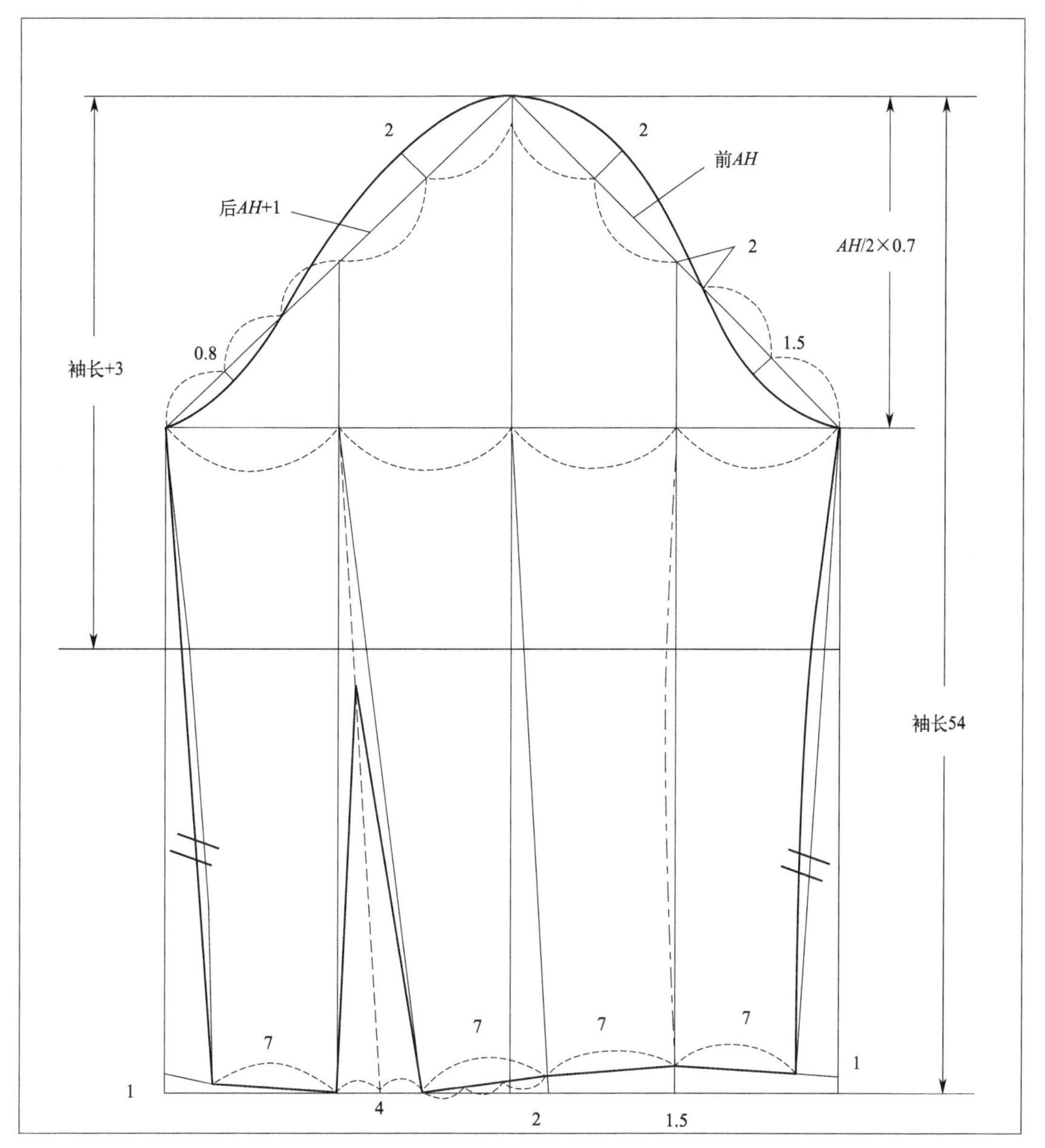

图 5-4　公主线单排扣西服领式大衣袖子结构制图

（1）袖长 54cm。

（2）袖山高的计算公式为 $AH/2\times0.7$。

（3）从袖山高点采用前 AH 画斜线长取得前袖肥，后 $AH+1$cm 画斜线长取得后袖肥。通过辅助点画前后袖山弧线。

（4）袖肘，从袖山高点向下为袖长/2＋3cm。

（5）在一片袖形基础中线前倾 2cm，以辅助线画袖口。
（6）袖口 14cm。
（7）后袖口处设省 4cm。

二、装袖大翻驳领圆摆女时装长大衣纸样设计

（一）装袖大翻驳领圆摆女时装长大衣制板方法

装袖大翻驳领圆摆女时装长大衣效果图如图 5-5 所示。

图 5-5 装袖大翻驳领圆摆女时装长大衣效果图

（二）成品规格

成品规格按国家号型 160/84A 确定，如表 5-2 所示。

表 5-2 装袖大翻驳领圆摆女时装长大衣成品规格 单位：cm

部位	衣长	胸围	腰围	臀围	腰节	总肩宽	袖长	袖口
尺寸	110	94	74	105	38	39	56	14

此款为上身较紧大翻领圆摆女时装大衣，双排八枚扣，较夸张的大圆摆、大翻领收腰的复古造型是其设计特点。三开身结构可以理想地修饰、塑造出女性优美曲线。在净胸围的基础上加放 10cm，腰围加放 6cm，臀围 90cm 加放 15cm，袖子采用高袖山一片袖袖口省结构。

可采用组织结构较紧密的精纺毛呢面料或粗纺毛呢面料。

（三）制图步骤

1. 制图方法（原型裁剪法）

首先按照号型 160/84A 型制文化式女子新原型图，然后依据原型制作纸样（具体方法如前文化式女子新原型制图）。

2. 装袖大翻驳领圆摆女时装长大衣前后片结构制图方法（图 5-6）

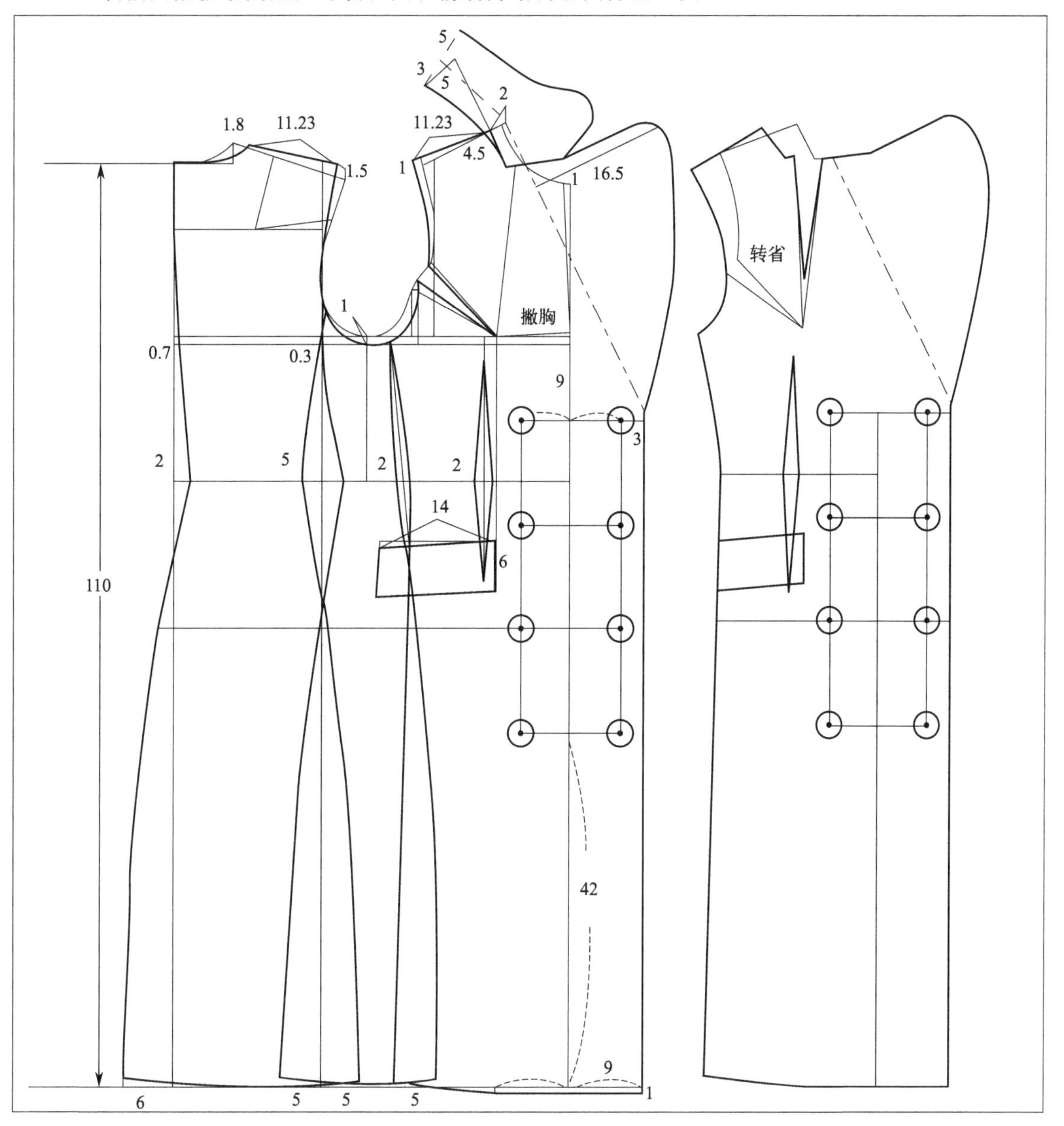

图 5-6　装袖大翻驳领圆摆女时装长大衣前后片结构制图

（1）将上衣原型画好，三开身结构。

（2）后衣片，从原型后中心线画衣长线 110cm。

（3）前后领宽各展宽 1.8cm。

（4）原型后肩点上移 1.5cm，即后肩胛省保留 0.7cm，其余转移至后袖窿处，垫肩 1.5cm。

（5）后片根据款式分割线在胸围线分别收掉 0.7cm、0.3cm 省量。

(6) 制图中1/2前后衣片总省量为11cm，后片腰部分别收掉2cm、5cm，腋下片收2cm，前片中腰收2cm省量。

(7) 下摆根据臀围尺寸放量较多，后中放6cm，腋下片分别放5cm摆量，以保证臀围及圆摆造型的松量。

(8) 将前衣片胸凸省的1/3转至袖窿以保证袖窿的活动需要，前中撇胸1cm，剩余省量转移至前领口设领口省，分别以多种形式处理塑胸高。

(9) 前中腰下设口袋，14cm长。

(10) 前中线放出搭门，9cm宽，设八枚扣。

(11) 大驳领较宽，宽度为16.5cm，驳领外圆弧形。领子首先按西服领制图，底领3cm，翻领5cm，后领弧长倾倒5cm，在串口线按造型画出圆形。

3. 装袖大翻驳领圆摆女时装长大衣袖子制图方法（图5-7）

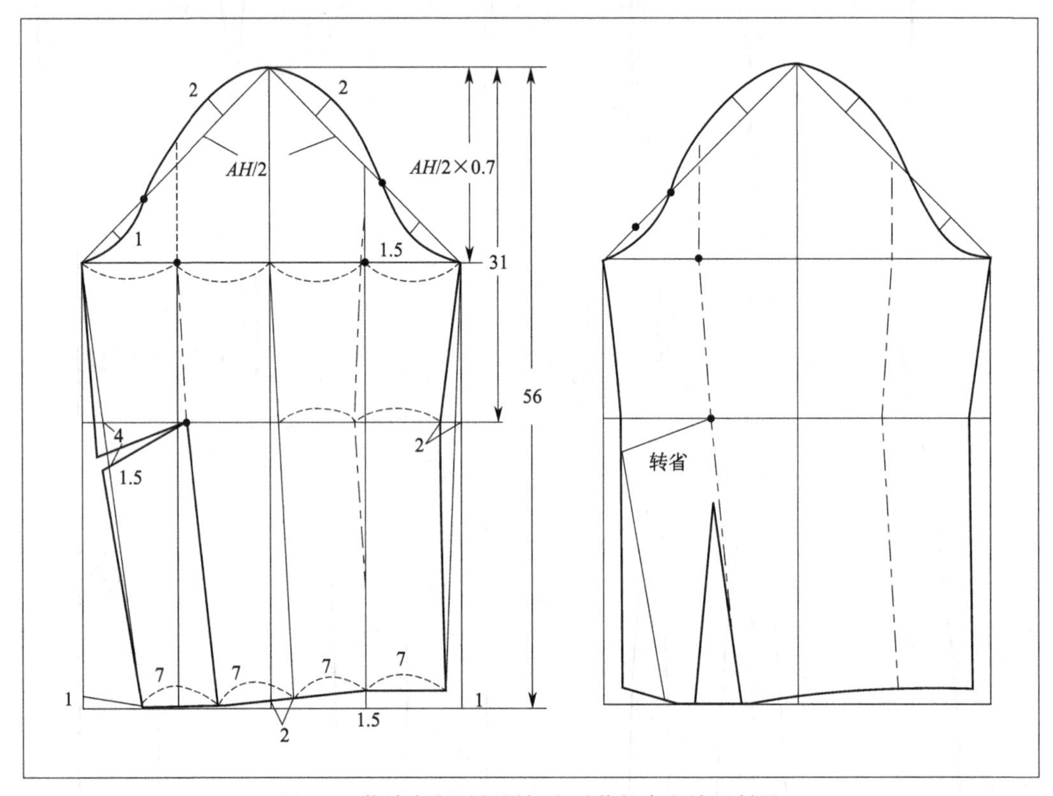

图5-7　装袖大翻驳领圆摆女时装长大衣袖子制图

(1) 袖长56cm。

(2) 袖山高的计算采用高袖山$AH/2\times0.7$，袖山高所对应角为45°。

(3) 采用$AH/2$画斜线长交于基础袖肥线以取得前、后袖肥，通过辅助线画袖山弧线。

(4) 袖肘位置从上平线向下为1/2袖长+3cm。

(5) 在一片袖形基础中线前倾2cm，收袖口后在后袖缝设袖肘省1.5cm。

(6) 袖口13cm。

(7) 将袖肘省转移至袖口后袖缝处。

三、A字形翻领大摆女时装中长大衣纸样设计

（一）A字形翻领大摆女时装中长大衣制板方法

A字形翻领大摆女时装中长大衣效果图如图5-8所示。

图 5-8　A 字形翻领大摆女时装中长大衣效果图

（二）成品规格

成品规格按国家号型 160/84A 确定，如表 5-3 所示。

表 5-3　A 字形翻领大摆女时装中长大衣成品规格　　单位：cm

部位	衣长	胸围	腰节	总肩宽	袖长	袖口
尺寸	80	96	38	37.5	56	14

此款为上身较紧 A 字形翻领大摆女时装中长大衣，结构简洁，单排五枚扣，较夸张的大圆摆、翻领造型是其设计特点。在净胸围 84cm 的基础上加放 12cm，袖子采用中高袖山一片袖结构。

（三）制图步骤

1. 制图方法（原型裁剪法）

首先按照号型 160/84A 型制文化式女子新原型图，然后依据原型制作纸样（具体方法如前文化式女子新原型制图）。

2. A字形翻领大摆女时装中长大衣前后片结构制图方法（图5-9）

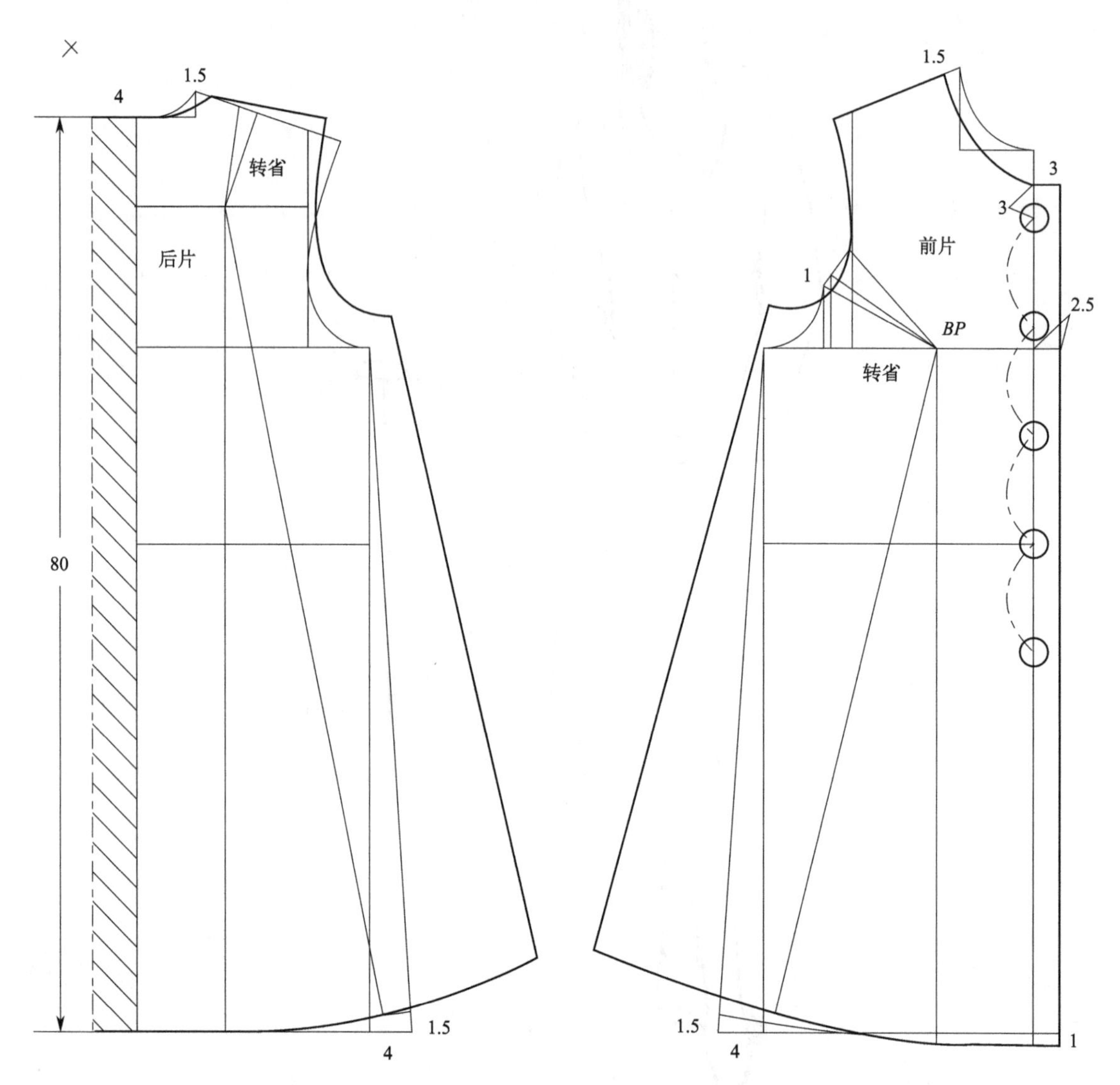

图5-9　A字形翻领大摆女时装中长大衣前后片结构制图

（1）将上衣原型画好，四开身结构。

（2）后衣片，从原型后中心线画衣长线80cm。

（3）前后领宽各展宽1.5cm。

（4）后片下摆侧缝放摆4cm，起翘1.5cm画圆摆。

（5）从后肩胛省尖至下摆画直线，以肩胛省尖为圆心点将肩省合并转移，至下摆打开产生以肩胛骨为支点的自然后摆浪。

（6）前片下摆侧缝放摆4cm，起翘1.5cm，下平线下移1cm画圆摆。

（7）将前胸凸省量减少1cm放至袖窿作为活动量。

（8）从胸凸省尖至下摆画直线，以*BP*为圆心点将省合并转移，至下摆打开产生以胸凸点*BP*为支点的自然前摆浪。

（9）前领深加深3cm，搭门宽2.5cm，五枚扣。

3. A字形翻领大摆女时装中长大衣袖子结构制图方法（图5-10）

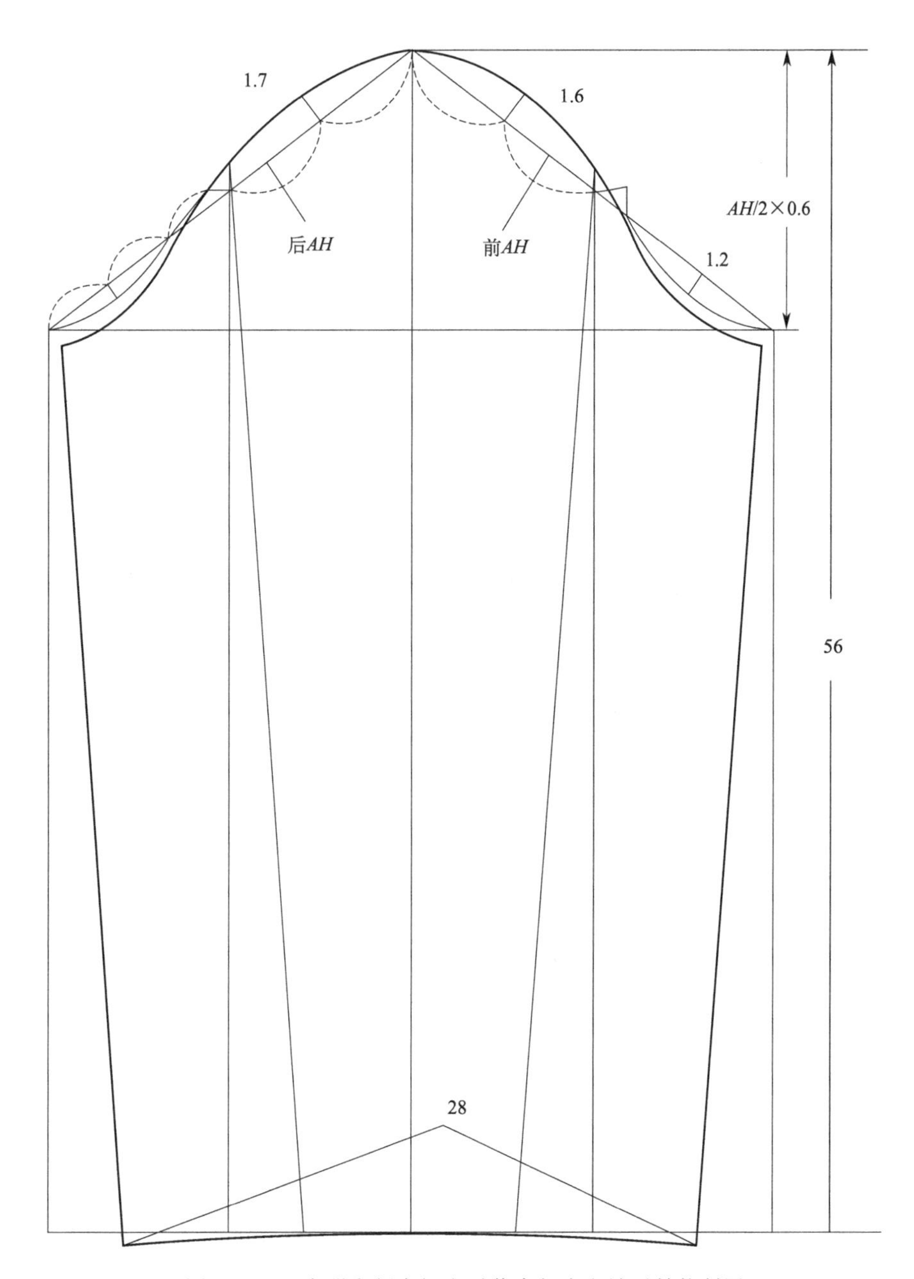

图5-10　A字形翻领大摆女时装中长大衣袖子结构制图

（1）袖长56cm，袖山高计算方法为$AH/2\times0.6$，袖山高所对应角为37°。

（2）采用$AH/2$长度画斜线交于袖肥基础线，取得前、后袖肥，通过辅助线画袖山弧线。

（3）将袖肥线等分画垂线，以袖窿弧的交点为支点收袖口，半袖口14cm。

（4）修正袖口造型线。

4. A字形翻领大摆女时装中长大衣领子结构制图方法（图5-11）

（1）以前后领弧线长和总领宽尺寸画矩形，将前后领弧分割线切开，打开15.5°。

（2）领下口前端起翘0.5cm画顺领下口弧线。

（3）领尖10cm画顺领上口弧线。

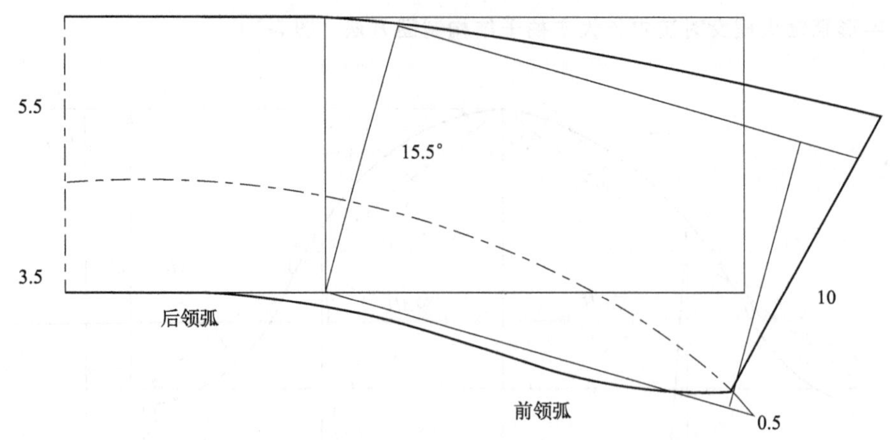

图 5-11 A 字形翻领大摆女时装中长大衣领子结构制图

四、插肩袖双排扣中长女风衣纸样设计

（一）插肩袖双排扣中长女风衣制板方法

插肩袖双排扣中长女风衣效果图如图 5-12 所示。

图 5-12 插肩袖双排扣中长女风衣效果图

（二）成品规格

成品规格按国家号型 160/84A 确定，如表 5-4 所示。

表 5-4　插肩袖双排扣中长女风衣成品规格　　单位：cm

部位	衣长	胸围	腰围	臀围	腰节	总肩宽	袖长	袖口
尺寸	82	98	91	100	38	39.5	60	16

女风衣的造型及结构最早都来源于男风衣，一般都采用插肩袖形式，有其特定的功能性。此款为较适体的中长四开身插肩袖风衣，立领，双排九枚扣，有腰带，可自然控制腰部的松紧度。衣片前后下摆自然放摆，袖口设装饰袖襻。在净胸围 84cm 的基础上加放 14cm，净腰围 68cm 加放 23cm，臀围 90cm 加放 10cm，袖子采用全插肩袖结构。

（三）插肩袖双排扣中长女风衣制图步骤

1. 制图方法（原型裁剪法）

首先按照号型 160/84A 制文化式女子新原型图，然后依据原型制作纸样（具体方法如

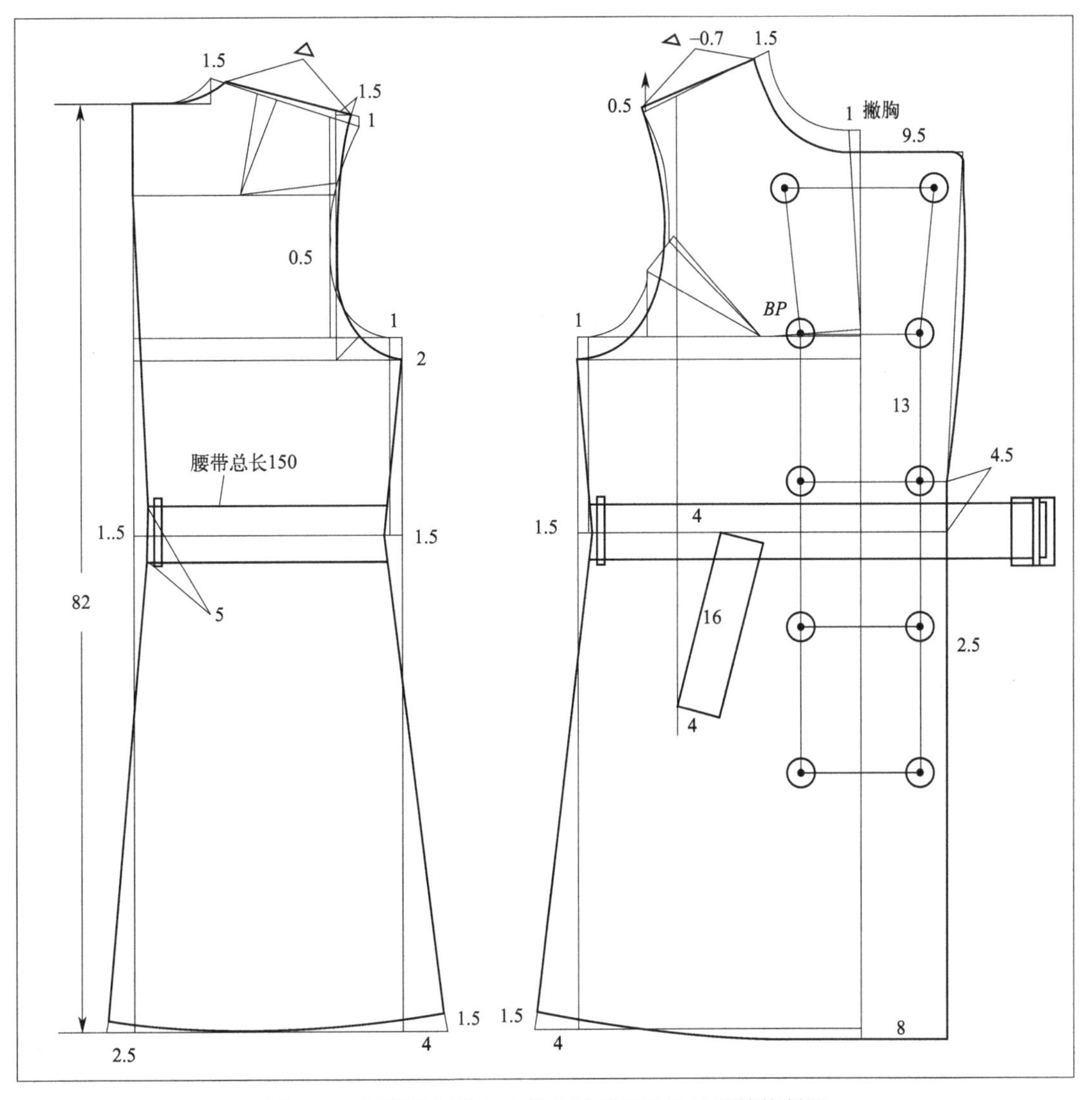

图 5-13　插肩袖双排扣中长女风衣前后片基础结构制图

前文化式女子新原型制图）。

2. 插肩袖双排扣中长女风衣前后片基础结构制图方法（图 5-13）

（1）将上衣原型画好，四开身结构。

（2）后衣片，从原型后中心线画衣长线 82cm。

（3）前后领宽各展宽 1.5cm。

（4）前后胸围各展宽 1cm。

（5）胸围线下挖深 2cm。

（6）处理原型后肩省，肩点上移 1cm，即后肩胛省保留 0.7cm。

（7）从后背宽垂线冲肩 1.5cm 交于后小肩斜线，以此确定后肩点。

（8）前肩点上抬 0.5cm，前小肩为后小肩减 0.7cm。

（9）前胸凸省撇胸 1cm，其余全部放至前袖窿。

（10）制图中 1/2 前后衣片总省量为 4.5cm，后片后中腰收掉 1.5cm，侧缝 1.5cm，前中腰侧缝收为 1.5cm。

（11）后中线放摆 2.5cm，侧缝放摆 4cm，前侧缝放摆 4cm。

（12）搭门宽 8cm，双排十枚扣。在腰节下设斜插袋，长 16cm，宽 4cm。

（13）腰部设腰带，宽 4cm，长 150cm。

3. 前右片插肩袖结构及最终完成线制图方法（图 5-14）

（1）以前小肩斜线的延长线确定角度 30°，以此设定前袖中线，其袖长 60cm，作袖口垂线，前袖口宽为 16cm－0.5cm。袖口上 6cm 处设袖襻，宽 3cm，长 35cm。

（2）从前小肩斜线的肩点自然延长 15cm 后作垂线，以此线段长为确定后袖中线的辅助线。

（3）袖山高为 $AH/2\times0.65$ 确定前肥线，以前 AH 长确定前肥宽。

（4）从前颈侧领弧线处下移 5cm 左右以确定插肩袖分割线，并且画顺袖窿底及袖底弧线。

（5）连接前袖子内侧缝并内凹画顺。

（6）以前中线为准设对称扣五枚。

4. 前左片插肩袖结构及最终完成线制图方法（图 5-15）

（1）左片前胸部设一个育克造型。

（2）左右肩襻各一个，宽 4cm，长 12.5cm。

5. 后片插肩袖结构及最终完成线制图方法（图 5-16）

（1）后小肩斜线从肩点自然延长 15cm 后作垂线，其长度为前片的此处辅助线长的 90%，再以此线段为基点画袖长线，并且参照前袖山高作袖肥垂线。

（2）后袖口肥为 16cm＋0.5cm。

（3）从后肩点，以后 AH 长画斜线交于袖肥线确定后袖肥。

（4）从后颈侧点领弧线处下移 3cm 左右以确定插肩袖分割线，并且画顺袖窿底及袖底弧线。

（5）连接后袖子内侧缝并内凹画顺。

（6）后中肩上部设帔风，其长度为胸围线下 3cm 左右。

（7）后中缝下摆从腰线下 10cm 设开衩，宽 4cm。

6. 立领制图方法（图 5-17）

（1）总领宽 9cm，其底领 3.5cm，翻领 5.5cm。

（2）前领起翘 4.5cm，在前后领窝弧线长分割线处自然画顺。领襻 6.5cm。

（3）领后中起翘 8cm，翻领 5.5cm，领尖 9cm，依据外领口松量再修正上下领弧线。

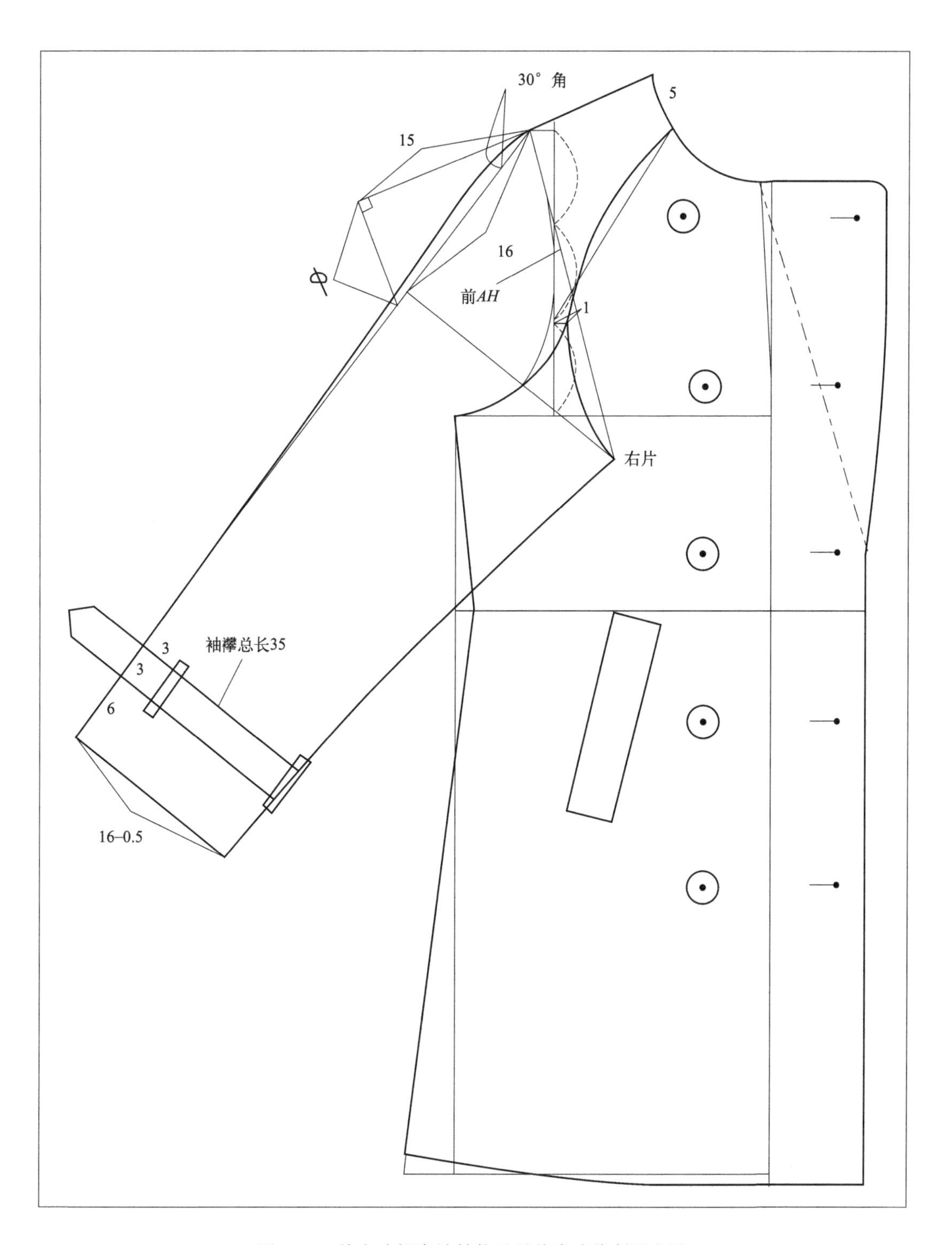

图 5-14　前右片插肩袖结构及最终完成线制图方法

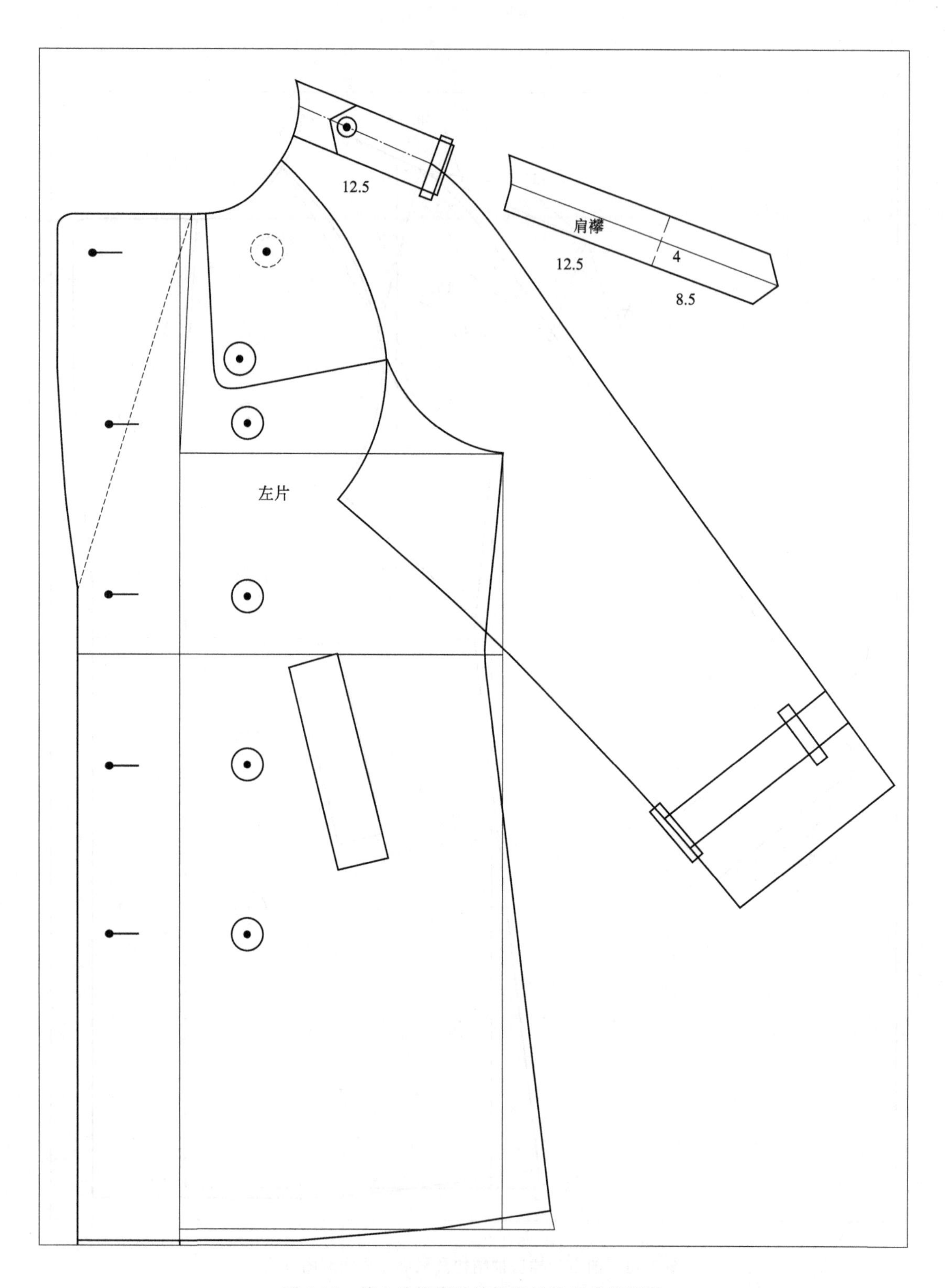

图 5-15　前左片插肩袖结构及最终完成线制图

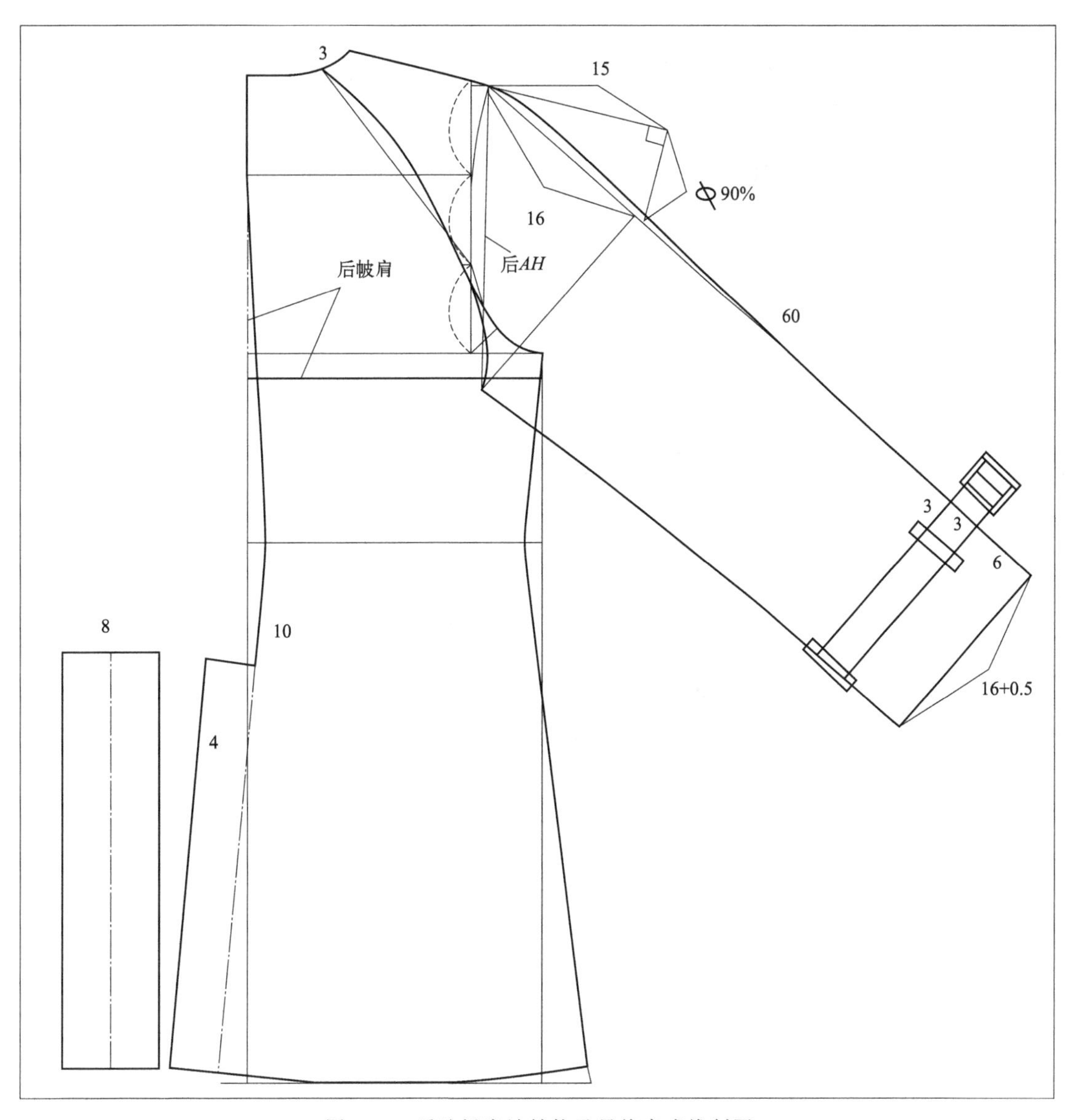

图 5-16　后片插肩袖结构及最终完成线制图

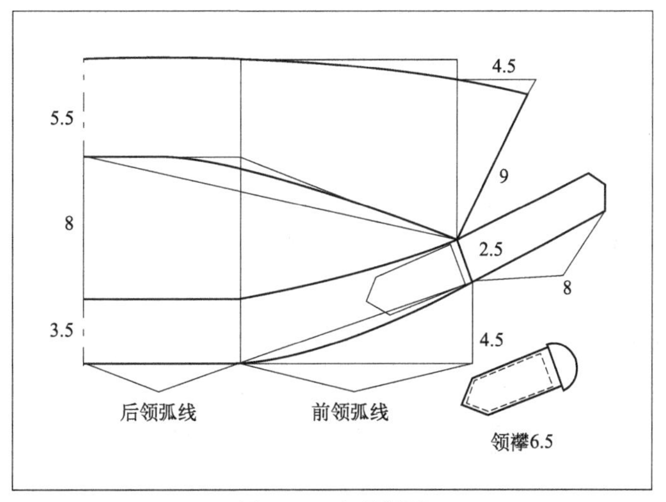

图 5-17　立领制图

第三节 男大衣的纸样设计

一、双排扣戗驳领男礼服大衣纸样设计

（一）双排扣戗驳领男礼服大衣制板方法

双排扣戗驳领男礼服大衣效果图如图 5-18 所示。

图 5-18 双排扣戗驳领男礼服大衣效果图

（二）成品规格

成品规格按国家号型 170/88A 确定，如表 5-5 所示。

表 5-5 双排扣戗驳领男礼服大衣成品规格 单位：cm

部位	衣长	胸围	腰围	臀围	腰节	总肩宽	袖长	袖口
尺寸	110	114	102	102	45	47	62	17

此款大衣是与礼服式西服组合配套穿着的大衣。其结构与西服结构基本一致，整体组合成适量略收腰的H形，舒适且完美合体。外套颜色以深色为主，左衣片前胸上有手巾袋，前身有左右对称的两个有袋盖的横口袋，袖开衩设三枚扣。门襟双排六枚扣，戗驳领，翻领也可配天鹅绒面料。

衣长从第七颈椎量至膝围下15～20cm确立标准衣长，也可从地面减25cm左右。采用三开身结构。胸围是造型的基础，参照配套西服尺寸再加放8～10cm松量，以保障功能与造型需要。前后宽的计算公式可参照西服公式，依据人体状态如果想获得肩较宽的造型，其后宽计算公式中的调节量可适当增加，反之减量。袖窿深胸围线位置，参照内穿的西服胸围线再下降2～2.5cm。腰围根据西服造型，腰围松量在西服腰围基础上加放10～12cm松量。腰围线比照西服腰围线下移1～1.5cm。臀围应与配套的西服协调一致，因此在西服臀围基础上加放量一般为10～14cm。1/2腰围收省量在8cm左右，后中线收省后倾斜度要大一些。摆围松量根据大衣造型可适量放摆，如果是直身形，参照胸围松量尽量少放一些。后中线下摆收省量不能少于4.5cm，放摆量主要在三开身结构的后侧缝，以保障衣片背部饱满、自然吸腰、下摆不翘的立体状态。袖子采用同西服相同的两片袖结构。袖子结构采用高袖山（以袖窿圆高为袖山高）的方法以确立袖肥。

1. 双排扣戗驳领男礼服大衣前后片基础结构线（图5-19）

下列序号为制图中的步骤顺序

（1）按衣长尺寸画上下平行线。

（2）以$B/2$＋3cm（省）画横向围度线。

（3）后腰节长45cm。

（4）袖窿深，其尺寸计算公式为$1.5B/10$＋9.5cm。

（5）画胸围横向线。

（6）画后背宽，其尺寸计算公式为$1.5B/10$＋5cm。

（7）画后背宽垂线。

（8）画后背宽横线，为后领深至胸围的1/2处。

（9）画后领宽线，其尺寸计算公式为$0.8B/10$，或参照西服领宽加0.5cm。

（10）画后领深，其尺寸计算公式为$B/40$。

（11）后落肩，其尺寸计算公式为$B/20$－1.5cm或$B/40$＋1.35cm。

（12）从后背宽垂线制定冲肩量为2cm交于后小肩斜线，此点为后肩端点。

（13）画后小肩斜线，连接后颈侧点与肩端点。

（14）画前中线。

（15）画前胸宽线，其尺寸计算公式为$1.5B/10$＋3.5cm。

（16）画前胸宽垂线。

（17）以$B/4$从袖窿谷底点起始，在前中线抬起2cm做撇胸，上平线抬起2cm成为直角（同男西服做撇胸方法）。

（18）画前领宽，其前领宽尺寸同后领宽。

（19）前落肩，其尺寸计算公式为$B/20$－1.5cm或$B/40$＋1.35cm，画平行线于撇胸的上平线。

（20）画前小肩斜线，量取后小肩斜线实际长度，减0.7cm省量，从前颈侧点开始交于前落肩线。

（21）画前、后袖窿弧的辅助线，其尺寸计算公式为$B/40$＋3cm，平行于胸围线。

（22）画袖窿谷底点，为$B/4$。

（23）搭门宽8cm，画前止口线。

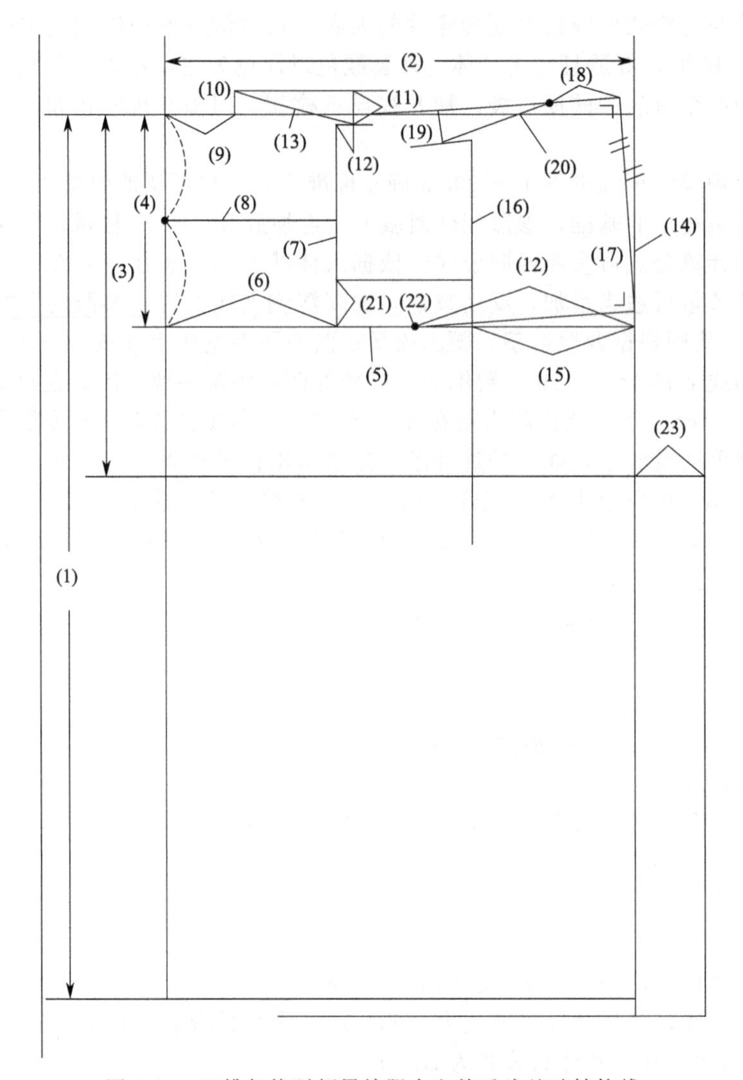

图 5-19　双排扣戗驳领男礼服大衣前后片基础结构线

2. 双排扣戗驳领男礼服大衣前后片结构完成线（图 5-20）

（1）画后中线，胸围处收 1cm，后腰节收 2.5cm，下摆缝收 5cm。

（2）画后开衩，上位置从腰围线下移 5cm，开衩宽 4cm。

（3）画领窝弧线。

（4）画后袖窿弧线，从后肩端点起自然相切于后背宽线，过后角平分线 3.5cm 左右，交于袖窿谷底。

（5）画前袖窿弧线，从前肩端点起自然相切于袖窿弧的辅助线，过角平分线 3cm 左右，交于袖窿谷底。

（6）后片侧缝腰部收省 1.5cm，下摆扩展 4cm 摆量。

（7）前片腋下侧缝胸部收省 0.5cm，侧缝中腰收省 1.5cm，下摆扩展 2cm 摆量。

（8）确定前下口袋位，横向前胸宽的 1/2，纵向腰节向下 12cm 左右，口袋长 17cm。后部起翘 1cm，袋盖宽 6.5cm。

（9）确定腋下省位置，上部为袖窿谷底至前胸宽的 1/2 左右，省宽 1.5cm。下部为前胸宽垂线至袋口位的 1/2，中腰省宽 2cm。

（10）确定前中腰省位置，从前袋口进 1.5cm 作垂线，腰省 1.5cm。

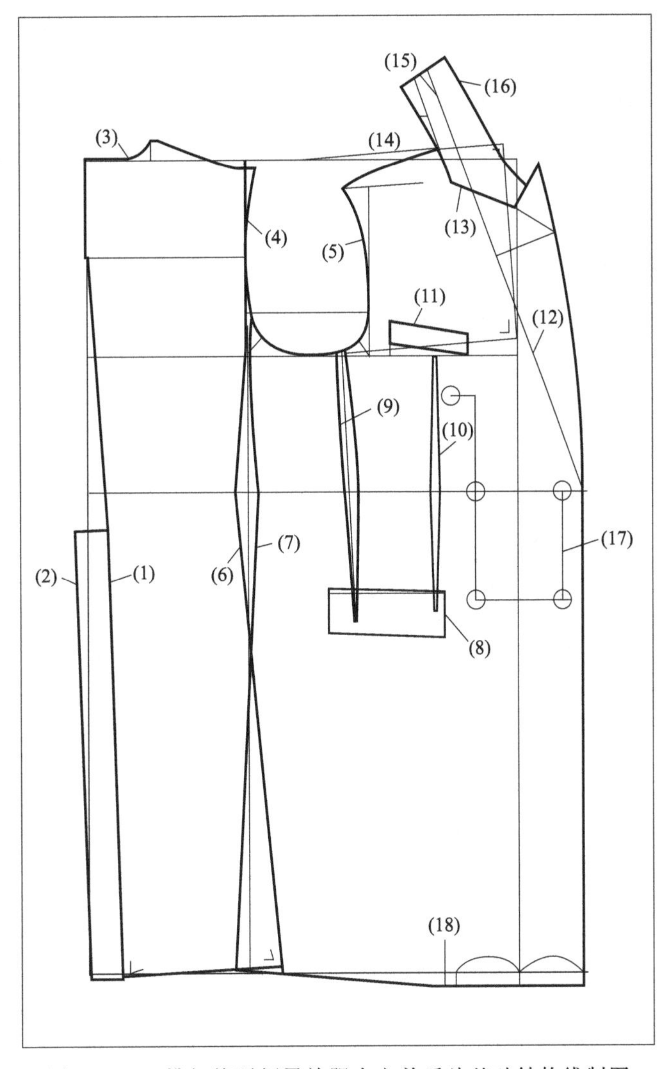

图 5-20　双排扣戗驳领男礼服大衣前后片基础结构线制图

（11）确定上袋口位置，距前胸宽垂线 3cm，袋口长 11cm，起翘 1.5cm，高度 2.5cm。

（12）画驳口线，上驳口位顺前颈侧点前移 2cm，下驳口位在止口腰围线上，连接上下驳口位两端点。

（13）画串口线，驳口线与串口线夹角在 40°左右，驳领宽 9cm，串口线位置根据流行趋势进行调整。

（14）画领下口长，其长度同后领窝弧线长，倒伏量为 2.5cm。

（15）后中总领宽 7cm，底领宽 3cm，翻领宽 4cm。

（16）画领外口弧线，领嘴长 4cm，驳领尖长出 2.5cm。

（17）双排扣扣位间距 15cm，距止口 2.5cm。

（18）画下摆线，在侧缝起翘 0.5cm 处画圆顺，调整成为直角。

3. 双排扣戗驳领男礼服大衣袖子基础线（图 5-21）

（1）确定袖长尺寸，画上下平行线。

（2）袖肘长度计算公式为袖长/2＋5cm。

（3）袖山高，其尺寸计算公式为 $AH/2\times0.7-0.5$cm，或前后袖窿平均深度的 4/5（即前肩端点至胸围线的垂线长加后肩端点至胸围线的垂线长的 1/2×4/5）。

（4）以 $AH/2$ 从袖山高点画斜线交于基础袖肥线来确定 1/2 袖肥量。
（5）画袖肥线。
（6）画大袖前袖缝，袖肘处收进 1cm。
（7）画小袖前袖缝，袖肘处收进 1cm。
（8）画袖口长。
（9）画后袖缝辅助线。
（10）画小袖弧辅助线。

4. 双排扣戗驳领男礼服大衣袖子结构完成线（图 5-22）

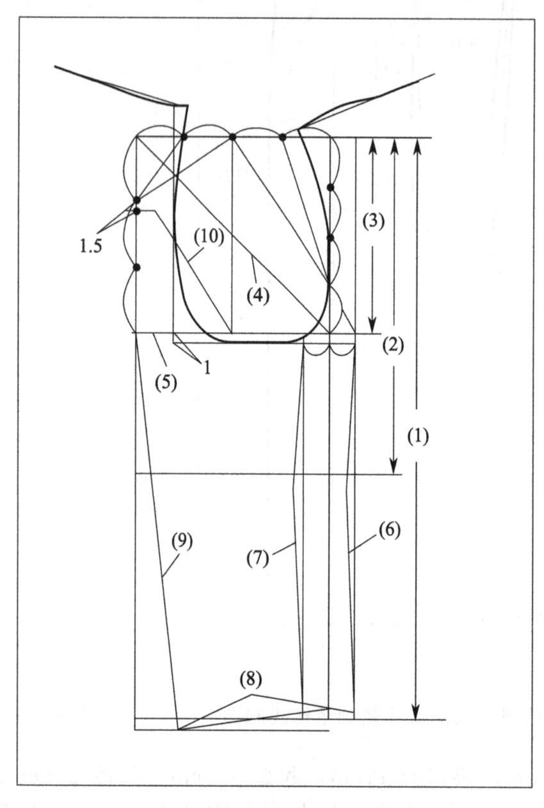

图 5-21　双排扣戗驳领男礼服大衣袖子基础线

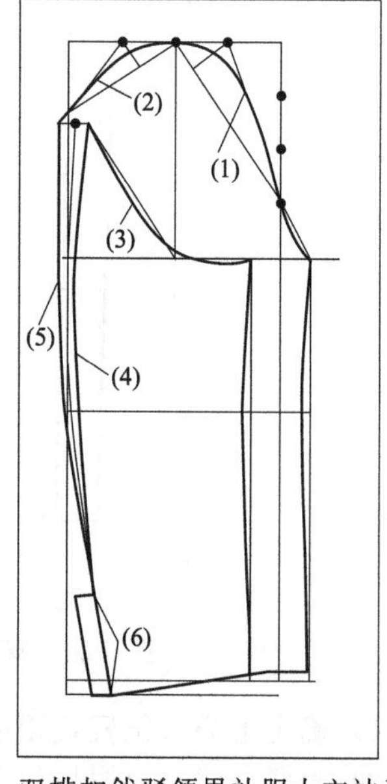

图 5-22　双排扣戗驳领男礼服大衣袖子完成线

（1）画大袖山前弧线，参照辅助线画圆顺。
（2）画大袖山后弧线，参照辅助线画圆顺。
（3）画小袖弧线，参照辅助线画圆顺。
（4）后小袖缝弧线，画圆顺。
（5）后大袖缝弧线，画圆顺。
（6）袖开衩长 10cm，宽 2cm。

二、单排扣暗门襟平驳领礼服大衣纸样设计

（一）单排扣暗门襟平驳领礼服大衣的制板方法

单排扣暗门襟平驳领礼服大衣效果图如图 5-23 所示。

（二）成品规格

成品规格按国家号型 170/88A 确定，如表 5-6 所示。

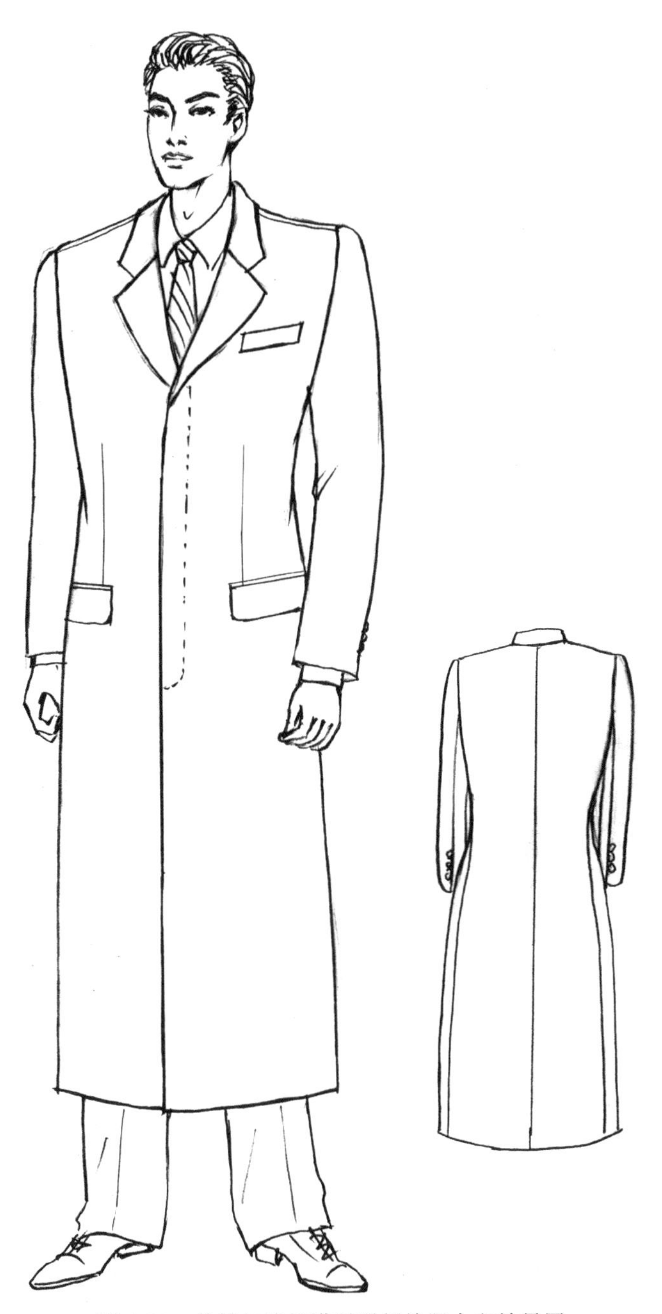

图 5-23 单排扣暗门襟平驳领礼服大衣效果图

表 5-6 单排扣暗门襟平驳领礼服大衣成品规格 单位：cm

部位	衣长	胸围	腰围	臀围	腰节	总肩宽	袖长	袖口	衬衫领大
尺寸	110	114	102	102	45	47	62	17	41

此款大衣也是与礼服式西服组合配套穿着的大衣。其结构与西服结构基本一致，整体组合成适量略收腰的 H 形，舒适且完美合体。外套颜色以深色为主，左衣片前胸上有手巾袋，前身有左右对称的两个有袋盖的横口袋，袖开衩设三枚扣以上，与双排扣戗驳领礼服大衣相同。门襟单排暗扣平驳领，翻领也可配天鹅绒面料。

胸围参照配套西服尺寸再加放 8～10cm 松量，以保障功能与造型需要。前后宽的计算公式可参照西服公式，腰围根据西服造型腰围松量在西服腰围基础上加放 10～12cm 松量。臀围应与配套的西服协调一致，因此在西服臀围基础上加放量一般为10～14cm。袖子采用同西服相同的两片袖结构。袖子结构采用高袖山。

（三）单排扣暗门襟平驳领礼服大衣制图步骤

1. 单排扣暗门襟平驳领礼服大衣衣片制图方法（图5-24）

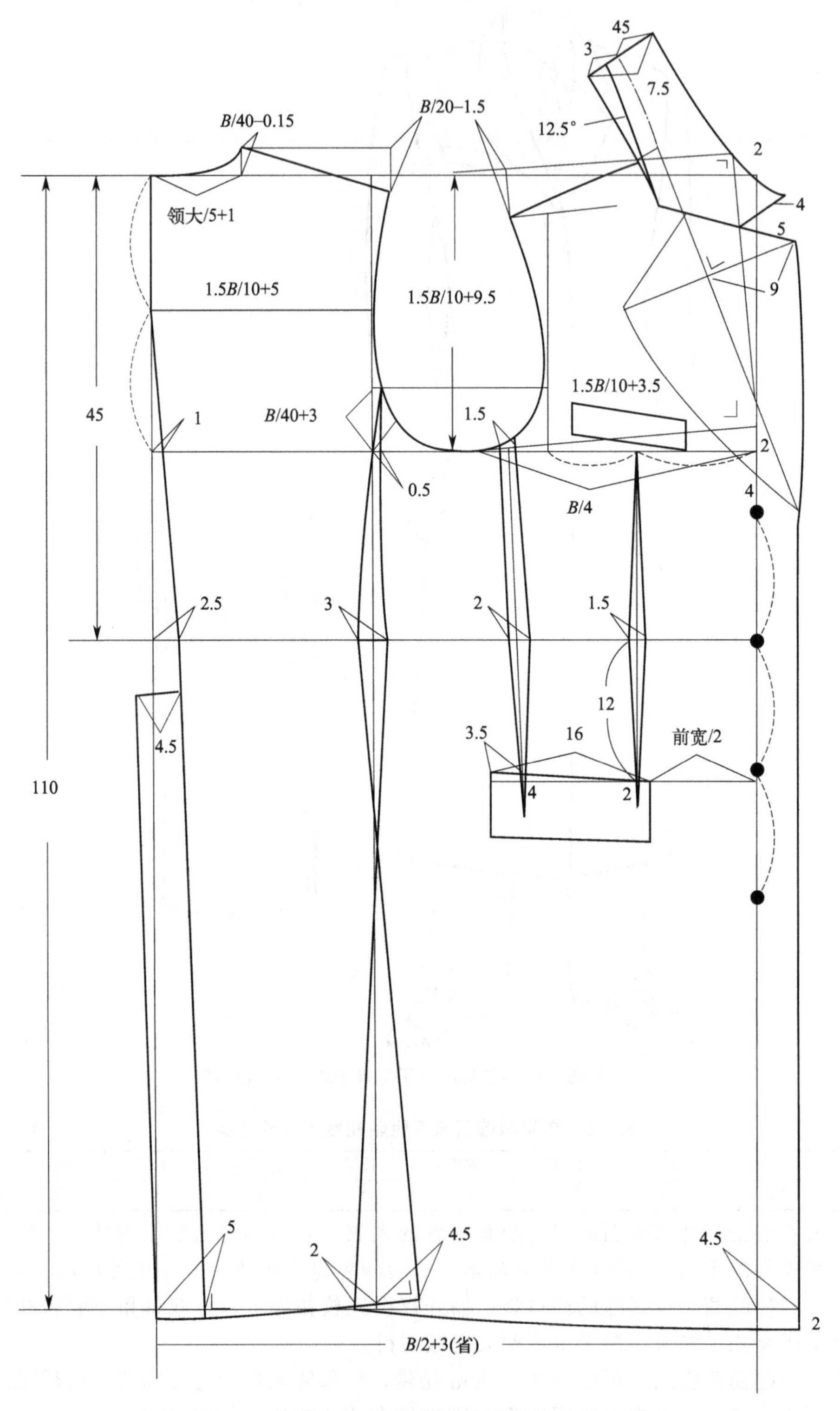

图5-24 单排扣暗门襟平驳领礼服大衣衣片制图

(1) 按衣长尺寸画上下平行线。

(2) 以 $B/2+3$cm（省）画横向围度线。

(3) 后腰节长 45cm。

(4) 袖窿深，计算公式为 $1.5B/10+9.5$cm。

(5) 后背宽，计算公式为 $1.5B/10+5$cm。

(6) 后领宽线，计算公式为 1/5 领大＋1cm。

(7) 后领深，计算公式为 $B/40-0.15$cm。

(8) 前后落肩，计算公式为 $B/20-1.5$cm。

(9) 从后背宽垂线制定冲肩量为 2cm，此点为后肩端点。

(10) 前中线搭门 4.5cm。

(11) 前胸宽，计算公式为 $1.5B/10+3.5$cm。

(12) 以 $B/4$ 从袖窿谷底点起始，在前中线抬起 2cm 做撇胸，上平线抬起 2cm 成直角(同男西服做撇胸方法)。

(13) 前领宽尺寸同后领宽。

(14) 前小肩斜线，量取后小肩斜线实际长度，减 0.7cm 省量，从前颈侧点开始交至前落肩线。

(15) 袖窿谷底点收 1.5cm 省。后中缝下摆收 5cm，侧缝下摆放摆共 6.5cm。

(16) 画驳口线，上驳口位顺前颈侧点前移 2cm，下驳口位在胸围线下 5cm，连接上下驳口位两端点。

(17) 画串口线，驳口线与串口线夹角在 40°左右，驳领宽 9cm，串口线位置根据流行趋势进行调整。

(18) 画领下口长，其长度同后领窝弧线长，倒伏 12.5°。

(19) 后中总领宽 7.5cm，底领宽 3cm，翻领宽 4.5cm。

(20) 画领外口弧线，领嘴长 5cm，驳领尖长出 4cm。

2. 单排扣暗门襟平驳领礼服大衣袖子制图方法

袖子制图方法与前面双排扣戗驳领大衣两片袖制图方法相同，可以参照。

三、带帽子的生活装中长大衣纸样设计

（一）带帽子的生活装中长大衣的制板方法

带帽子的生活装中长大衣效果图如图 5-25 所示。

（二）成品规格

成品规格按国家号型 170/88A 确定，如表 5-7 所示。

表 5-7　带帽子的生活装中长大衣成品规格　　单位：cm

部位	衣长	胸围	腰围	腰节	总肩宽	袖长	袖口	领大
尺寸	90	113	115	46	47	62	17	46

此款大衣是单排扣生活装类的 H 形大衣，舒适休闲，帽子的设计体现了装饰性与实用性的完美结合。前身有左右对称的两个有袋盖的横口袋，袖子有装饰襻。

净胸围 88cm 加放 25cm 松量，以保障功能与造型需要。腰围松量较多采用系腰带收腰，袖子采用两片袖结构，采用高袖山。

（三）带帽子的生活装中长大衣制图步骤

1. 带帽子的生活装中长大衣衣片制图方法（图 5-26）

(1) 按衣长尺寸画上下平行线。

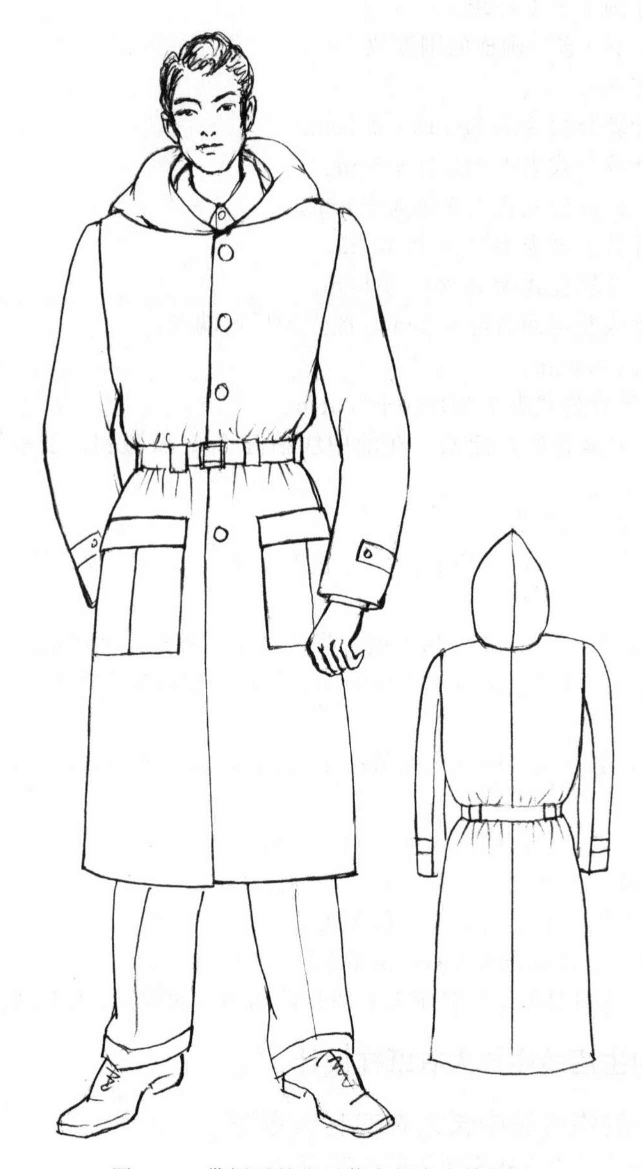

图 5-25　带帽子的生活装中长大衣效果图

(2) 以 $B/2+1$cm（省）画横向围度线。

(3) 后腰节长 46cm。

(4) 袖窿深，计算公式为 $B/5+6$cm。

(5) 后背宽，计算公式为 $1.5B/10+5$cm。

(6) 后领宽线，计算公式为 $N/5-0.3$cm。

(7) 后领深，计算公式为 $B/40-0.15$cm。

(8) 后落肩，计算公式为 $B/40+1.85$cm。

(9) 从后背宽垂线制定冲肩量为 2cm，此点为后肩端点。

(10) 前中线搭门 3cm。

(11) 前胸宽，计算公式为 $1.5B/10+3.5$cm。

(12) 前领宽线，计算公式为 $N/5-0.5$cm，前领深 9.7cm。

(13) 前落肩，计算公式为 $B/40+2.35$cm。

(14) 前小肩斜线，量取后小肩斜线实际长度，减 0.7cm 省量，从前颈侧点开始交至前落肩线。

(15) 后中线下摆收 4cm，胸围处收 1cm。

(16) 侧缝下摆前后各放 4cm。

(17) 前片设大贴袋，腰下 7cm，袋长 20cm，宽 17cm。

(18) 腰带 4cm，五枚扣。

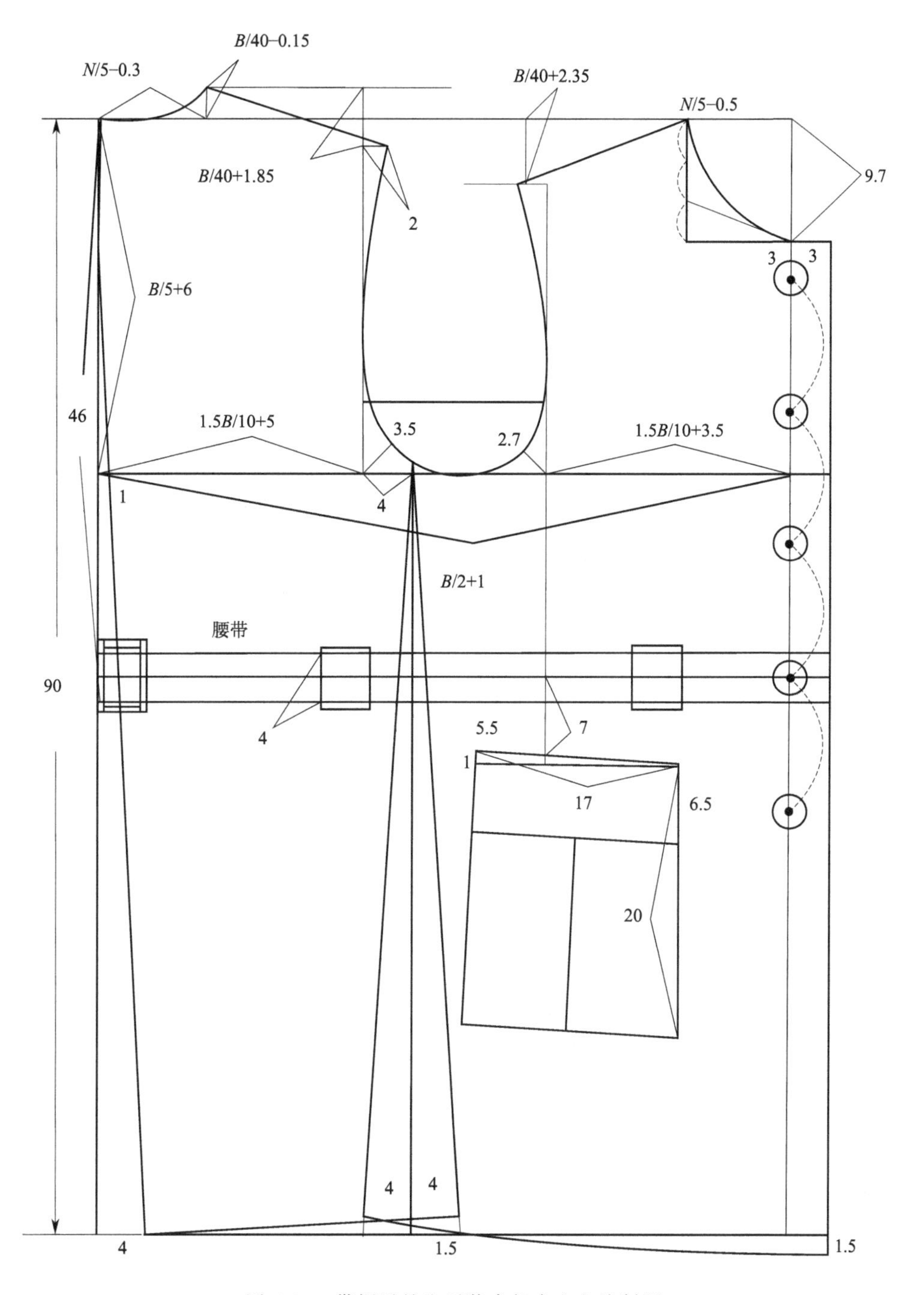

图 5-26 带帽子的生活装中长大衣衣片制图

2. 带帽子的生活装中长大衣袖子制图方法（图 5-27）

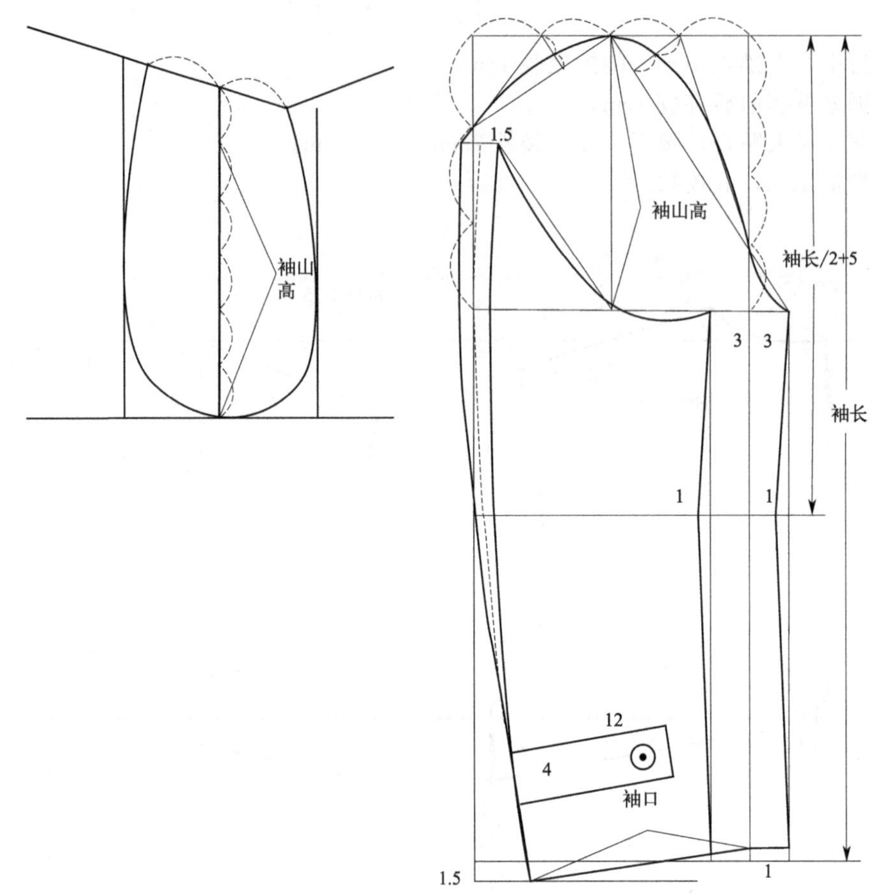

图 5-27　带帽子的生活装中长大衣袖子制图

（1）确定袖长尺寸，画上下平行线。

（2）袖肘长度计算公式为袖长/2＋5cm。

（3）袖山高为前后袖窿平均深度的 5/6（即前肩端点至胸围线的垂线长加后肩端点至胸围线的垂线长的 1/2×5/6）。

（4）以 $AH/2$ 从袖山高点画斜线交于袖肥基础线来确定 1/2 袖肥量。

（5）画大袖前缝线，由前袖肥前移 3cm。

（6）画小袖前缝线，由前袖肥后移 3cm。

（7）将前袖山高分 4 等份作为辅助点。

（8）在上平线上将袖肥分 4 等份作为辅助点。

（9）将后袖山高分 3 等份作为辅助点。

（10）在后袖山高 2/3 处点平行向里进大小袖互借 1.5cm，画小袖弧辅助线。

（11）从下平线下移 1.5cm 处画平行线。

（12）在大袖前缝线上提 1cm，前袖肥中线上提 1cm，两点相连，再从中线点画袖口长 17cm 线交于下平线。

（13）连接后袖肥点与袖口后端点。

（14）画大袖前袖缝，袖肘处收进 1cm。

（15）画小袖前袖缝，袖肘处收进 1cm。

（16）画大小后袖缝线。

（17）画袖襻，长 12cm，宽 4cm。

3. 带帽子的生活装中长大衣帽子制图方法（图 5-28）

（1）在前领口颈侧点画垂线 35cm，基础帽宽 25cm。

（2）颈侧点顺肩线下 2cm 处画前后领弧辅助线后修正成弧线。

（3）画帽子后部造型线，前部前倾 6cm，画顺帽口外边缘线。

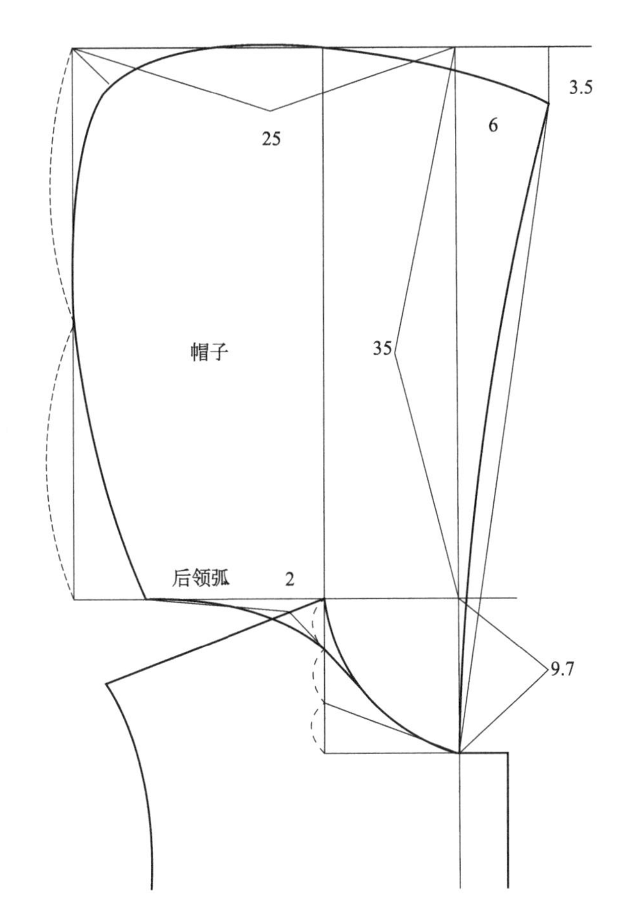

图 5-28　带帽子的生活装中长大衣帽子制图

四、翻领 H 形生活装中长大衣纸样设计

（一）翻领 H 形生活装中长大衣的制板方法

翻领 H 形生活装中长大衣效果图如图 5-29 所示。

（二）成品规格

成品规格按国家号型 170/88A 确定，如表 5-8 所示。

表 5-8　翻领 H 形生活装中长大衣成品规格　　单位：cm

部位	衣长	胸围	腰围	腰节	总肩宽	袖长	袖口	领大
尺寸	90	113	115	46	47	62	17	46

此款大衣是单排扣生活装类的 H 形大衣，翻领和斜插袋的设计体现了装饰性与实用性的完美结合，简洁且舒适休闲。净胸围加放 25cm 松量，以保障功能与造型需要。腰围松量较多采用系腰带调节收腰，袖子采用两片袖结构，采用高袖山。

图 5-29 翻领 H 形生活装中长大衣效果图

（三）翻领 H 形生活装中长大衣制图步骤

1. 翻领 H 形生活装中长大衣衣片制图方法（图 5-30）

（1）按衣长尺寸画上下平行线。

（2）以 $B/2+1$cm（省）画横向围度线。

（3）后腰节长 46cm。

（4）袖窿深，计算公式为 $B/5+6$cm。

（5）后背宽，计算公式为 $1.5B/10+5$cm。

（6）后领宽线，计算公式为 $N/5-0.3$cm。

（7）后领深，计算公式为 $B/40-0.15$cm。

（8）后落肩，计算公式为 $B/40+1.85$cm。

（9）从后背宽垂线制定冲肩量为 2cm，此点为后肩端点。

（10）前中线搭门 3cm。

（11）前胸宽，计算公式为 $1.5B/10+3.5$cm。

（12）在前中线做撇胸，以 $B/4$ 位置从袖窿谷底点起始，在前中线抬起 2cm 做撇胸，上平线抬起 2cm 成为直角。

（13）前领宽线，计算公式为 $N/5-0.5$cm。

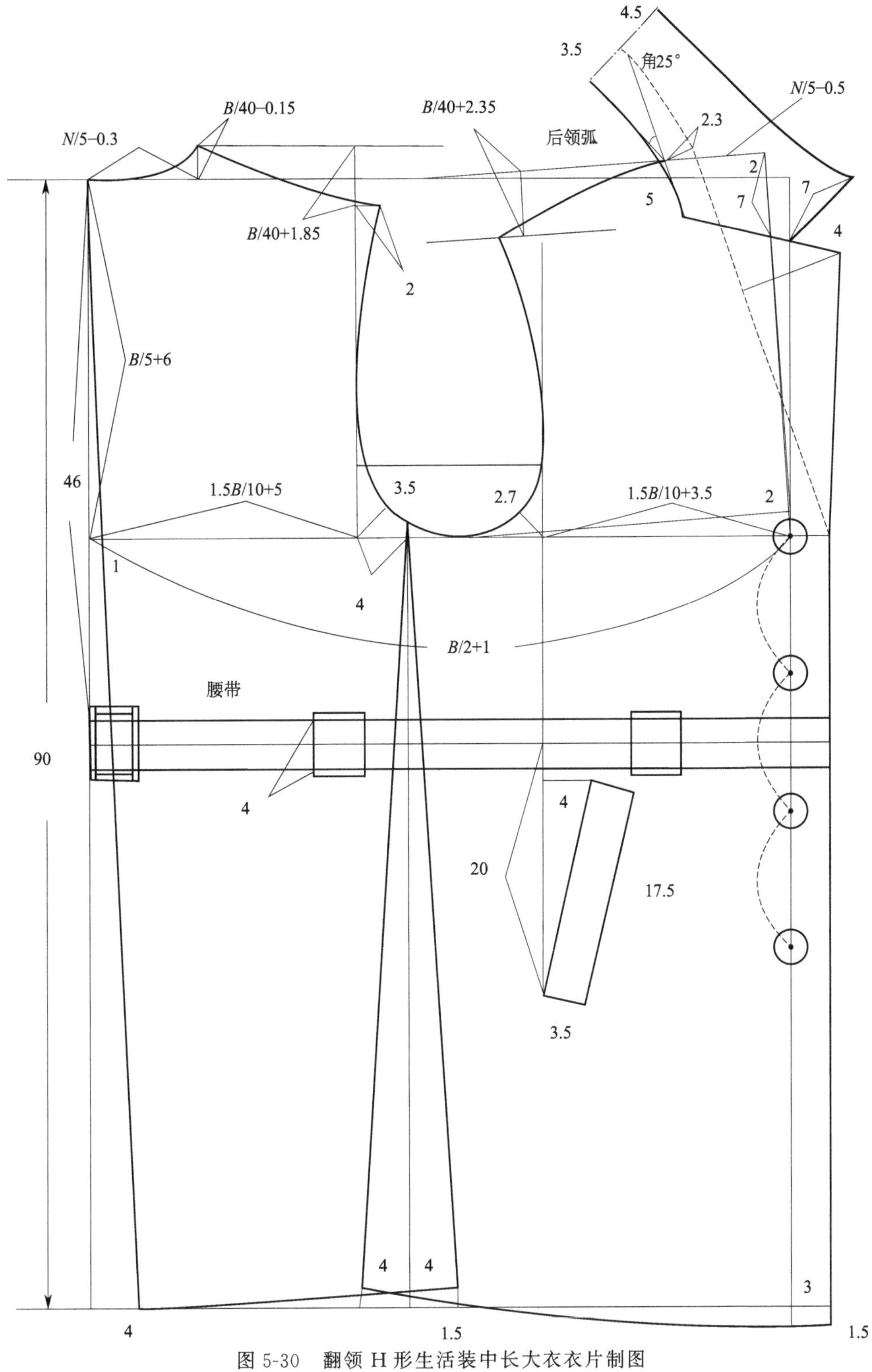

图 5-30　翻领 H 形生活装中长大衣衣片制图

（14）前落肩，计算公式为 $B/40+2.35$cm。

（15）前小肩斜线，量取后小肩斜线实际长度，减 0.7cm 省量，从前颈侧点开始交至前落肩线。

（16）后中线下摆收 4cm，胸围处收 1cm。

（17）侧缝下摆前后各放 4cm。

（18）前片设斜插袋参照前宽垂线，腰节线下 20cm，袋倾斜 4cm，袋长 17.5cm，宽 3.5cm。

（19）腰带宽 4cm，四枚扣，间距 12～15cm。

（20）画驳口线，上驳口位顺前颈侧点前移 2.3cm，下驳口位在胸围线，连接上下驳口位两端点。

（21）画串口线，领口下 5cm，前领深 7cm，驳口线与串口线夹角在 40°左右，驳领宽 8.5cm，串口线位置根据流行趋势而进行调整。

（22）画领下口长，其长度同后领窝弧线长，倒伏角 25°。

（23）后中总领宽 8cm，底领宽 3.5cm，翻领宽 4.5cm。

（24）画领外口弧线，领嘴长 4cm，驳领尖长出 7cm。

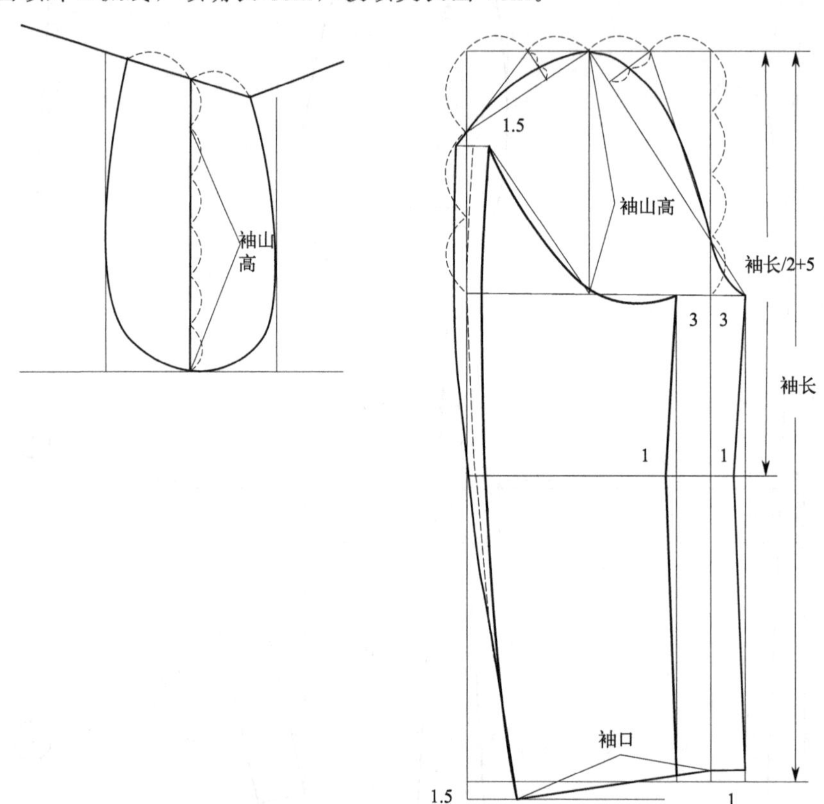

图 5-31　翻领 H 形生活装中长大衣袖子制图

2. 翻领 H 形生活装中长大衣袖子制图方法（图 5-31）

（1）确定袖长尺寸，画上下平行线。

（2）袖肘长度计算公式为袖长/2＋5cm。

（3）袖山高为前后袖窿平均深度的 5/6（即前肩端点至胸围线的垂线长加后肩端点至胸围线的垂线长的 1/2×5/6）。

（4）以 $AH/2$ 从袖山高点画斜线交于袖肥基础线来确定 1/2 袖肥量。

（5）画大袖前缝线，由前袖肥前移 3cm。

（6）画小袖前缝线，由前袖肥后移 3cm。

（7）将前袖山高分 4 等份作为辅助点。

（8）在上平线上将袖肥分 4 等份作为辅助点。

（9）将后袖山高分 3 等份作为辅助点。

（10）在后袖山高 2/3 处点平行向里进大小袖互借 1.5cm，画小袖弧辅助线。

(11) 从下平线下移 1.5cm 处画平行线。

(12) 在大袖前缝线上提 1cm，前袖肥中线上提 1cm，两点相连，再从中线点画袖口长 17cm 线交于下平线。

(13) 连接后袖肥点与袖口后端点。

(14) 画大袖前袖缝，袖肘处收进 1cm。

(15) 画小袖前袖缝，袖肘处收进 1cm。

(16) 画大小后袖缝线。

五、插肩袖男长风雨衣纸样设计

(一) 插肩袖男长风雨衣的制板方法

插肩袖男长风雨衣效果图如图 5-32 所示。

图 5-32　插肩袖男长风雨衣效果图

（二）成品规格

成品规格按国家号型 170/88A 确定，如表 5-9 所示。

表 5-9 插肩袖男长风雨衣成品规格 单位：cm

部位	衣长	胸围	腰围	臀围	腰节	总肩宽	袖长	袖口	衬衫领大
尺寸	115	116	115	116	45	50	65	17.5	42

插肩袖男风雨衣来源于欧洲士兵穿着的军服，发展至今已成为现代日常生活中春秋时节的便装外套，各类长短规格形式都有。虽然其结构与功能基本保留原始传统的形式，但无论材料、工艺还是色彩都融合现代流行内容。它可以和任何西服、时装、毛衫等衣服自由组合配套穿着。整体造型较宽松，采用腰带略收腰的 H 形或 X 形，舒适且自然合体。前身右片育克、后片雨披、插肩袖、肩襻、袖襻、系腰带是其主要设计特点。

从第七颈椎量至膝围 15～20cm 确立衣长，也可从地面减 25cm 左右。采用无腋下片三开身结构设计。净胸围加放量较灵活，依据外套特点一般为 25～30cm，以保障功能与造型需要。由于整体松量大，前后宽的计算公式可参照西服线性公式，调节量应多加一些，以保障肩部较宽。前身右片育克和后片雨披的造型虽可任意设计，但不能忽视其功能作用。腰围加放松量视腰围条件放量，可超过胸围松量。腰围线比照西服腰围下移 1～1.5cm。设计有 4.5cm 宽的腰带，可调节腰围尺寸。臀围松量视摆围自然放量，但后中线也要有后倾斜度。摆围松量根据大衣造型可适量放摆。领子设计为有可翻立起的底领，总领宽为 9～10cm，也有带帽子的形式。袖子一般采用两片全插肩袖结构，袖口较宽，通常都有袖襻的设计。

（三）插肩袖男长风雨衣主要结构制图步骤

1. 插肩袖男长风雨衣基础线制图方法（图 5-33）。

（1）按衣长尺寸画上下平行线。

（2）以 $B/4$ 画横向围度线。

（3）后腰节长 45cm。

（4）袖窿深，计算公式为 $1.5B/10+11.5$cm。

（5）后背宽，计算公式为 $1.5B/10+5$cm。

（6）后领宽线，计算公式为 1/5 领大+1cm。

（7）后领深，计算公式为 $B/40-0.15$cm。

（8）前后落肩，计算公式为 $B/40+1.85$cm。

（9）从后背宽垂线制定冲肩量为 2cm，此点为后肩端点。

（10）前中线搭门 9cm。

（11）前胸宽，计算公式为 $1.5B/10+3.5$cm。

（12）以 $B/4$ 从袖窿谷底点起始，在前中线抬起 2cm 做撇胸，上平线抬起 2cm 成为直角（同男西服做撇胸方法）。

（13）前领宽，计算公式为 1/5 领大+0.7cm。

（14）前小肩斜线，量取后小肩斜线实际长度，减 0.7cm 省量，从前颈侧点开始交至前落肩线。

（15）后中缝下摆收 4.5cm，侧缝下摆放摆共 6.5cm。

（16）袖子制图，需要在前衣片及袖窿制图，将前衣片小肩斜线从肩点自然延长其长度 15cm，然后向下作垂线 7cm（根据功能与造型确定），从肩点连接此点画袖长线形成的角度约 25°。

(17) 从肩点参照前AH弧线的1/2位置画斜线，线的长度为前AH。从此线终点作袖中线的垂线获得袖山高。再从此点作袖口的垂线取得基础的袖侧缝线。

(18) 前袖口为半袖口－1cm，连接袖侧缝线。

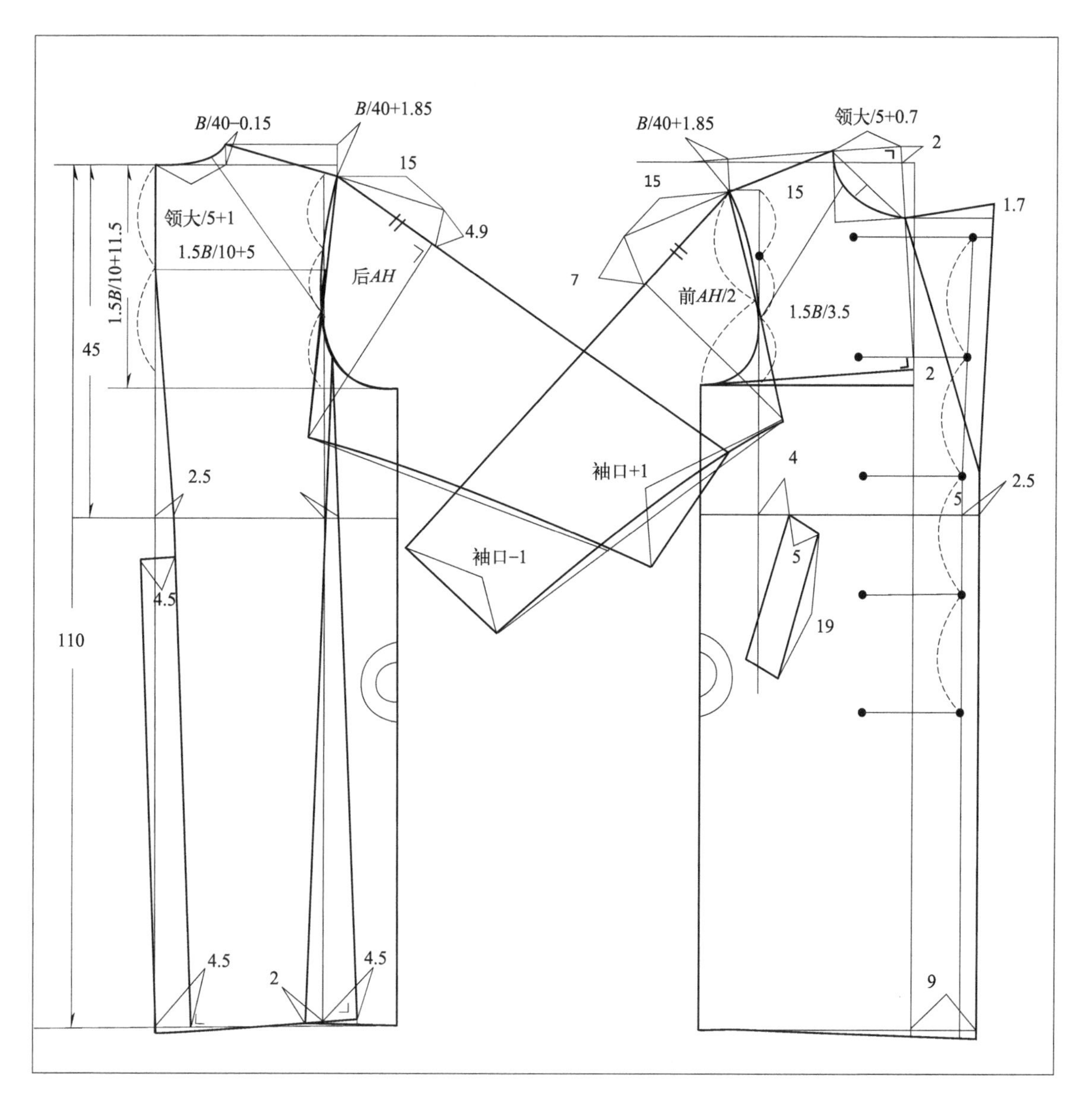

图 5-33　插肩袖男长风雨衣基础线制图

(19) 将前肩点至胸围线的前宽垂线3等分，再以胸围向上的1/3点作为辅助点，画至前领窝的连肩的辅助线。参照此线画插肩分割的款式弧线至衣片袖窿底弧线，再画袖底弧线使两弧线长度和曲度相等（修正袖窿和袖山低的弧线，注意两弧线分离支点应从前宽垂线2/3位置点平行向里移动1cm左右）。

(20) 在后衣片及袖窿制图，将后衣片小肩斜线从肩点自然延长其长度15cm，然后向下作垂线4.9cm（此线占前片相应垂线的70%），从肩点连接此点画袖长线形成的角度约为17.5°，此角度占前衣片角度的7/10。

(21) 从后肩点在袖长线上确定袖山高与前袖山高相等，并且作袖肥辅助垂线。

（22）从后肩点参照后 AH 作斜线交于后袖肥辅助线上。

（23）画袖侧缝线垂直于袖口线取得基础的袖侧缝线。

（24）后实际袖口（袖口＋1cm）画袖侧缝线。

（25）将后宽垂线分为 3 等份，以胸围向上的 1/3 点作为辅助点，连接后领口的辅助点画斜线。参照此线画插肩分割的款式弧线，修正袖窿和袖山低的弧线（修正袖窿和袖山低的弧线时，注意两弧线分离支点应从后宽垂线 2/3 位置点平行向里移动 1cm 左右）。

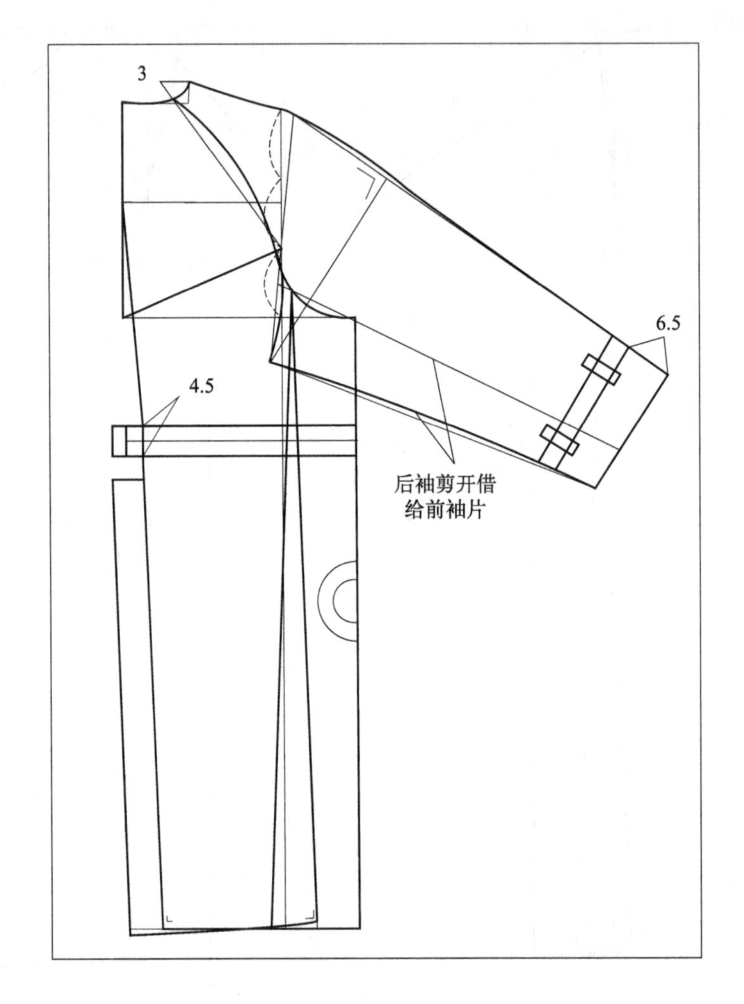

图 5-34　插肩袖男长风雨衣后衣片纸样完成制图

2. 插肩袖男长风雨衣后衣片纸样完成制图方法（图 5-34）

（1）在后背肩部加出后雨披。

（2）后中缝下摆收 4.5cm，1/4 侧缝合并后将衣片分割成三开身，下摆放摆共 6.5cm。

（3）后袖剪开借给前袖片。

3. 插肩袖男长风雨衣前衣片纸样完成制图方法（图 5-35）

（1）在右片前胸部根据设计加出育克造型。

（2）修正袖中线成弧线，确定肩襻、袖襻及腰带位置。

4. 插肩袖男长风雨衣领子及肩襻结构制图方法（图 5-36）

翻领 5.5cm，底领 3.5cm，领翘 8cm，前领翘 4.5cm。肩襻长按肩线长，宽 4.5cm。

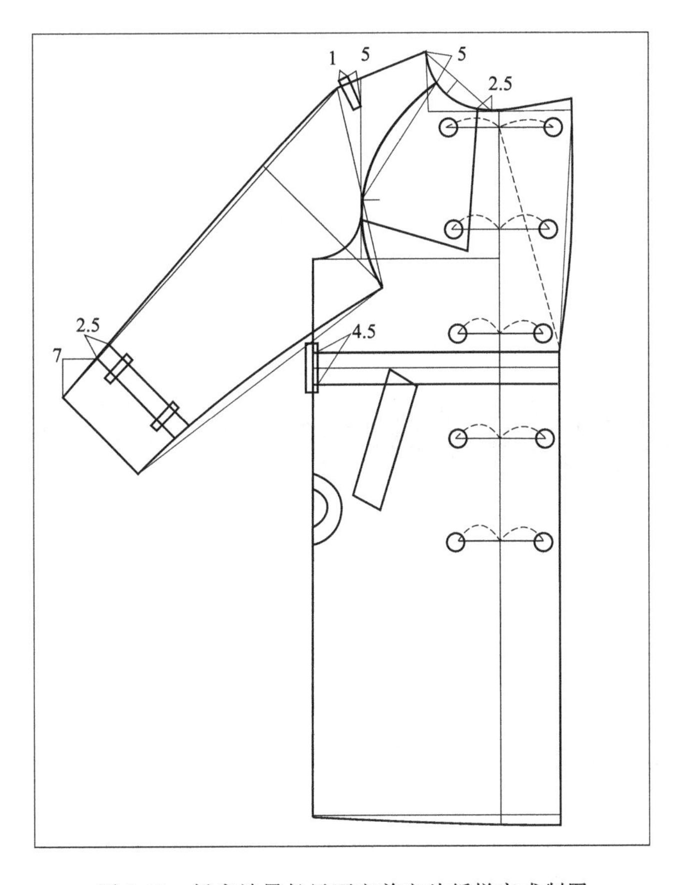

图 5-35　插肩袖男长风雨衣前衣片纸样完成制图

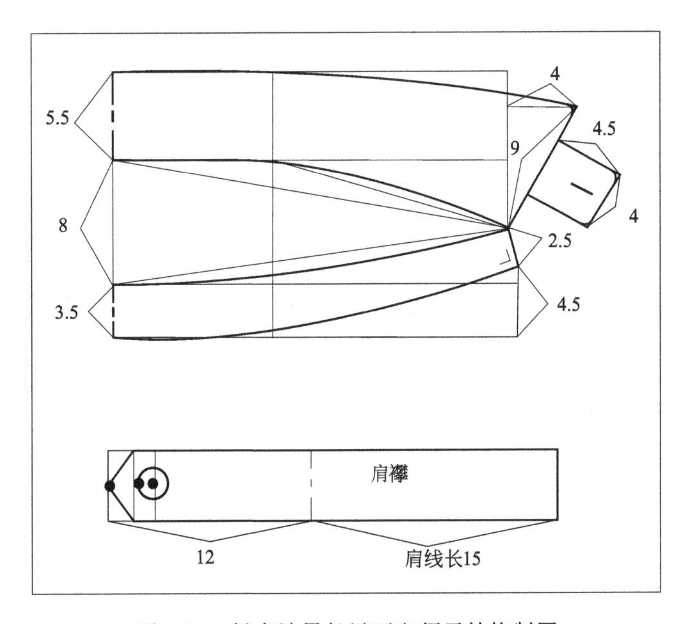

图 5-36　插肩袖男长风雨衣领子结构制图

第六章 裙子类纸样制板方法与实例

第一节　裙子的结构特点与纸样设计

在现代女装中裙子也是非常重要的一个种类，其形式多样。裙子的结构包括：三个围度，即腰围、臀围、摆围；两个长度，即腰围至臀围的长度（臀高）和裙子的长度。任何一款的裙子都涉及这些部位，它牵扯到具体人的体型和下肢的运动功能及款式造型，因此必须配合腰部、臀部及下肢部位的形体特点和各种用途及生活的需要进行纸样设计。例如，不同体型和臀腰差的设计决定了省的大小、省的位置、省的长度、省的形状，同时根据造型省也可以转移和分散使用。以省塑型在裙装的结构设计中也依然非常重要，可以通过各种不同造型的纸样设计充分理解其中的构成原理方法。

裙子的造型分类主要有直身裙（紧身裙）、斜裙（圆摆裙）、节裙（塔裙）、多片裙（拼接裙）等，在此基础上可以组合出多种款式。

第二节　直身裙（紧身裙）类纸样设计

一、西服裙纸样设计

（一）西服裙制板方法

西服裙效果图如图 6-1 所示。

（二）成品规格

成品规格按国家号型 160/68A 确定，如表 6-1 所示。

表 6-1　西服裙成品规格　　单位：cm

部位	裙长	腰围	臀围	臀高	腰头宽
尺寸	57	68	94	18	3

图 6-1　西服裙效果图

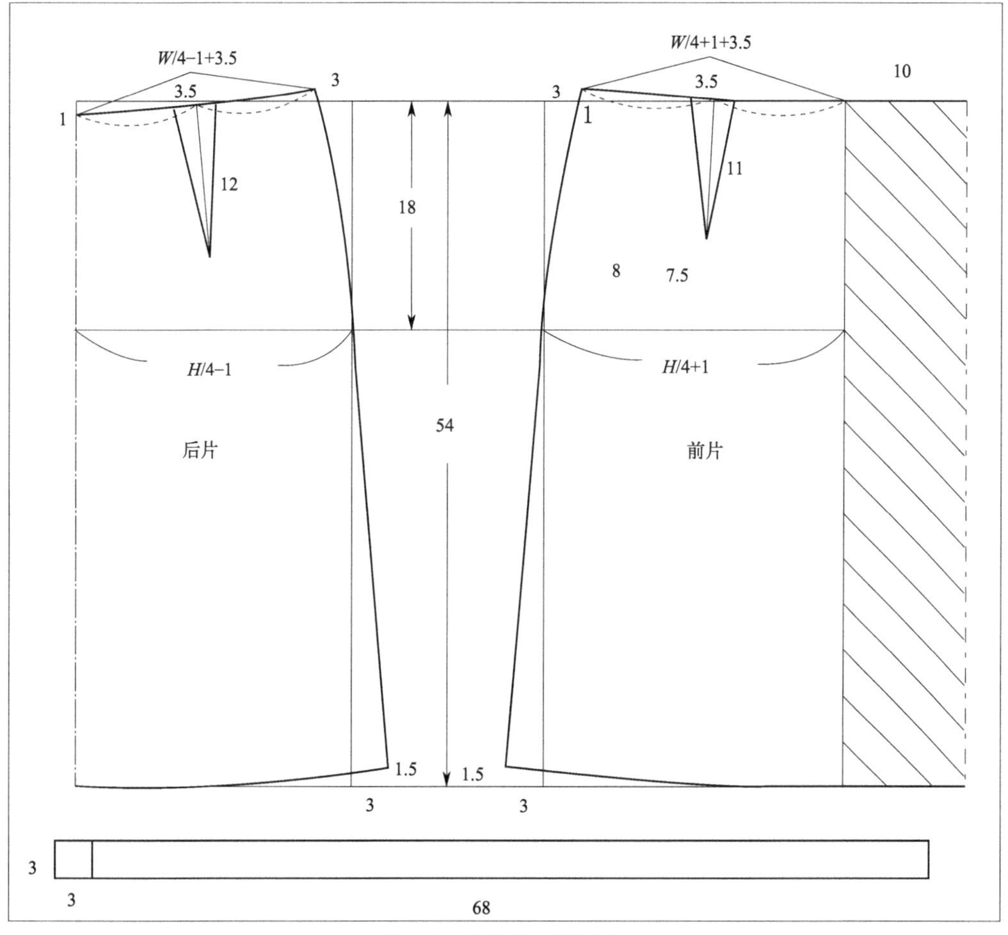

图 6-2　西服裙制图方法

此款是配合正装西服设计而来，裙长可参照膝盖围或稍上一些，在净臀围的基础上加放4cm。腰围不加放，下摆略放摆量，前中线设一个褶裥。采用垂感较好的精纺面料。

（三）制图步骤（图 6-2）

1. 前片制图方法

（1）裙长减腰头宽 54cm，画中直线，并且画上下平行线。

（2）臀高为 1/10 总体高＋2cm，画平行线制定臀围线，在臀围线上确定臀围肥。

（3）前片臀围肥为 $H/4+1$cm。

（4）成品尺寸臀腰差为 26cm，在腰围线上确定前后片的腰围肥度。

（5）前片腰围侧缝线收省 3cm，实际前片腰围肥为 $W/4+1$cm$+3.5$cm 省。

2. 后片制图方法

（1）后片臀围肥为 $H/4-1$cm。

（2）后片腰围侧缝线收省 3cm，实际后片腰围肥为 $W/4-1$cm$+3.5$cm 省。

3. 下摆各放 3cm，呈稍短的小喇叭形。为便于活动，前中线设褶裥 10cm，侧缝线设拉链，开口至臀围下 2cm。

4. 腰头长 68cm，加搭门 3cm，宽 3cm。

二、多片裙纸样设计

（一）六片裙制板方法

六片裙效果图如图 6-3 所示。

图 6-3　六片裙效果图

（二）成品规格

成品规格按国家号型 160/68A 确定，如表 6-2 所示。

表 6-2 六片裙成品规格 单位：cm

部位	裙长	腰围	臀围	臀高	腰头宽
尺寸	76	68	94	18	3

此款是较紧身的设计，六片结构。在净臀围的基础上加放 4cm，腰围不加放，下摆可根据造型要求加放摆量，拉链设计在侧缝。

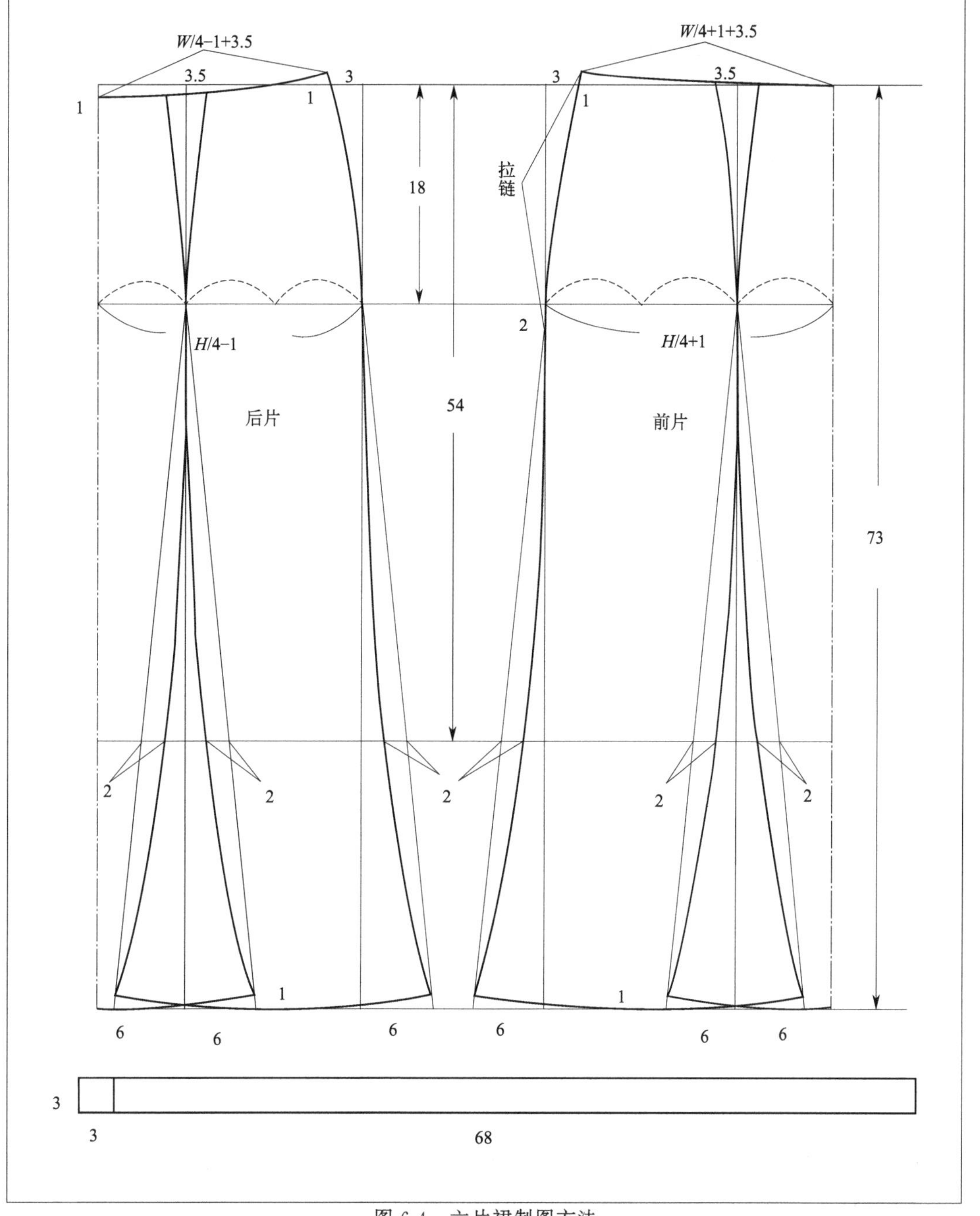

图 6-4 六片裙制图方法

（三）制图步骤（图 6-4）

1. 裙长纵向线为实际裙长减腰头宽，同时画上下平行基础线。

2. 臀高为 1/10 总体高＋2cm，画平行线制定臀围线，在臀围线上确定臀围肥。

(1) 前片臀围肥为 $H/4$＋1cm，分 3 等份，以前中心线往里的 1/3 处分割裙片。

(2) 后片臀围肥为 $H/4$－1cm，分 3 等份，以前后中心线往里的 1/3 处分割裙片。

3. 成品尺寸臀腰差为 26cm，在腰围线上制定前后片的腰围肥度。

(1) 实际前片腰围肥为 $W/4$＋1cm＋3.5cm 省，前片侧缝省 3cm。

(2) 实际后片腰围肥为 $W/4$－1cm＋3.5cm 省，后片侧缝省 3cm。

4. 下摆前后总分割共六片，各放 6cm。为便于活动，侧缝线设拉链，开口至臀围下 2cm。

三、八片鱼尾裙纸样设计

（一）八片鱼尾裙制板方法

八片鱼尾裙效果图如图 6-5 所示。

图 6-5　八片鱼尾裙效果图

（二）成品规格

成品规格按国家号型 160/68A 确定，如表 6-3 所示。

表 6-3　八片鱼尾裙成品规格　　单位：cm

部位	裙长	腰围	臀围	臀高	腰头宽
尺寸	79	68	94	18	3

此款腰臀部位是较紧身的，八片结构使下摆呈美人鱼造型。在净臀围的基础上加放 4cm，腰围不加放，裙长及下摆可根据造型任意放量，拉链可设计在后中缝或侧缝均可。

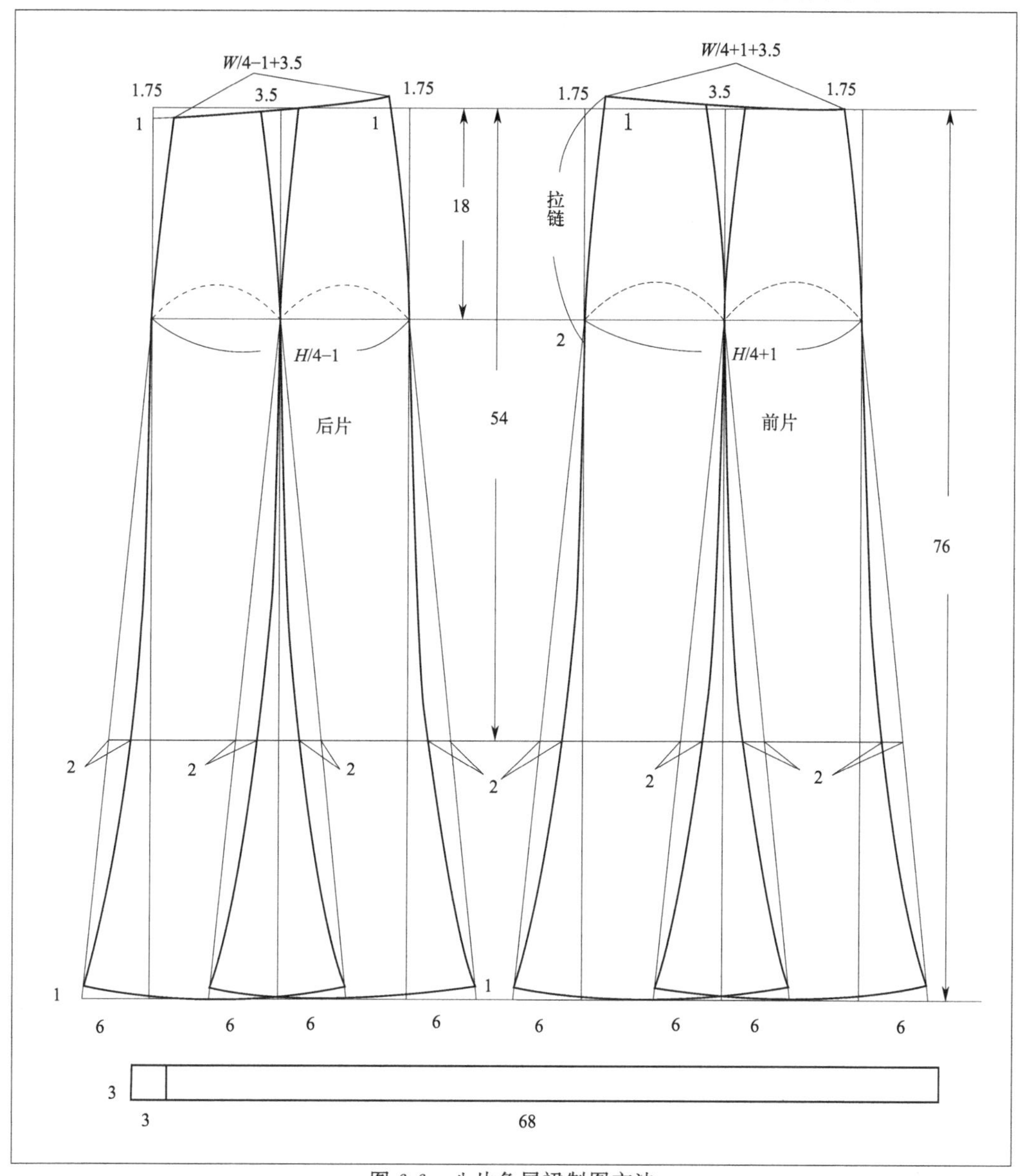

图 6-6　八片鱼尾裙制图方法

（三）制图步骤（图 6-6）

1. 裙长纵向线为实际裙长减腰头宽，同时画上下平行基础线。

2. 臀高为 1/10 总体高＋2cm，画平行线制定臀围线，在臀围线上确定臀围肥。

（1）前片臀围肥为 $H/4+1$cm，分 2 等份，以前中心线往里的 1/2 处分割裙片。

（2）后片臀围肥为 $H/4-1$cm，分 2 等份，以后中心线往里的 1/2 处分割裙片。

3. 成品尺寸臀腰差为 26cm，在腰围线上制定前后片的腰围肥度。

(1) 实际前片腰围肥为 W/4＋1cm＋3.5cm 省，前片侧缝省 1.75cm，前中心线省 1.75cm。

(2) 实际后片腰围肥为 W/4－1cm＋3.5cm 省，后片侧缝省 1.75cm，后中心线省 1.75cm。

4. 下摆前后总分割共八片，侧缝各放 6cm。为便于活动，侧缝线设拉链，开口至臀围下 2cm。

第三节　斜裙类纸样设计

一、360° 大圆摆裙纸样设计

(一) 360° 大圆摆裙制板方法

360°大圆摆裙效果图如图 6-7 所示。

图 6-7　360°大圆摆裙效果图

(二) 成品规格

成品规格按国家号型 160/68A 确定，如表 6-4 所示。

表 6-4　360°大圆摆裙成品规格　　单位：cm

部位	裙长	腰围	腰头宽
尺寸	65	68	3

此款是以腰围展开设计的正圆大圆摆两片裙，1/4 摆围 114.39cm，腰围不加放，侧缝有拉链。采用垂感较好的薄型或中厚面料。

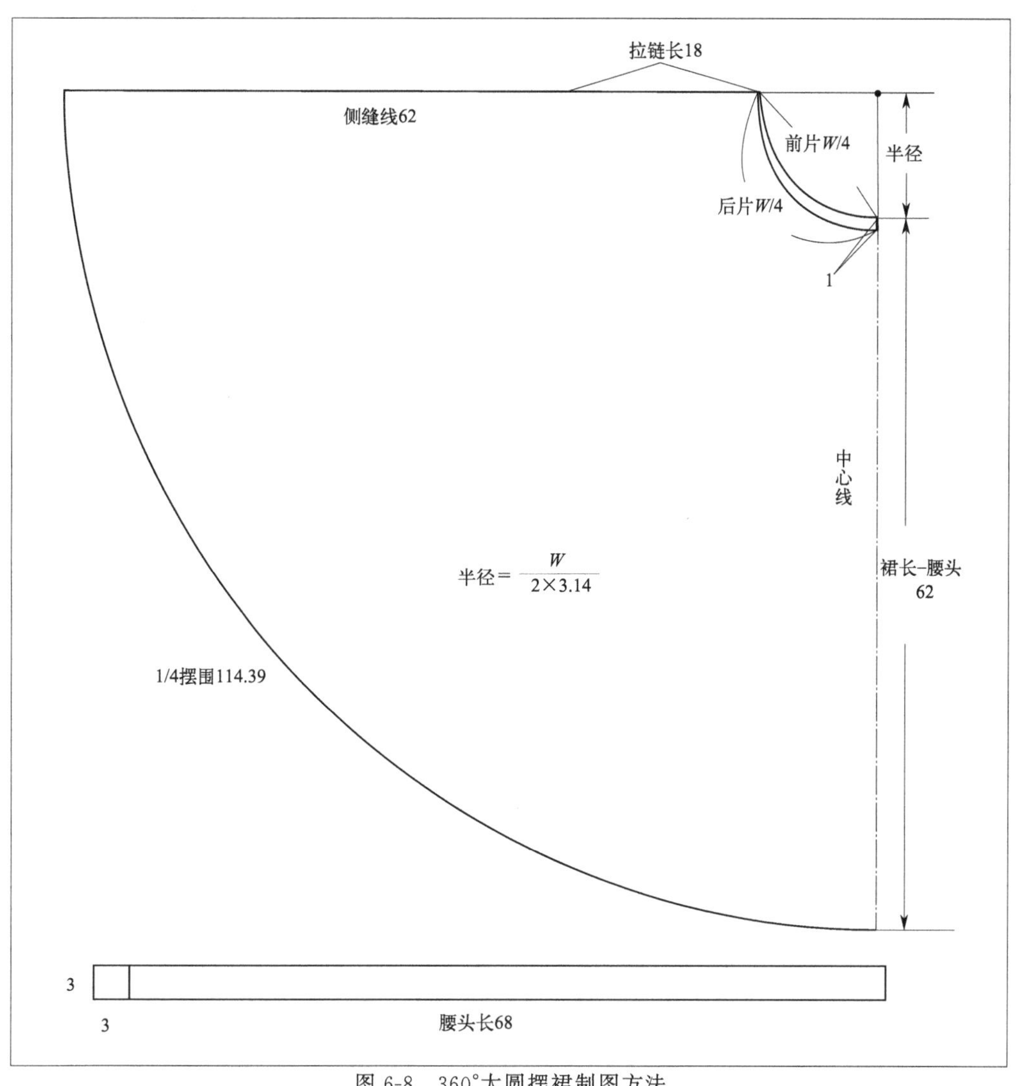

图 6-8 360°大圆摆裙制图方法

（三）制图步骤（图 6-8）

1. 依据腰围尺寸求出正圆半径为 $W/6.28$，然后画出腰围弧线长。

2. 半径加出裙长减腰头尺寸为半径，画正圆摆围弧线长。

3. 裁剪时可以分两大片或四片，注意经纱向的应用。

二、 180° 四片斜裙纸样设计

（一） 180° 四片斜裙制板方法

180°四片斜裙效果图如图 6-9 所示。

（二）成品规格

成品规格按国家号型 160/68A 确定，如表 6-5 所示。

表 6-5 180°四片斜裙成品规格 单位：cm

部位	裙长	腰围	腰头宽
尺寸	65	68	3

此款是依据 180°设计的四片斜裙。裙摆尺寸为 1/4 摆围 65.7cm，裙长 65cm，腰围不加放，

侧缝有拉链。

图 6-9　180°四片斜裙效果图

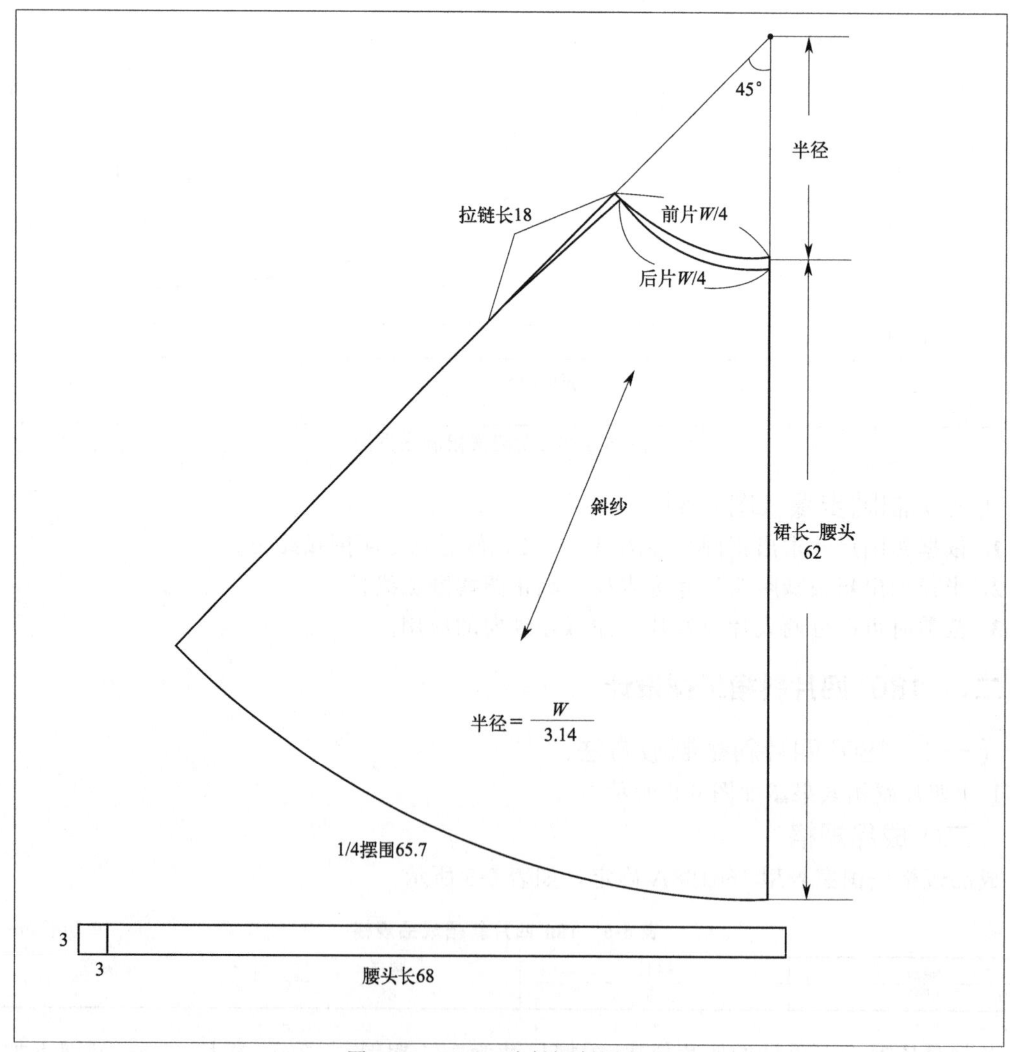

图 6-10　180°四片斜裙制图方法

（三）制图步骤（图 6-10）

1. 依据腰围 180°斜裙求出 45°的半径，求出半径为 $W/3.14$，然后画出 1/4 腰围弧线。

2. 半径加出裙长减腰头尺寸为半径，画 1/4 摆围弧线长。

3. 裁剪时根据设计注意经纱向的应用。

三、任意裙摆长裙纸样设计

（一）四片喇叭长裙制板方法

四片喇叭长裙效果图如图 6-11 所示。

图 6-11　四片喇叭长裙效果图

（二）成品规格

成品规格按国家号型 160/68A 确定，如表 6-6 所示。

表 6-6　四片喇叭长裙成品规格　　单位：cm

部位	裙长	腰围	裙摆	腰头宽
尺寸	80	68	380	3

此款是优先依据裙摆尺寸定数为 1/4 摆围 95cm，而设计的四片斜裙，裙长 80cm，腰围不加放，后中线有拉链。应采用垂感较好的面料。

（三）制图步骤（图 6-12）

1. 依据数学弧度制的计算方法和摆围设计要求，计算制图所需半径，即(裙长×$W/4$)/(摆围/4－$W/4$)。

2. 再以加出裙长减腰头尺寸为半径，画摆围弧线长。

3. 裁剪时根据设计注意经纱向的应用。

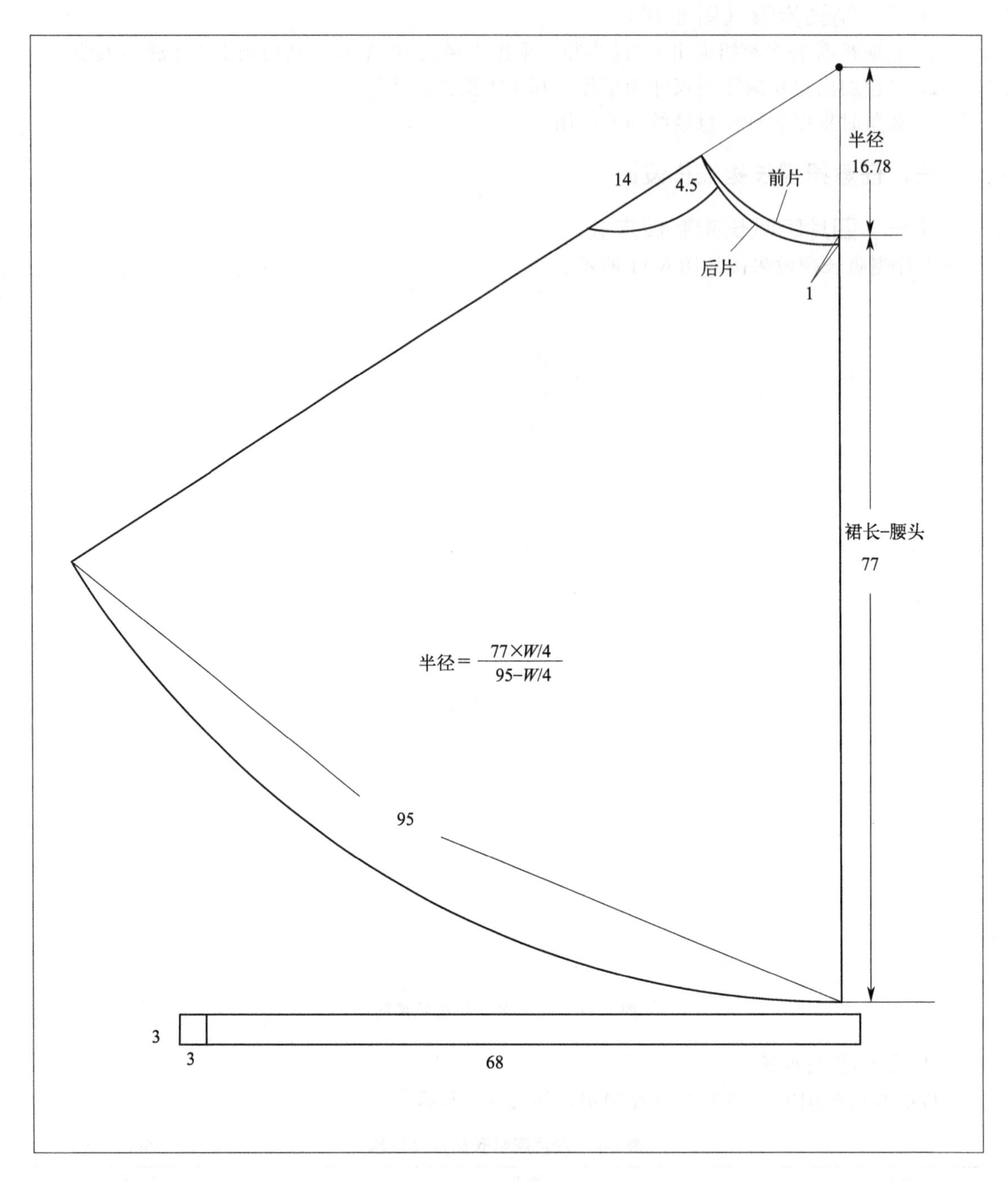

图 6-12　四片喇叭长裙制图方法

第四节　节裙类纸样设计

一、塔裙纸样设计

（一）塔裙制板方法

塔裙效果图如图 6-13 所示。

图 6-13　塔裙效果图

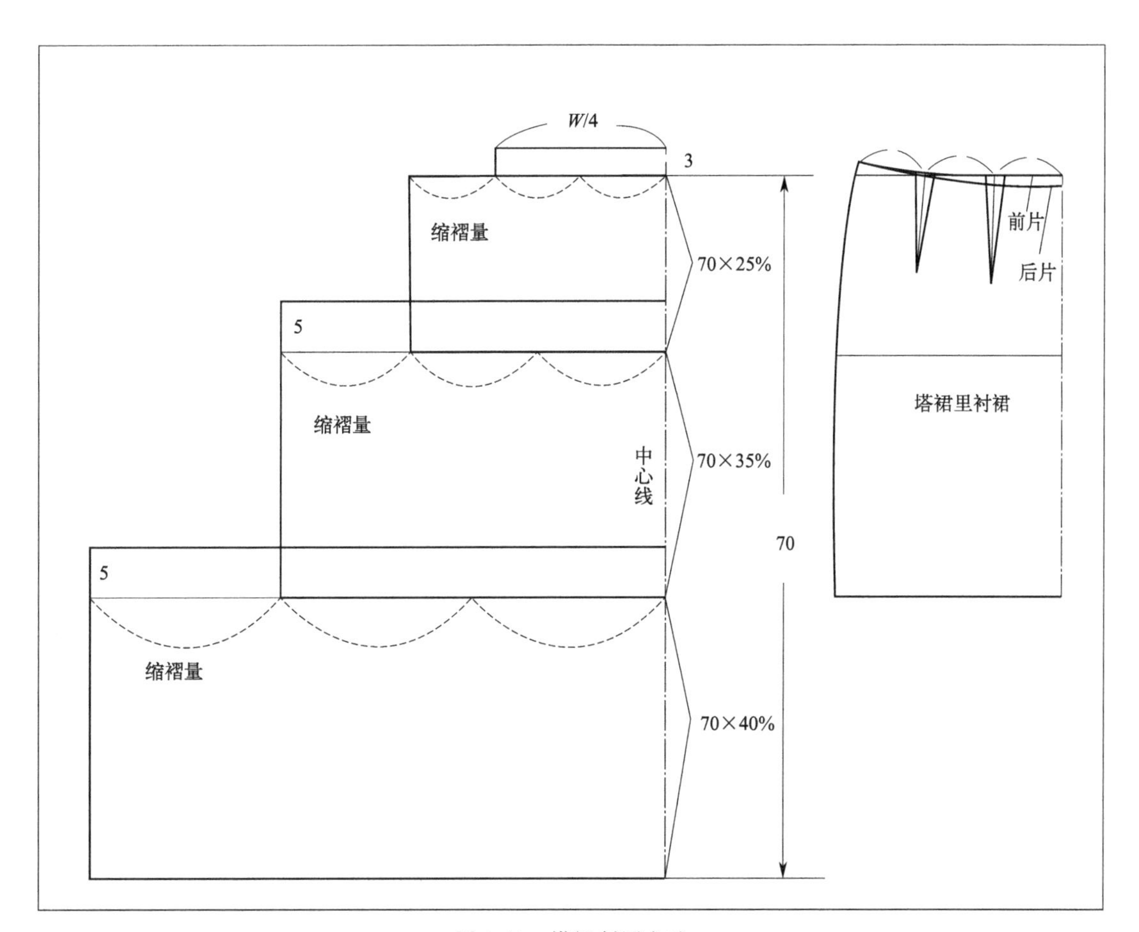

图 6-14　塔裙制图方法

（二）成品规格

成品规格按国家号型 160/68A 确定，如表 6-7 所示。

表 6-7　塔裙成品规格　　单位：cm

部位	裙长	腰围	臀围(衬裙)	臀高	腰头宽
尺寸	73	68	94	17.5	3

此款是三层塔式设计的裙子，主要是控制好每层的褶量比例。里衬裙在净臀围的基础上加放 4cm，腰围不加放，下两层附着在里衬裙上，每层的长度比例可随意设计。

（三）制图步骤（图 6-14）。

1. 第一层的缩褶量参照 W/4 长的 1/2 加放。

2. 第二层的缩褶量参照第一层摆长度的 1/2 加放。

3. 第三层的缩褶量参照第二层摆长度的 1/2 加放。

4. 塔裙里的衬裙按照基础裙的制图方法。

二、三层节裙纸样设计

（一）三层节裙制板方法

三层节裙效果图如图 6-15 所示。

图 6-15　三层节裙效果图

（二）成品规格

成品规格按国家号型 160/68A 确定，如表 6-8 所示。

表 6-8　三层节裙成品规格　　单位：cm

部位	裙长	腰围	腰头宽
尺寸	73	68	3

此款是三层节裙设计的裙子，每层的长度比例可随意设计，控制好每层的褶量比例。采用垂感较好的丝质或纱质薄型面料。

（三）制图步骤（图 6-16）

1. 第一层的缩褶量参照 $W/4$ 的 1/2 加放。

2. 第二层的缩褶量参照第一层摆长度的 1/2 加放。

3. 第三层的缩褶量参照第二层摆长度的 1/2 加放。

4. 节裙里的衬裙按照基础裙的制图方法，里衬裙一般在净臀围上加放 4cm 松量。

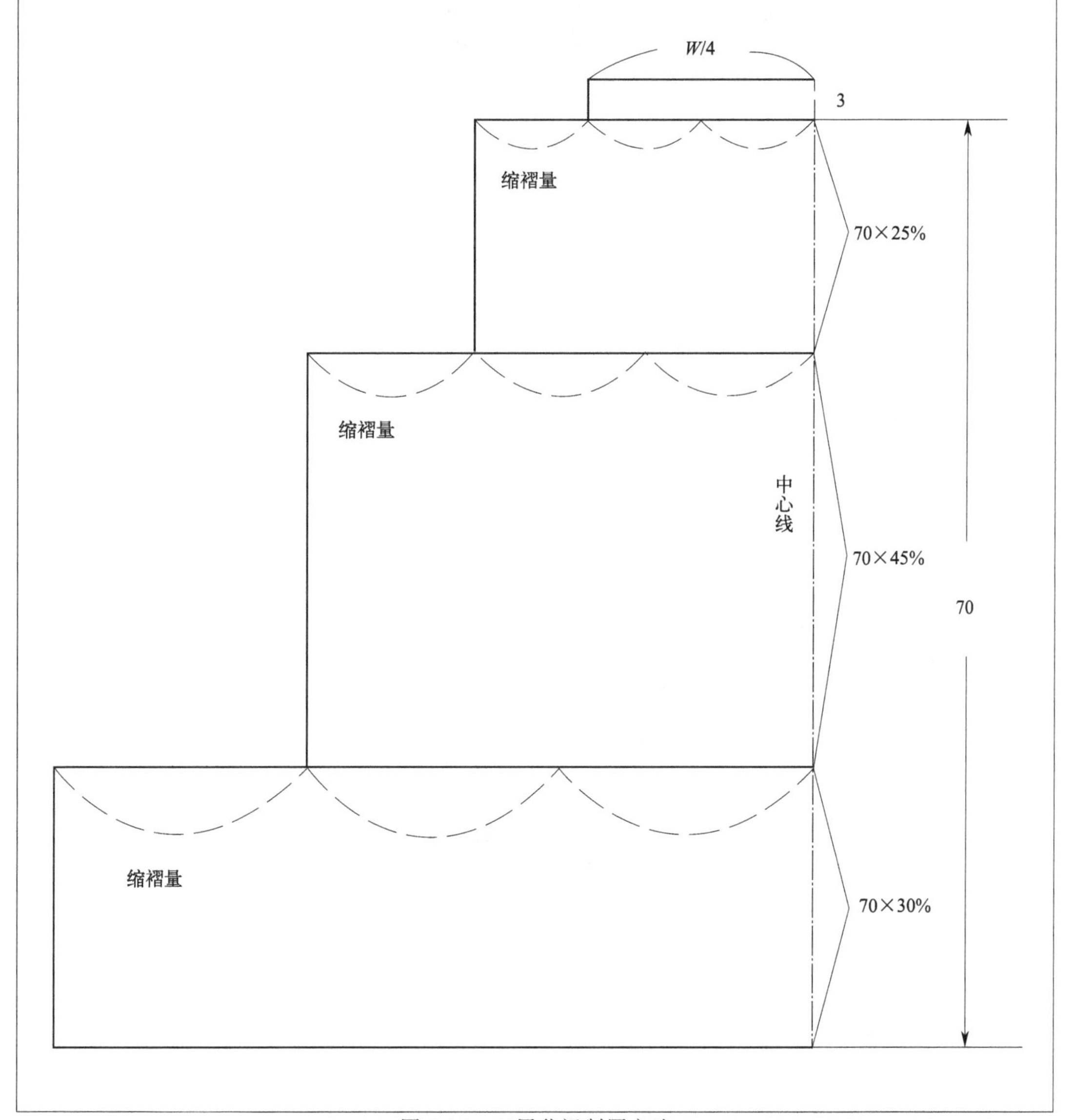

图 6-16　三层节裙制图方法

第一节　裤子的结构特点与纸样设计

在现代男女装中，裤子也是非常重要的一个服装种类，形式多样。裤子的结构包括：五个围度，腰围、臀围、横裆围、中裆围、裤口围；四个长度，纵向即腰围至臀围的长度（臀高）、腰围至大腿根横裆围的长度（立裆）、横裆至膝围的长度、腰围至裤口围的裤子长度。任何一款的裤子都涉及这些部位，它牵扯到具体人的体型和下肢的运动功能及款式造型，因此必须配合腰部、臀部及下肢部位的形体特点和各种用途及生活中活动的需要，进行纸样设计。

臀围是造型的基础，不同裤形要求臀部的加放松量是不同的。裤口是造型的关键，裤口的松量大小决定不同的裤子外形特征。中裆的肥瘦、长度位置在结构设计中起着衬托和顺应造型的作用。以省塑型在裤装的结构设计中也依然非常重要。不同体型、款式与臀腰差的设计决定了省的大小、省的位置、省的长度、省的形状，同时根据造型省也可以转移和分散使用。而通过各种不同裤子纸样设计的反复应用，便能充分理解其中的构成方法与原理。

裤子的造型分类主要有标准西裤、紧身裤、大小锥形裤、大小喇叭裤、裙裤等，在此基础上还可以组合变化出多种款式。

第二节　女裤子类纸样设计

一、标准女西裤纸样设计

（一）标准女西裤制板方法

标准女西裤效果图如图 7-1 所示。

（二）成品规格

成品规格按国家号型 160/68A 确定，如表 7-1 所示。

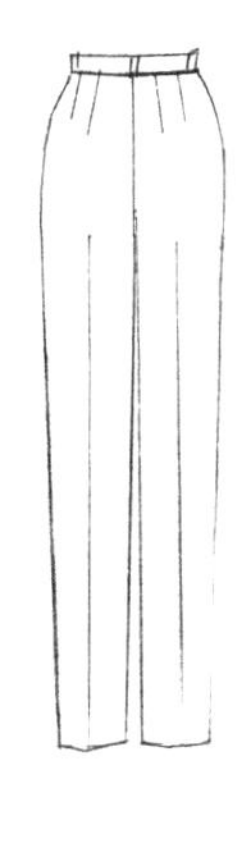

图 7-1　标准女西裤效果图

表 7-1　标准女西裤成品规格　　单位:cm

部位	裤长	腰围	臀围	臀高	立裆	腰头宽	裤口
尺寸	100	70	100	18	28.5	3	20

此款是与女西服配套设计的裤形，是标准女西裤。其松量在净臀围的基础上加放 8～10cm，腰围加放 2cm，净立裆加放 1cm。可采用垂感较好的薄型面料。

（三）标准女西裤制图步骤（图 7-2）

1. 裤子前片制图

(1) 裤长减腰头宽画上下平行基础线。

(2) 立裆减腰头宽从上平线向下画横裆线。

(3) 臀高为 18cm。计算方法：总体高/10＋2cm。

(4) 前片臀围肥为 $H/4-1$cm。

(5) 前小裆宽为 $H/20-0.5$cm，画小裆弧线的辅助线，画小裆弧线。

(6) 横裆宽的 1/2 为裤中线。$(H-W)/4=7.5$cm 为制图中的省量。

(7) 前片腰围肥为 $W/4-1$cm＋5cm 省，中线倒褶 3cm；省 2cm。画侧缝弧线，侧缝横裆进 0.5cm，在侧缝设直插口袋，长 14cm。

(8) 前裤口为裤口尺寸－2cm，裤线两边平分。

(9) 中裆线位置为横裆至裤口线的 1/2 上移 5cm，肥度为前裤口＋2cm。

(10) 前裤口裤线上提 0.5cm，保障脚足面需要。

2. 裤子后片制图

(1) 裤长、立裆、臀高尺寸同前片。

(2) 后片臀围肥为 $H/4+1$cm。

(3) 后裤线位置为 $H/5-1.5$cm，从侧缝基础线向内。

(4) 大裆斜线位置为裤线至后中线的 1/2 处，垂直起翘 2.5cm。

(5) 横裆下落 1cm，大裆斜线交于落裆，此处起始画大裆宽线为 $H/10$。画大裆弧线的辅助线 2.5cm，再画大裆弧线。

(6) 后片腰围肥为 $W/4+1$cm$+2.5$cm 省，一个省。画侧缝弧线侧缝横裆进 1cm。

(7) 后裤口为裤口尺寸$+2$cm，裤线两边平分。

(8) 中裆线位置为横裆至裤口线的 1/2 上移 5cm，肥度为后裤口$+2$cm。

(9) 后裤口裤中线下移 0.5cm。

3. 腰头

腰头长 70cm，宽 3.5cm，搭门 3cm。

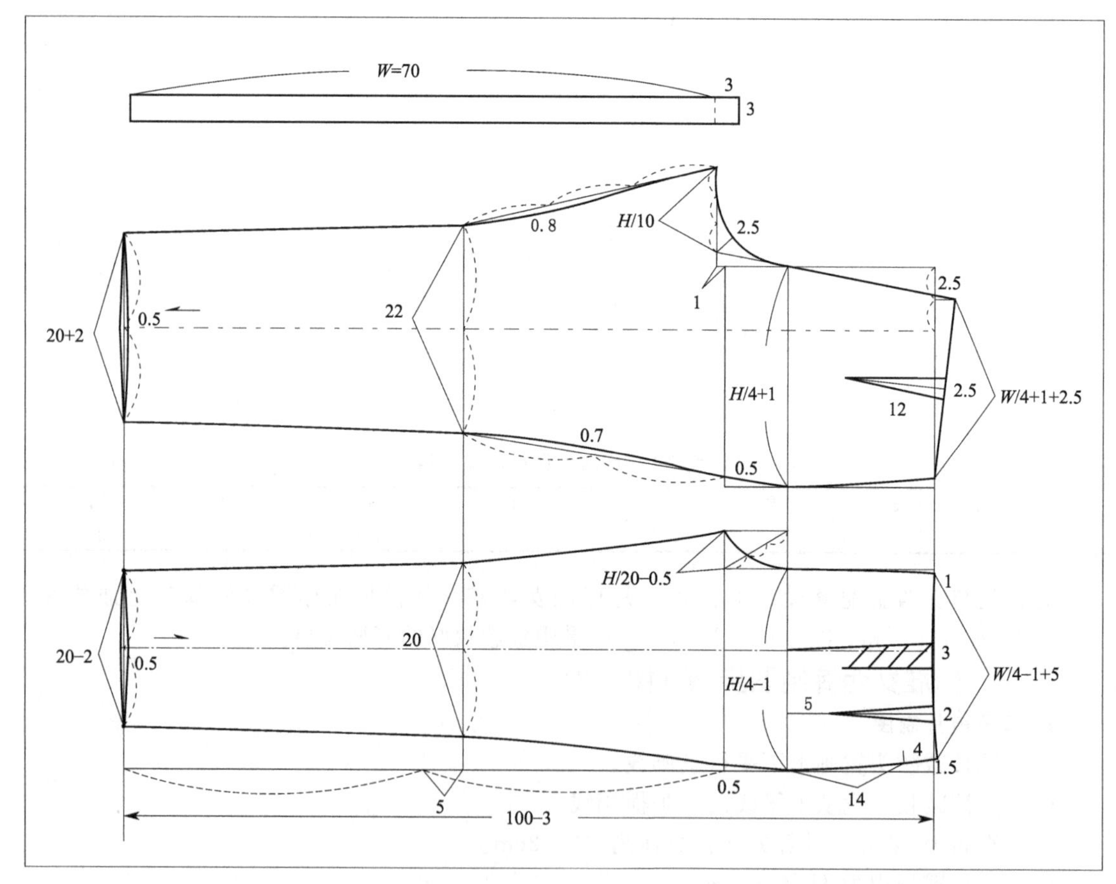

图 7-2 标准女西裤制图方法

二、高连腰锥形女裤纸样设计

（一）高连腰锥形女裤制板方法

高连腰锥形女裤效果图如图 7-3 所示。

（二）成品规格

成品规格按国家号型 160/68A 确定，如表 7-2 所示。

图 7-3　高连腰锥形女裤效果图

表 7-2　高连腰锥形女裤成品规格　　单位：cm

部位	裤长	腰围	臀围	臀高	立裆	腰头宽	裤口
尺寸	103.5	70	106	18	28	6.5	14

此款是臀部较宽松，连腰腰头褶量较大，裤口收紧的造型。在净臀围的基础上加放16cm，净腰围加放2cm，净立裆加放3cm，属于时装裤。采用垂感较好的薄型面料。

（三）高连腰锥形女裤制图步骤（图 7-4）

1. 裤子前片制图

（1）腰头宽6.5cm，画上平行线，从腰口线画裤长减腰头宽尺寸为下平行基础线。

（2）立裆减腰头宽从腰口线向下画横裆线。

（3）臀高为18cm。中裆线为横裆至裤口长的1/2。

（4）前片臀围肥为$H/4-1$cm；$(H-W)/4=9$cm为制图中的省量。

（5）前小裆宽为$H/20-0.5$cm，画小裆弧线的辅助线为3cm。

（6）横裆宽的1/2为裤中线。

(7) 前片腰围肥为 $W/4-1\text{cm}+7.5\text{cm}$ 省褶，设两个省褶。侧缝省 1.5cm 画侧缝弧线，在侧缝设斜插口袋，长 14cm。

(8) 前裤口为裤口尺寸－1cm，裤线两边平分。

(9) 中裆线位置为横裆至裤口线的 1/2，肥度参照侧缝线至裤线的尺寸，裤线两边相等。

2. 裤子后片制图

(1) 腰头宽、裤长、立裆、臀高同前片。

(2) 后片臀围肥为 $H/4+1\text{cm}$。

(3) 后裤线位置为 $H/5-1.5\text{cm}$，从侧缝基础线向内。

(4) 大裆斜线位置为裤线至后中线的 1/3 处，垂直起翘 2cm。

(5) 横裆下落 1cm，大裆斜线交于落裆线，此处起始画大裆宽线为 $H/10$。画大裆弧线的辅助线 2.5cm，再画大裆弧线。

(6) 后片腰围肥为 $W/4+1\text{cm}+5\text{cm}$ 省，两个省。画侧缝弧线。

(7) 后裤口为裤口尺寸＋1cm，裤线两边平分。

(8) 中裆线位置为横裆至裤口线的 1/2，肥度参照侧缝线至裤线的尺寸，裤线两边相等。

3. 腰头

腰头宽 6.5cm，后腰口上线省及侧缝略放些松量。

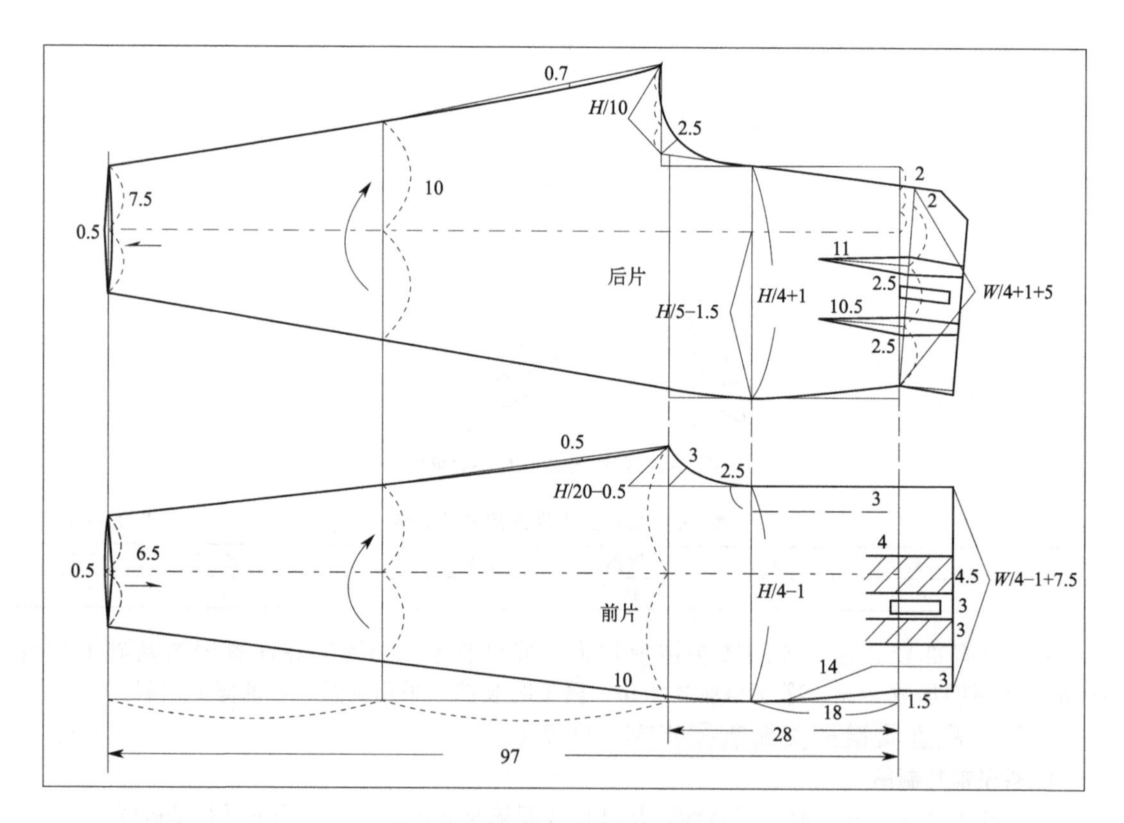

图 7-4 高连腰锥形女裤制图方法

三、喇叭形牛仔女裤纸样设计

(一) 喇叭形牛仔女裤制板方法

喇叭形牛仔女裤效果图如图 7-5 所示。

图 7-5 喇叭形牛仔女裤效果图

（二）成品规格

成品规格按国家号型 160/68A 确定，如表 7-3 所示。

表 7-3 喇叭形牛仔女裤成品规格 单位：cm

部位	裤长	腰围	臀围	裤口	立裆	腰头宽
尺寸	100	70	94	23	27.5	3

此款是臀胯围部较瘦，裤口呈喇叭形的设计。在净臀围的基础上加放 4cm，腰围加放 2cm，净立裆不加放，为强调喇叭口造型，中裆位置上调 9cm。有修饰下肢的作用。采用较好的具有弹性的牛仔薄型面料。

（三）喇叭形牛仔女裤制图步骤（图 7-6）

1. 裤子前片制图

（1）裤长减腰头宽画上下平行基础线。

（2）立裆减腰头宽从上平线向下画横裆线。

（3）臀高为总体高的 1/2＋2cm，即 18cm。

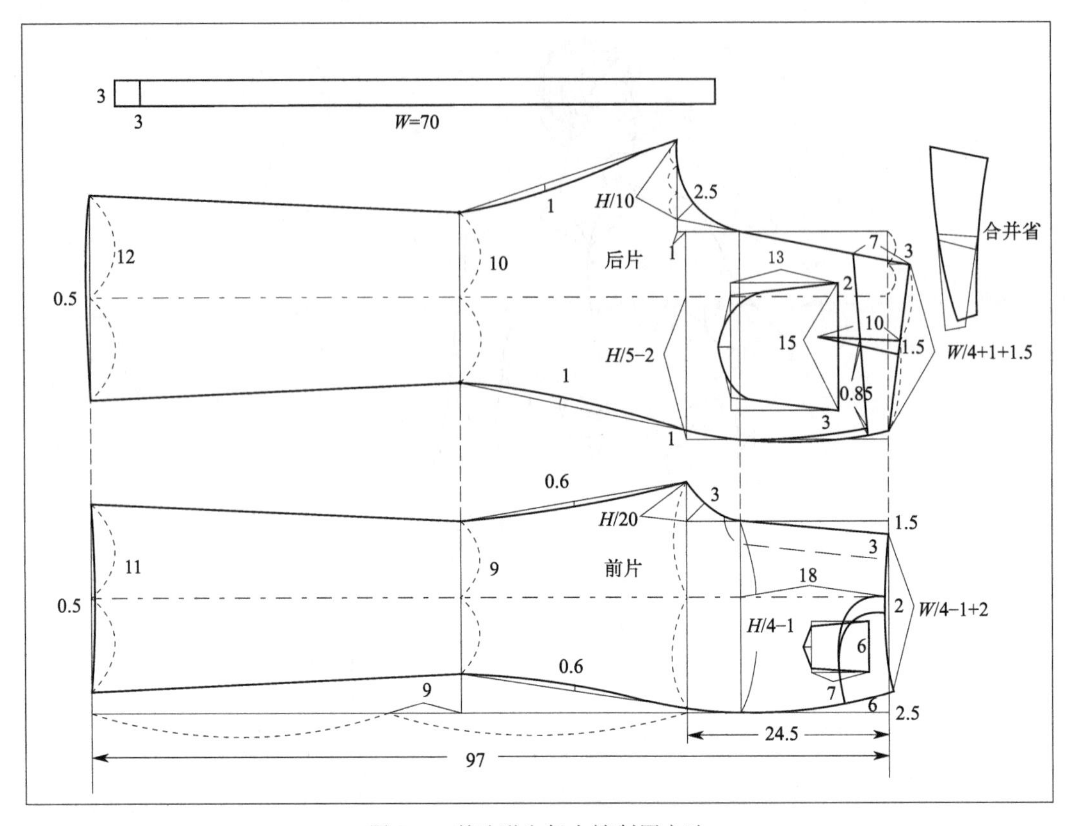

图 7-6　喇叭形牛仔女裤制图方法

(4) 前片臀围肥为 $H/4-1$cm。

(5) 前小裆宽为 $H/20-0.5$cm，画小裆弧线的辅助线为 3cm。

(6) 横裆宽的 1/2 为裤中线。

(7) 前片腰围肥为 $W/4-1$cm+2cm 省，一个省。在侧缝设插口袋，长 6cm。

(8) 裤口尺寸为 23cm−1cm，在裤线两边平分。

(9) 中裆线位置为横裆至裤口线的 1/2 向上调整 9cm，肥度为前裤口 22cm−4cm，裤线两侧平分。

(10) 裤口的前裤线向上 0.5cm。

2. 裤子后片制图

(1) 裤长、立裆、臀高同前片。

(2) 后片臀围肥为 $H/4+1$cm。

(3) 后裤线位置为 $H/5-2$cm，从侧缝基础线向内。

(4) 大裆斜线位置为裤线至后中线的 1/2 处，垂直起翘 3cm。

(5) 横裆下落 1cm，大裆斜线交于落裆线，从此处起始画大裆宽线为 $H/10$。大裆弧线的辅助线 2.5cm，画大裆弧线。

(6) 后片腰围肥为 $W/4+1$cm+1.5cm 省，省长 10cm。画侧缝弧线。

(7) 后中腰下分割腰贴片 7cm，侧缝分割 2.5cm。分割后将腰贴片省合并成一整片，分割线下设后贴袋。

(8) 后裤口为裤口尺寸 23cm+1cm，裤线两边平分各 12cm。

(9) 中裆线位置同前片，肥度为后裤口 24cm−4cm，裤线两侧平分。

(10) 裤口的后裤线向下 0.5cm。

3. 腰头

腰头长 70cm，宽 3cm，搭门 3cm。

四、哈伦女裤纸样设计

（一）哈伦女裤制板方法

哈伦女裤效果图如图 7-7 所示。

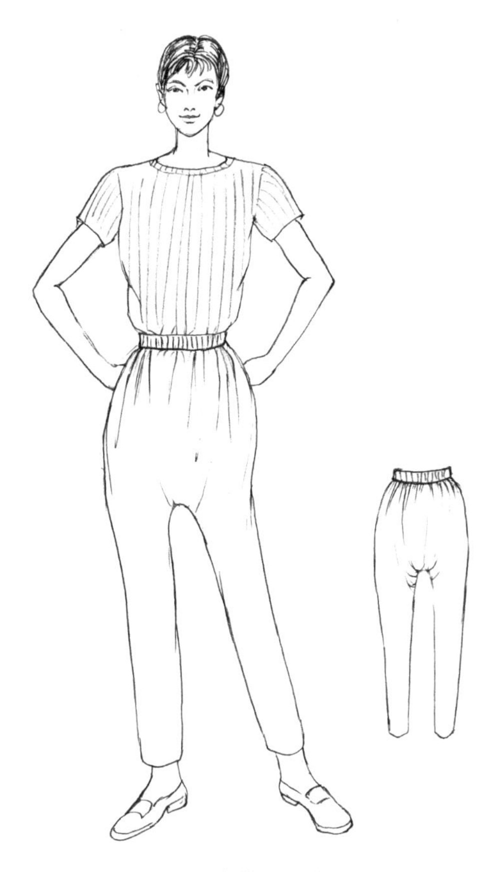

图 7-7　哈伦女裤效果图

（二）成品规格

成品规格按国家号型 160/68A 确定，如表 7-4 所示。

表 7-4　哈伦女裤成品规格　　单位：cm

部位	裤长	腰围	臀围	裤口	立裆	腰头宽
尺寸	95	70	94	23	34	4

哈伦女裤臀、裆、胯围部较肥，裤口呈收紧的造型设计。在净臀围的基础上加放 20cm 以上，腰围加放 2cm，净立裆加放 5cm 以上视造型确定。整体为平面结构，因此没有裤窿门(裤裆)的设计，其穿着的效果裆部松量很多，适合活动。

（三）哈伦女裤制图步骤（图 7-8）

1. 裤子前片制图

(1) 裤长画上下平行基础线（连腰头）。

(2) 立裆减腰头宽从上平线向下画横裆线。

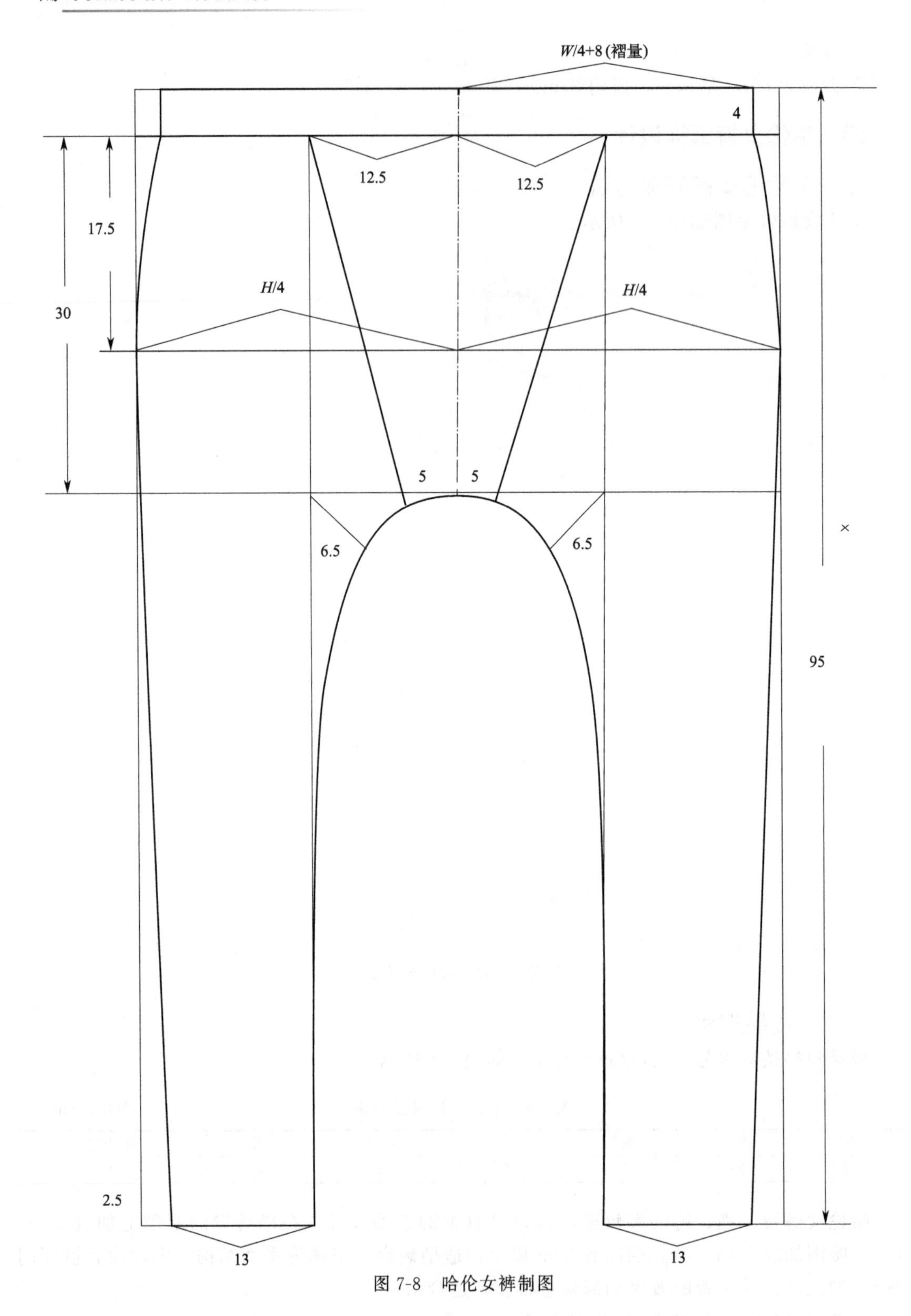

图 7-8 哈伦女裤制图

（3）臀高为总体高的 1/2＋1.5cm，即 17.5cm。

（4）前后片臀围肥为 $H/4$。

（5）前后片腰围肥为 $W/4+8$cm。

（6）前小裆宽为 12.5cm，画小裆弧线的辅助线为 6.5cm。

（7）裤口 13cm。

2. 裤子后片制图

裤子后片制图同前片。

五、七分时装女裤纸样设计

（一）七分时装女裤制板方法

七分时装女裤效果图如图 7-9 所示。

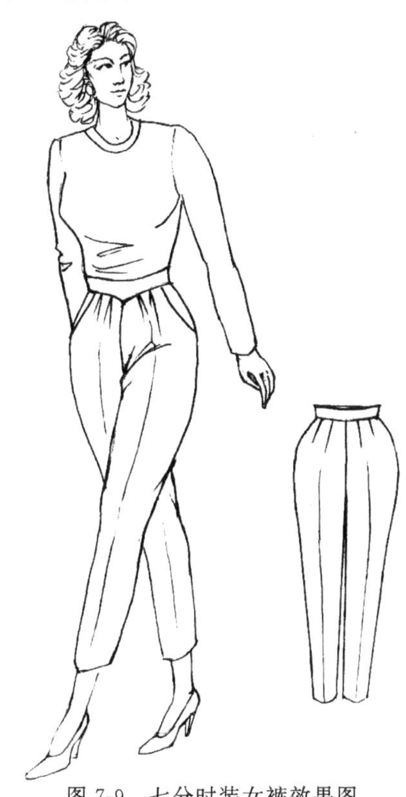

图 7-9　七分时装女裤效果图

（二）成品规格

成品规格按国家号型 160/68A 确定，如表 7-5 所示。

表 7-5　七分时装女裤成品规格　　单位：cm

部位	裤长	腰围	臀围	臀高	立裆	腰头宽	裤口
尺寸	96	70	100	17.5	29.5	4	18

该款是裤长略短的七分裤型，臀部较宽松，前腰头中宽 6.5cm，侧宽 4cm；褶量较大，为裤口收紧的造型。在净臀围 90cm 的基础上加放 10cm，净腰围 68cm 加放 2cm，净立裆尺寸加放 1cm，属于时装裤型。可采用垂感较好的面料。

（三）七分时装女裤制图步骤（图 7-10）

1. 裤子前片制图

（1）从腰口线画裤长减腰头宽尺寸为下平行基础线。

（2）立裆尺寸减腰头宽从腰口线向下画横裆线。

（3）臀高为总体高 1/10＋1cm，即 17.5cm。中裆线为横裆至裤口长的 1/2。

（4）前片臀围肥为 $H/4-1$cm。

(5) 前小裆宽计算式为 $H/20-0.5$cm。如图 7-10 所示，先画小裆弧线的辅助线，以斜线的 1/3 点画小裆弧。

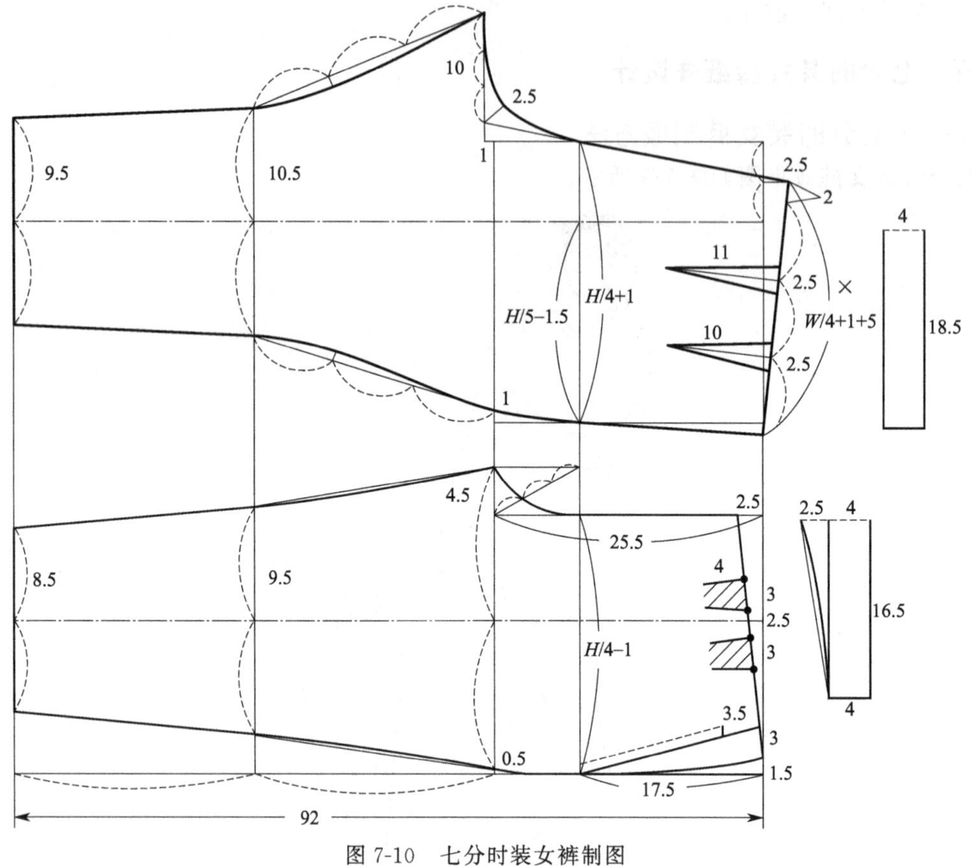

图 7-10　七分时装女裤制图

(6) 以前横裆宽的 1/2 画前裤片中线。

(7) 从前中下 2.5cm 前片腰围肥为 $W/4-1+6$cm 省褶，设两个省褶。侧缝省 1.5cm 画侧缝弧线，在侧缝设斜插口袋长 14cm。

(8) 前裤口为裤口尺寸−1cm，裤线两边平分。

(9) 中裆线位置为横裆至裤口线的 1/2，肥度参照裤口两边各加 1cm，裤线两边相等。按辅助线画前片下裆线及侧缝线。

(10) 腰头前中高 6.5cm，侧缝 4cm，长度为腰围 1/4−1cm。

2. 裤子后片制图

(1) 裤长、立裆、臀高同前片。

(2) 后片臀围肥为 $H/4+1$cm。

(3) 后裤线位置从侧缝基础线向内为 $H/5-1.5$cm。

(4) 腰线大裆斜线起翘位置为裤线至后中线的 1/2 处，垂直起翘 2.5cm，以此点画大裆斜线。

(5) 横裆下落 1cm，大裆斜线交于落裆线，此处起始画大裆宽线为 $H/10$。画大裆弧线的辅助线 2.5cm，再画大裆弧线。按辅助线画后片下裆线。

(6) 后片腰围肥为 $W/4+1$cm+5cm 省，交于后腰口基础线，两个省。画侧缝弧线。

(7) 后裤口为裤口尺寸+1cm，裤线两边平分。

(8) 中裆线位置为横裆至裤口线的 1/2，肥度参照裤口两边各加 1cm，裤线两边相等。按辅助线画后片下裆线及侧缝线。

（9）腰头宽4cm，长度围为1/4腰围+1cm。

第三节　男裤子类纸样设计

一、男标准普通西裤纸样设计

（一）男标准普通西裤制板方法

男标准普通西裤效果图如图7-11所示。

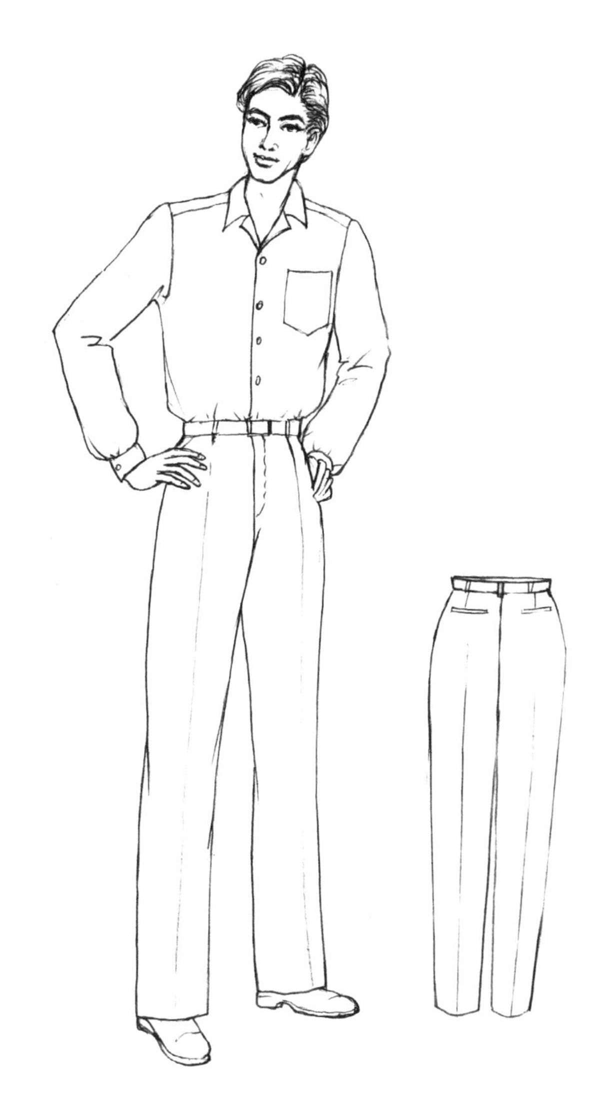

图7-11　男标准普通西裤效果图

（二）成品规格

成品规格按国家号型170/74A确定，如表7-6所示。

表7-6　男标准普通西裤成品规格　　单位：cm

部位	裤长	臀围	腰围	立裆	裤口	腰头宽
尺寸	103	104	76	28.5	22	3

这里主要是指与普通西服、办公套装、职业西服组合配套时的裤子。裤形较合体，一般腰口可与人体腰围线平齐，也有中低腰口立裆稍短的造型。前片有单倒褶和省，有侧缝直插袋或斜插袋。裤口自然收口，与腰口、臀围、膝围协调一致。臀围加放 14cm，腰围加放 2cm，立裆加放 1cm。

(三)男标准普通西裤制图步骤（图 7-12）

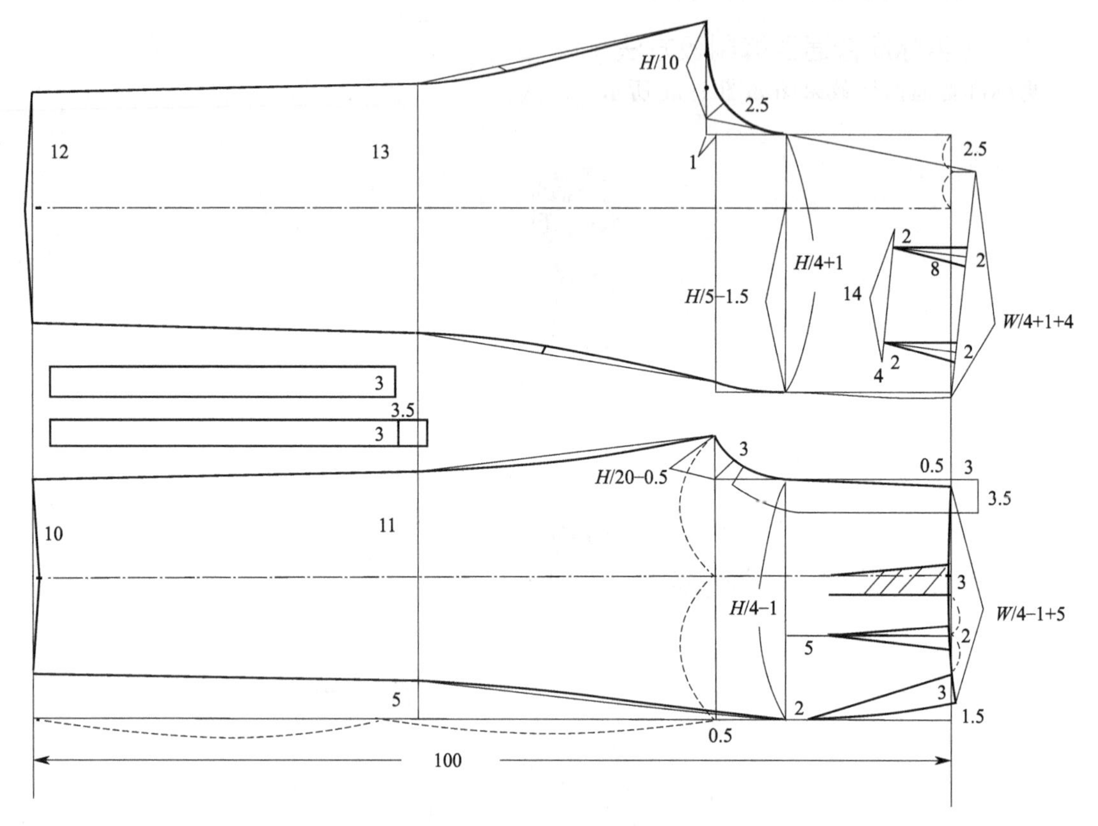

图 7-12　男标准普通西裤结构完成线制图

1. 裤子前片制图

(1) 裤长减腰头画上下平行线。

(2) 立裆减腰头宽画横裆线，平行于上平线。

(3) 横裆至裤口的 1/2 向上 5cm 处画中裆平行线。

(4) 总体高/10＋1cm 或参照立裆的 2/3 处画臀高平行线。

(5) $H/4-1$cm 确定前片臀围肥。

(6) 小裆宽计算公式为 $H/20-(0.5\sim1\text{cm})$。

(7) 小裆宽加前片臀围肥的 1/2 画前裤线。

(8) 前裆角平分线 3cm。

(9) 裤口减 2cm，由裤线向两边平分。

(10) 前裤口加 2cm 为中裆围，再由裤线向两边平分。

(11) 连接外侧裤口至中裆到臀围及腰部侧缝线。圆顺腰围至臀围到脚口处侧缝弧线，横裆侧缝处进 0.5cm，横裆至中裆处收 0.5cm，侧插袋 15cm。

(12) 连接内侧裤口至中裆到小裆终点，圆顺小裆至中裆到裤口内侧缝弧线，小裆至中裆处收 0.7cm。

(13) 1/4 的臀腰差为 7cm，$W/4-1\text{cm}+5\text{cm}$（褶省）为前腰围肥。侧缝收省 1.5cm，前中收省 0.5cm（撇肚量），以裤线位置为基准设后倒褶 3cm，腰省 2cm。

(14) 前脚口中线收进 0.5cm，画顺裤口线。

(15) 门襟宽 3.5cm。

2. 裤子后片制图

(1) 后片裤长、立裆、中裆、臀高均同前片尺寸。

(2) $H/4+1\text{cm}$ 确定后片臀围肥。

(3) 后片横裆平行下落 1cm。

(4) 后裤线位置计算公式为 $H/5-1.5\text{cm}$，画纵向裤片中线。

(5) 裤线至后中线的 1/2 处为大裆起翘点，垂直起翘 $H/20-2.5\text{cm}$。

(6) 大裆起翘点与后中臀围肥的臀高点连接画斜线交于落裆线上。

(7) 大裆宽为臀围肥的 1/10，在大裆斜线与落裆线交点处外延画大裆宽线段长，大裆处角平分线 2.3～2.5cm。

(8) 后腰围尺寸为 $W/4+1\text{cm}+4\text{cm}$（省），由大裆起翘点位画起，与上平线相交。

(9) 裤口＋2cm 为后裤口，由后裤线向两边平分。

(10) 后裤口＋2cm 为后中裆围，由后裤线向两边平分。

(11) 连接外侧裤口至中裆到臀围肥至腰部侧缝线。

(12) 连接内侧裤口至中裆到大裆宽终点。

(13) 平行于后上腰口线间距 8cm 画后袋口线。袋口长 14cm，距侧缝 4cm，袋口两端点各进 2cm 画后腰省位置。腰口 2 个省，宽度各为 2cm，省长 8.5cm。

(14) 后裤口中线外出 0.5cm，画顺裤口线。

3. 腰头制图

(1) 左片腰头长为 $W/2$，宽 3cm。

(2) 右片腰头长为 $W/2$，宽 3cm，加 3.5cm 门襟宽。

二、男多褶裤纸样设计

（一）男多褶裤制板方法

男多褶裤效果图如图 7-13 所示。

（二）成品规格

成品规格按国家号型 170/74A 确定，如表 7-7 所示。

表 7-7　男多褶裤成品规格　　单位：cm

部位	裤长	臀围	腰围	立裆	裤口	腰头宽
尺寸	98	108	76	29	19	3

多褶裤形臀腰差要求较大，因此要依据造型进行差量设计。按照款式要求褶量一般都要集中在裤前片，腰口与人体腰围线平齐。而后片腰部不要设褶，应保持正常的省量，因此后片臀部也应该尽量保障合体的松量，合理地分配好前后片的臀腰差量极其重要。前片和后片设不同形式的斜插袋、直横袋，为保证整体造型，裤口要收紧。臀围加放 18cm，腰围加放 2cm，立裆加放 1.5cm。

（三）男多褶裤制图步骤（图 7-14）

1. 裤子前片制图

(1) 裤长减腰头画上下平行线。

(2) 立裆减腰头宽画横裆线，平行于上平线。

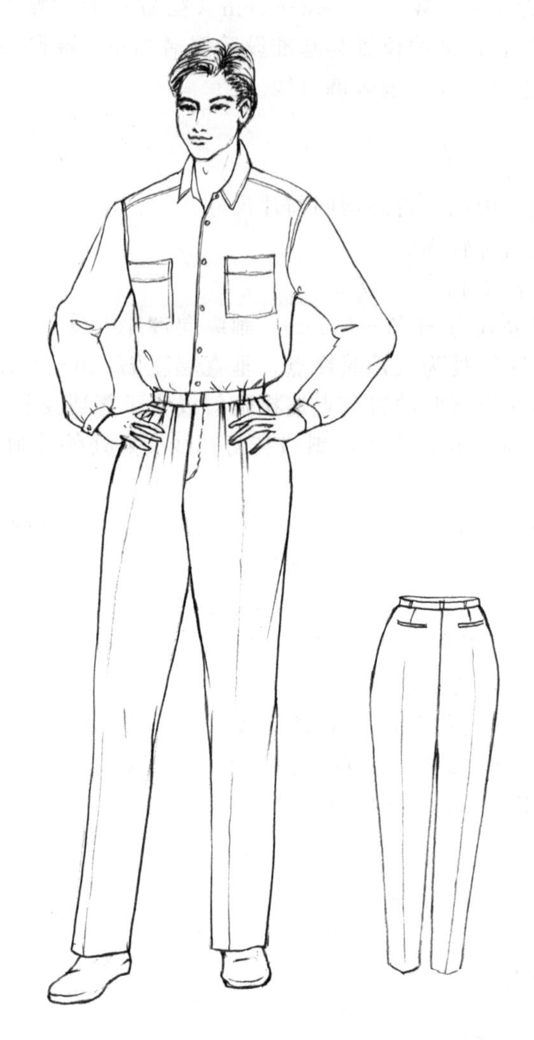

图 7-13　男多褶裤效果图

(3) 横裆至裤口的 1/2 处画中裆线。

(4) 总体高/10+1cm 或参照立裆的 2/3 处画臀高平行线。

(5) $H/4+1.5$cm 确定前片臀围肥。

(6) 小裆宽计算公式为 $H/20-0.5$cm。

(7) 小裆宽加前片臀围肥的 1/2 画前裤线。

(8) 小裆弧参照辅助斜线的 1/3 点画弧线。

(9) 裤口减 1cm，由裤线向两边平分。

(10) 中裆参照裤口加 3cm 尺寸均分于裤线两侧。

(11) 连接内侧裤口至中裆到小裆终点。

(12) 前裤片臀围与腰围计算公式为($H/4+1.5$cm)－($W/4+1.5$cm)，前片臀腰差共8cm。侧缝收 1cm 省，其余 7cm 平均设三个褶，均衡于前腰口。

2. 裤子后片制图

(1) 裤长减腰头画上下平行线。

(2) 立裆减腰头宽画横裆线，平行于上平线，落裆 1cm。

(3) 横裆至裤口的 1/2 处画中裆线。

(4) 总体高/10＋1cm 或参照立裆的 2/3 处画臀高平行线。

(5) $H/4-1.5$cm 确定后片臀围肥。

(6) 后裤线位置为 $H/5-3$cm。

(7) 裤线至后中线的 1/2 处为大裆起翘点，垂直起翘 2.7cm。

(8) 大裆起翘点与后中臀围肥的臀高点连接画斜线交于落裆线上。

(9) 大裆宽为臀围肥的 1/10，在大裆斜线与落裆线交点处外延画大裆宽线段长。

(10) 裤口加 1cm，由裤线向两边平分。

(11) 中裆参照裤口加 3cm 后的实际尺寸均分于裤线两侧。

(12) 连接内侧裤口至中裆到大裆终点。

(13) 后裤片臀围与腰围计算公式为($H/4-1.5$cm)－($W/4-1.5$cm)，后片臀腰差共 8cm，后片实际腰围为 $W/4-1$cm＋4cm（省）。

(14) 后袋口长 14cm，后省位置参照袋口两边各进 2cm。

(15) 左片腰头长为 $W/2$，宽 3cm。右片腰头长为 $W/2$，宽 3cm，加 3.5cm 门襟宽。

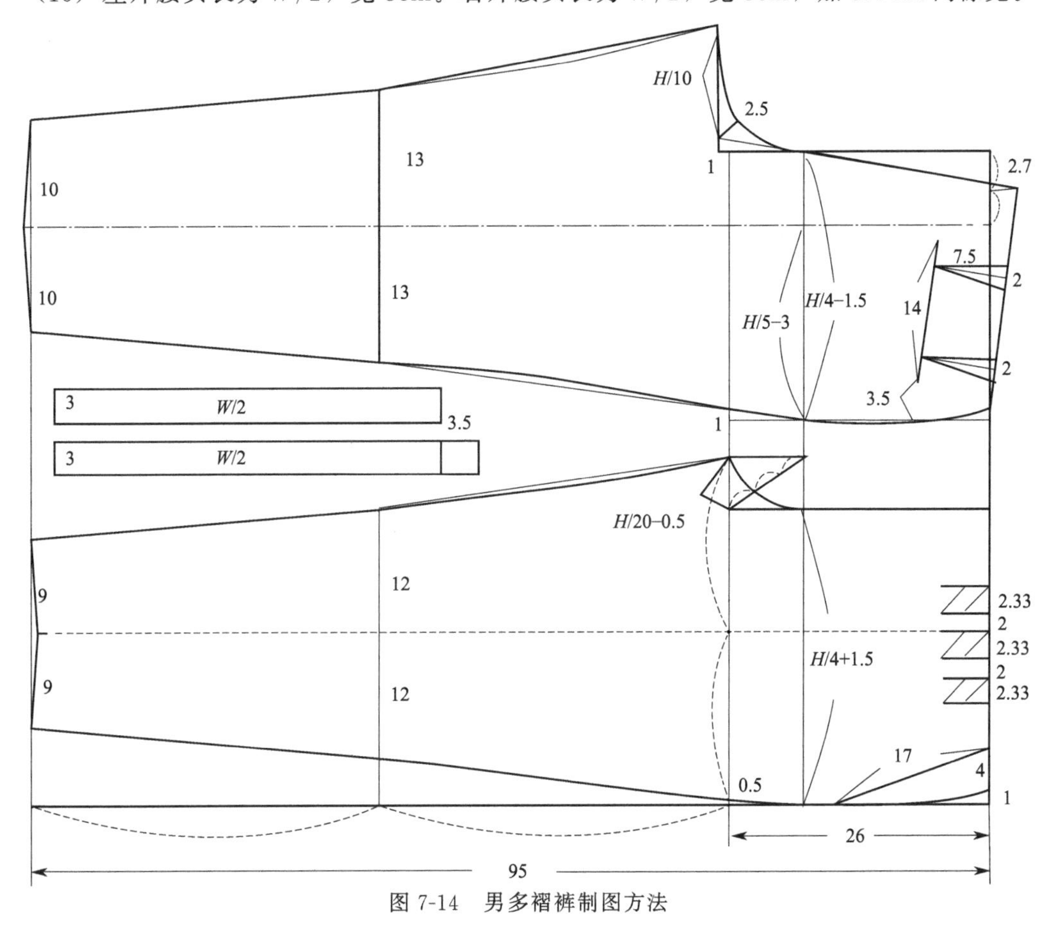

图 7-14　男多褶裤制图方法

参考文献

[1] 中屋典子，三吉满智子. 服装造型学：技术篇Ⅰ [M]. 北京：中国纺织出版社，2004.
[2] 中屋典子，三吉满智子. 服装造型学：技术篇Ⅱ [M]. 北京：中国纺织出版社，2004.
[3] 中泽愈. 人体与服装 [M]. 袁观洛，译. 北京：中国纺织出版社，2000.
[4] 孙兆全. 经典男装纸样设计 [M]. 上海：东华大学出版社，2010.
[5] 孙兆全. 经典女装纸样设计与应用 [M]. 北京：中国纺织出版社，2015.
[6] 中屋典子，三吉满智子. 服装造型学：理论篇 [M]. 郑嵘，张浩，韩洁羽，译. 北京：中国纺织出版社，2006.